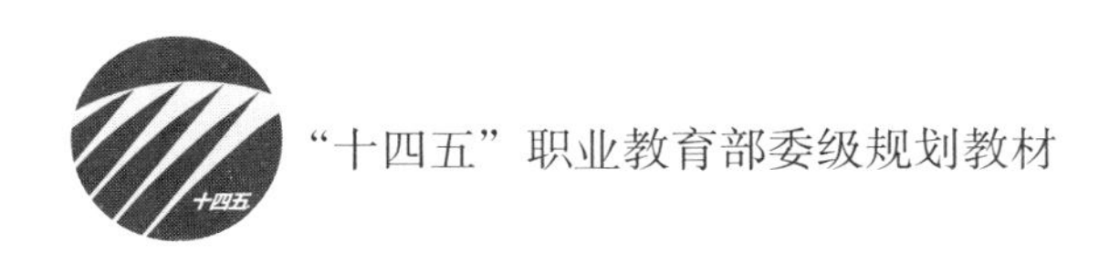
“十四五”职业教育部委级规划教材

服装美学

（第6版）

吴卫刚　刘少恒　编著

中国纺织出版社有限公司

内 容 提 要

服装美学是高等院校服装专业重要基础课程之一。

本书结合服装专业学习的需要，以普通美学为基本构架，融入服装行业的相关实例，综合介绍了服装与美学、服装美学美论、美感心理、艺术流派的影响、形式与形式法则、艺术鉴赏与批评、服装与社会文化、服装审美教育、服装与姐妹艺术、服装审美与着装、服装行业艺术等内容。

本书既可作为服装高等职业教育教材使用，也可供其他艺术门类的工作者及广大服饰爱好者阅读参考。

图书在版编目（CIP）数据

服装美学／吴卫刚，刘少恒编著．--6版．-- 北京：中国纺织出版社有限公司，2022.10

“十四五”职业教育部委级规划教材

ISBN 978-7-5180-9759-3

Ⅰ.①服… Ⅱ.①吴… ②刘… Ⅲ.①服装美学—高等职业教育—教材 Ⅳ.① TS941.11

中国版本图书馆 CIP 数据核字（2022）第 143383 号

责任编辑：朱冠霖　　责任校对：高　涵　　责任印制：王艳丽

中国纺织出版社有限公司出版发行

地址：北京市朝阳区百子湾东里 A407 号楼　邮政编码：100124

销售电话：010—67004422　传真：010—87155801

http：//www.c-textilep.com

中国纺织出版社天猫旗舰店

官方微博 http：//weibo.com/2119887771

三河市宏盛印务有限公司印刷　各地新华书店经销

2000 年 6 月第 1 版　2022 年 10 月第 6 版第 1 次印刷

开本：787×1092　1/16　印张：12.75

字数：240 千字　定价：58.00 元

第6版前言

从1985年改行教授服装设计及研究服装美学，至今已有三十八个年头了。这期间，也是与中国纺织出版社有限公司有缘，从2000年6月正式出版我的第1版《服装美学》，再到今天的第6版，我和这本教材一直都在共同成长。这本书从当初的“高等服装专业教材”变成了“十四五职业教育部委级规划教材”（第6版），中间还获得过部委级奖励。而我在教授这门大学课程的同时，也会“走穴”去别的大学和一些企业讲座。匆匆忙忙一挥手，如今我也变成一个65岁的退休老教授了。感谢中国纺织出版社有限公司给我机会，也给中国服装专业的大学生们系统研习《服装美学》的机会，非常感谢。

第6版《服装美学》很可能是我的收官之作。所以，这次我们特别重视，为了补充一幅图片，我会跑几家企业、问几个专家再做决定，连我自己都觉得太较真了。实际上我有“私心”，想出版后多拿几本样书送给他们，表达一下对朋友们这20多年关心《服装美学》的感谢。

除了一如既往地保留美学本身的社科体系及强调与设计等文化课的对接之外，第6版《服装美学》重点做了以下三个方面的“手术”及修订，以更好地帮助读者阅读。

第一，压缩与补充。删除了与基础学科相关的部分内容，合并了相关章节，添加了新的内容。对于服装史和设计课程要深入学习的内容，本版中做了适当删减；对于新的社会时尚及美学现象做了新增，如航天神舟飞船宇航服的服装美学理念等。

第二，为了学以致用，使用的图片尽量与产业相关，对于刺绣、职业服、戏装等将来学生可能从事的行业领域做了必要的铺垫，但不会打破美学自身的知识结构。

第三，关心国家文化，修改了与国家大事相关的图片与说明。例如，北京冬季奥林匹克运动会运动员的服装设计、科研与策划等。希望学生通过服装美学学会关注社会，站在社会的高度观察和提炼设计的元素，解决政治、经济、文化、社会和生态“五位一体”的终极设计问题。

再次感谢《服装美学》中间几版合作的作者，我们团队花费了半生的精力，就是为了推动中国服装教育的快速发展，为了提高服装设计工作者的层次，为了推动中国服装业从制造到品牌、从中国走向世界、走向更有希望的未来。同时期待下一代《服装美学》的研究者隆重出场。愿这项研究和出版，随着时代的进步，一直能够延续下去，发扬光大。

吴卫刚
2022年3月于郑州

第1版前言

在全国教育事业迅速发展的形势下，为了适应教育体制和教学改革的需要，中国纺织出版社组织有关专家对原中国纺织总会教育部组织编写的高等服装专业教材进行了修订。该套教材自20世纪90年代问世以来，受到了服装专业广大师生的好评，在广大社会读者中产生了深远的影响，对培养服装专业高等人才起到了积极的作用。但随着教育改革的逐步深入，服装工业新技术、新设备、新工艺、新材料的不断应用，各类新标准的实施，高等服装专业教材的内容已显得陈旧，亟须更新。为了满足教学的需要，我们组织专家对教材进行了修改补充，力争使教材的内容新、知识涵盖面宽，有利于学生专业能力的培养。在此次修订中，我们又增加了《服装美学》《服装专业日语》《服装市场营销学》3本教材，以满足读者之需。

《服装美学》一书系由河南省郑州纺织工学院吴卫刚副教授集十多年教学经验与心血编著而成。吴卫刚副教授自1985年开始从事服装教学工作，主讲过“服装美学”“服装设计”“服装厂设计”“服装工效学”“企业形象策划”等课程，并先后在国家级刊物上发表了“服装专业教学研究”“服装表演的心理研究”等30多篇论文。近年来，又先后出版了《刺绣与服装裁剪》《服装开店办厂指南》《服装企业管理》《服装设计概论》等10多本著作，对服装及服装美学等有着较为深入的研究。相信本书的出版将对中国服装美学的发展有较大的推动作用。

这套教材包括：《服装设计学》《服装色彩学》《服装材料学》《服装工艺学》（结构设计分册）（成衣工艺分册）《服装图案设计》《服装机械原理》《服装生产管理与质量控制》《服装市场营销学》《服装心理学》《服装英语》《服装专业日语》《服装美学》13本。希望本套教材修改后能受到广大读者的欢迎，教材中的不足之处恳请读者批评指正。

编者

2000年

第2版前言

服装美学是服装专业学习的基础课程，一般在1~2年级开设，可为以后的专业课程学习打下良好的基础，便于更为透彻地理解结构、绘画、设计、史论，甚至营销等社科类课程。

服装美学又是服装艺术类课程中最高层次的学科。有许多在校学生想做艺术家、设计师，可在学科上却偏重技术或技巧方面的内容，把自己定位于“匠人”。当然，各行各业都有“巨匠”之说，但至少可以讲，这种定位有些太早，大学仍然是打基础的阶段。从匠人往上还有两个层次：一是设计师，二是艺术家。服装设计师绝不等同于画画或做衣服（虽然这些课程也很重要），但它们最终只是实现设计思想的过程和手段。那么，没有美学“思想”或思想匮乏，怎么去实现思想。还有艺术家，什么是“家”？通俗地讲，谋生高手为“匠”，为一家（或几家）企业谋利者为“师”，而直接为全社会作出贡献，并被高层同行所认可者才能称为“家”。不学习美学，为“师”者难，为“家”则更不可能。这是作者本人的体会仅供参考。

在2000年，幸得中国纺织出版社郭慧娟老师的热忱帮助，使本人编写的《服装美学》得以问世。尽管此书斧痕斑驳、多有纰漏，但还是得到不少赞誉之辞。为了答谢众多采用此教材的大学和服装学校，此次出版社决定再版《服装美学》，这实在是本人再次为中国服装教育效力的机会。

此次再版，充分考虑了高职教学的特点及行业发展对人才的需求。第八章“服装穿着艺术”深化了学习服装美学的功利因素，不仅有利于提高学生的学习兴趣，也为个性化服装设计奠定了基础。本书的基本体系启于史论探索（第一章），承于普通美学的三大课题（美论、美感和艺术问题），接于造型法则和姐妹艺术，合于穿着与商业实用艺术。其中第九章“服装行业与艺术”的安排是本人对“学以致用”的基本理解。服装美学最终应摈弃传统旧文化中的虚伪性，走向文化、功利和财富的一体化。限于篇幅并为了避免重复，本章没有从传统美学的角度详细解释，在学习中，读者可通过实物作品分析，“自上而下”（美学理论）和“自下而上”（艺术实践）地理解其美学原理及应用。

附录“参考习题”是特为教学方便而设计，既可作为学生复习的提纲，也可作为老师设计考卷的参考。

此次再版，又有几位老师加盟，他们是郑州轻工业学院张铁（第六章和第四章第一、二节）、河南科技学院郭海燕（第五章和第四章第三、四节）、吴效瑜（第二章和第七章）、张翔（第十章）。

本书配置的光盘中有大量的彩色图片为教师电化教学和学生阅读提供方便。

愿各位读者学有所得，欢迎与中原工学院吴卫刚联络共研。E-mail：wwg@zzti.edu.cn

吴卫刚

2004年9月15日于郑州

第3版前言

从1996年在大学开设服装美学课程，到2000年6月第1版《服装美学》问世，在该领域研究的十多年中，本人总会受到一些“误解”。对于90%以上的学生来说，一提到服装美学，大家都会认为这是一门“如何穿衣更美”的课程。

在现代大学服装教育中，这种观点不能不说是对该学科的一种片面理解。美学本是一门人文类基础学科，有自己的层次和体系，服装美学也应如此，它本不应该是一味追求所谓“实用”的一门课程。

时代在进步，我们必须与时俱进。从《服装美学》再版的印数来看，高等院校（包括职业学院等）还是逐步接受了前两版所构建的基本体系。尽管如此，在该书第2版被确定为“服装高等职业教育教材”后，本人在一些大学进行教学指导过程中，“穿着美”应体现在服装美学中的呼声，仍是不绝于耳。看来这确实是一个值得重新思考的问题。

既然服装美学是一门实用学科，就理当上下贯穿，从理论到实用。第3版已经无法再去恪守传统美学的单一化体系了，尽管要在文风方面做出一些让步，使人感觉前后难易程度有些不一致。不可否认，本书仍然是一种探索，是为了适应大学、高等职业服装教育现状而在结构和体系上的一种探索。

对于服装美学究竟应该如何构建、服装美学应该有哪些内容、哪些内容需要简化、哪些内容应该删除等问题，我们经过十几年的两次出版探索，包括与中国纺织出版社的沟通交流，一致认为，这应该由高等服装教育的现状来确定。

根据本人的了解，即使是大学本科服装专业的学生，连自己穿衣打扮都不知道如何下手的大有人在。求职时的穿着因一味讲究“个性”而频频失礼，对风格的追求而忽略与自己体型和社会规范相适应等，不乏其例。

因此，服装美学教育确实需要进一步加强，范围仍然需要进一步扩大。上述现象，主要是因为大多数高等职业院校没有开设“形象设计”课程；即使有，也是操作技能层面的居多（当然也是必要的）。而如何穿着打扮，如何提高审美修养，高屋建瓴地看待服装美的问题，则涉及较少。

本书第三次修订，再次给我们一个探讨的机会。本书认真总结了前两版在使用过程中的经验，并在一定范围内作了调查研究，也征求了出版社的意见，最后决定分为上、下两篇。“上篇”按基础美学的体系来构建服装人员必修的理论知识，“下篇”紧紧围绕“如何穿着美”这一主题展开，并尽量考虑上、下篇的衔接，尽可能地满足课堂实际训练的要求。与第二版相比，第三版对“上篇”的理论部分作了最大限度的精简；“下篇”的第十章“服装设计大师”部分，删除了原来的“美学大师”内容，如需阅读可到网上搜索。

美学的理论部分，在前两版中已经过不断浓缩和提炼，不再赘述说明。本书的特点就是把“穿着美”的问题单独列出设为“下篇”。

穿着美的问题，不仅仅关乎学生自身的装扮审美能力，还是工业化和商业化服装设计的基础，与此相关的“色彩与形象设计”已经成为一个行业，服装导购也与这部分内容密切相关，这些课题都事关学生的择业前途。鉴于篇幅和学科分工，本书“下篇”只对“穿着美”的基础问题进行重点讲述。

服装美学是一门交叉应用型学科。美学教师施教这门课时，在服装专业知识方面可能会有些薄弱，而服装专业教师可能会“对一大堆美学理论不太喜欢”。上、下篇分列，可以帮助解决这一问题。各校根据自己的师资情况，可考虑上、下篇分别由不同的教师合作施教，也可以由美学教师或服装专业教师单独施教。对于后一种情况，可侧重上篇或侧重下篇，而另一篇可适当压缩课时。这样，使教学组织的灵活性大大增加，也方便了对本书的使用，同时还扩大了本书的使用范围，社会职业培训也可将其作为参考教材。

第一章、第二章、第三章、第五章、第六章由郑州轻工业学院的吴卫刚编写，第七章和第九章由河南省商业高等专科学校的戴璐编写，第四章和第八章由河南科技学院的王峰编写，第十章由中原工学院的陈彩虹编写。

为了方便教学，本书配备了光盘，制作了课件，并增加了彩图、题库和部分实训题目，希望对教学有所帮助。光盘由郑州轻工业学院唐一祁协助制作。

由于水平和能力所限，希望得到同行的指点和建议，以便不断完善。

吴卫刚
郑州轻工业学院
2008年3月2日

第4版前言

从第1版到第4版，《服装美学》再次被列入部委级统编教材，这首先要感谢各位使用本教材的老师们，是他们在积极地推进中国各大院校服装美学课程的教学，并不断向本人提出一些有益的建议，使这条原本没有的路越走越宽，这本书也在与他们的交流中得到了不断改进和不断完善。

社会发展的速度，远远超乎我们的预料：在这本书的第1版中，我们完全按照普通美学的架构编写，强调了美学的专业基础性；第2版，为了适应社会经济发展的需要，比较生硬地插入了商业艺术等内容；第3版，在不少老师和学生的建议下，增加了服装穿着等实用性很强的部分。时至今日，各高校服装专业的课程越分越细，一些内容已有专门的科目，这样在本版中自然要做一些调整。

这里，要向各位读者介绍一下本次的修订工作，以便和大家进行进一步的交流。修订的基本思想是"提升文化"和"协调课程"。除了对第3版的内容重新做了一些安排，包括顺序的改动，重点是又添加了四个方面的内容："服装设计审美与创造"，在服装专业中，服装美学是直接服务于服装设计应用的，尽管服装设计是单独开设的课程，但是有必要在本书中过渡一下，建立二者之间的一个衔接；"服装的社会文化内涵"，目前，较少有服装专业开设《文化学》之类的课程，那么本书的这部分内容就起到抛砖引玉的作用；"古今中外的服装风格"，这部分也是与服装设计对接的内容，因为服装设计的文化本质就是基于审美素质对风格的把握；"服装与美育"，美育本来就是传统美学中必不可少的部分，以前因限于篇幅而未编入教材中，这次终于可以使本书的美学体系更加完善了。

另外，把"服装三属性"放在了第一章，虽然在内容和风格上有待协调，但在教学实践中还是比较有效的。"服装美学"的概念可以理解成由两部分组成：一是美学，它研究三大基本内容——美论、美感和艺术；二是服装涉及三大领域——文化、功能和价值，以及两个概念的叠加。这两者共同构成了服装美学的根基，只是本书为了学科的独立性和课程的分工，只强调了美学的知识体系而已。

上述这些修订，得益于在本版作者团队中又引入了三位专家。这本书编写的具体分工是：郑州轻工业学院的吴卫刚编写第一、第二、第三、第五、第十一和第十二章；郑州轻工业学院的张静担任副主编并编写第六章和第九章；南京工程学院的杨林编写第七章和第八章；郑州轻工业学院的刘梦梅编写第四章和第十章。

吴卫刚
郑州轻工业学院
2012年3月16日

第5版前言

服装美学，伴随改革开放的春风已经走过近四十年的历程。

然而，什么是服装美学？这个问题我问过太多的人，答案往往是不一样的。这些人包括美学专家、时尚达人、媒体大咖、企业家、白领丽人、学生和普罗大众。对于一门学术性极强的国家一级学科与大众生活如此通俗的时尚领域交叉而孕育出的服装美学，人们“横看成岭侧成峰，远近高低各不同”，也就不奇怪了。

20世纪80年代中期，我在杭州第一次听上海纺织高等专科学校的孔寿山教授讲服装美学，结课后获孔老赠诗一首：“赤橙黄绿青蓝紫，燕瘦环肥各相宜。服饰自来非小道，衣冠王国重容仪。”那时对服装美学的理解还只是服装文化、服装史论以及较为简单的服装审美。后来，随着众多研究者的加入，服装美学的知识结构呈百花齐放的状态，学设计的、学史论的、搞文化的、做时尚的等，他们从各自的角度，编写了服装美学教材，对于美学发展做出了历史性的贡献。但是，随着学校学科的不断细化，色彩、设计、史论等学科成了独立的科目。那么，基于现代和未来，又要兼顾大众的学习和阅读的服装美学，究竟如何架构知识体系，似乎永远是一个动态的值得研究的新问题。

我在2000年6月出版第一版《服装美学》教材，当时的研究为后来几次再版奠定了相对风格化的基础，那就是以经典美学为基本架构，在美论、美史、美感、美育及艺术论的基础上阐释服装学科相关领域的应用，直到本次再版，不断丰富其中的内容。除了图片的更新，细节的补充优化，还将穿衣打扮、行业应用等内容做了补充，尤其是有中原工学院吴志恩老师加入编写的第四章、第六章和第九章，更使本版锦上添花，在此表示感谢。

今天，服装美学的样子，仍不失基础美学的框架，但却更加丰满、更加成熟，尽管随着时代的发展会有新人出来斧正，这也是我所希望看到的。而在今天这个时间点上，算是我对服装基础理论的最后贡献吧。

再次感谢16年来这么多的院校和同学、读者对《服装美学》的支持和关爱。尤其是在当今“大众创业、全民创新”的时代，在智能化社会、互联网+、资本市场化的大趋势中，服装美学的学习也不可能仅仅在一个“学术孤岛”上存在。如有意愿探讨本学科与个人创业的相关问题，欢迎联系，切磋共研。

吴卫刚
郑州轻工业学院
2017年12月12日

教学内容与课时安排

课程性质	章/课时	节	课程内容	备注
概论	第一章 服装与美学 （2课时）	一	关于服装美学	论文要求
		二	现代美学的产生	
		三	现代美学的发展	
		四	美学与学习	
美学基础理论	第二章 服装美学美论 （2课时）	一	美的定义与特征	图片准备
		二	美的种类	
		三	服装美的哲学属性	
	第三章 美感心理 （2课时）	一	美感与快感	
		二	美感的共同性与差异性	
		三	美感的心理构成	
	第四章 艺术流派的影响 （2课时）	一	艺术的分类与属性	
		二	艺术的本质与特征	
		三	艺术与构思	
		四	服装艺术主题美	
		五	美学艺术流派	
课堂互动	影视教学（2课时）		《穿普拉达的女魔头》影评	检查论文
专业深入	第五章 形式与形式法则 （2课时）	一	服装与形式美	
		二	服装元素点线面	
		三	形式美法则	
		四	色彩形式与应用	
	第六章 艺术鉴赏与批评 （2课时）	一	艺术家与艺术创作	
		二	艺术欣赏与鉴赏	
		三	艺术批评的社会价值	
服装与社会文化	第七章 服装与社会文化 （2课时）	一	服装的文化内涵	
		二	服装与性别	
		三	服装三属性	
	第八章 服装审美教育 （2课时）	一	什么是审美教育	
		二	服饰审美教育	

续表

课程性质	章/课时	节	课程内容	备注
专业拓展	第九章 服装与姐妹艺术 （2课时）	一	绘画与时装绘画	其中包括课堂实践
		二	音乐与舞蹈艺术	
		三	服装与戏剧	
		四	文学艺术与服装	
		五	建筑艺术与服装造型	
		六	服装与电影艺术	
课堂互动	影视教学（2课时）		推荐《盛装》等影评	
服装设计与着装	第十章 服装审美与着装 （2课时）	一	服装是人的艺术	
		二	体型与着装	
		三	职业与场合着装	
	第十一章 服装行业艺术 （2课时）	一	服装设计艺术	
		二	服装表演艺术	
		三	服装广告艺术	
		四	服装店铺艺术	
课堂互动	穿着评审（2课时）		个人着装评审	街市摄影
社会实践	市场调查（2课时）		线上线下时装店调研及消费采访	调查提纲
课堂互动	复习总结（2课时）		制作论文和画册评审	装订成册
	学时合计	32课时（可根据具体情况增减）		

目录

概论——

服装与美学

课题名称： 服装与美学

课题内容： 1. 关于服装美学。

2. 现代美学的产生。

3. 现代美学的发展。

4. 美学与学习。

课题时间： 2课时。

教学目的： 认识本章“服装与美学”隶属基础美学，是其研究领域之一。了解现代美学的起源、发生与发展。掌握服装美学的现代文化特征，为学习以下各章节奠定基础。

教学要求： 1. 教学方式——以讲解为主，适当配合网上搜集的图片。

2. 问题互动——课前启发，课中提问，请学生结合生活给服装下定义。

3. 课堂练习——讨论世界名画《蓝衣少年》与创新设计的关系。

教学准备： 准备课件和图片。

第一章 服装与美学

第一节 关于服装美学

人类对美学及服装的研究源远流长，但服装美学作为一门学科，却显得既古老而又年轻。说它古老，是因为早在远古时代，人们就已开始了美的萌芽和积累。说它年轻，仅二百多年的现代美学史。人类对美学的研究才刚刚开始，有待美学展开研究的问题还有很多。作为服装工作者，对服装美学这个美学分支学科，则需要付出更执着的态度。自上而下的学习，古今中外的借鉴，以及在实践中不断总结和提炼这门分支美学的规律，以不断建立更为完善的研究体系，是每一位服装工作者的崇高职责。

一、现代服装美学

1. 服装隶属美学

19世纪末与20世纪初，服装美学研究的主要内容是服装与着装者、着装环境融为一体的综合美感效果。

随着文明的发展与进步，在人类日常生活中，服装变得越来越重要，它的审美功能不断增强。服装是大众文化及审美最早的形式之一，是物质文明的表现。它不仅反映政治、经济、宗教、道德、文化等，同时，也是人们心中审美心理、审美意识、审美情趣和审美理想等审美形态的表现。

现代服装美学，是研究服装美、美感及美学规律的学科，是基于经典美学理论应用的实用性理论，是服装等艺术类专业最重要的基础课程之一。服装美学属于普通美学范畴，又遵循服装艺术与服装审美的规律。服装美学有着独立的体系和切合人类文化学研究的立意和构思，具有理论思辨的哲学性质，又有独立的学科体系和专业领域。

服装美学作为美学的一个重要组成部分，理论家们对其研究得越来越深入。服装美学在经济、教育、着装引导、美学深化等方面的研究，对传播服装美学常识、提高服饰文化、完善素质教育起着重要的作用。

2. 服装是时代的晴雨表

服装像一面镜子反映着时代的精神面貌和生活状态。服装创作源于生活又高于生活，它能最直观地表达人们的内心需求和对美的见解。服装在中国文明起源和发展过程中体现了生产力的发展水平。服装的发展过程是人类生产力水平不断提升的过程，其作为物质文化的重要载体，是生产力发展水平的重要标志。服装作为一种符号和象征，可以表明你的身份、个性、气质、情绪和感觉，也可以反映你的追求、理想和情操。同时，社会生活和文化传统决定并影响着人们的着装风格。服装的发展往往与政治的变革、经济的发展有很大关系。

二、服装美学的社会价值

1. 服装美学是文化

中华文化上下五千年，源远流长，中华服饰文化是其中一颗灿烂的明珠。

在中国传统中，服装也是政治的一部分，其重要性远超出服装在现代社会的地位。尤其在中国，古代服装制度也是皇帝施政的重要制度之一。中国服饰如同中国文化，是各民族互相渗透及影响而形成的。汉唐以来，尤其是近代以后，大量吸纳与融入了世界各民族文化的优秀结晶，演化成整体的以汉族为主体的服饰文化。这些对于促进人类进步，进行人类精神文明的教育，以达到人类共有的终极价值目标，有着极其深远的社会意义，这也是我们研究服装美学的最终目的。

2. 服装美学与创作

服装美学理论对于服装艺术创作的影响极大。服装艺术创作是指设计师在创作过程中所进行的准备阶段、构思阶段、深化阶段和定稿阶段等一系列思维活动的总称。服装设计师所具有的服装美学知识和修养是潜移默化的积累，是属于软性的技术，对设计创作的影响是间接的。服装美学对学习者思维能力和鉴赏能力的培养与建立，起着非常重要的作用，是服装艺术发展的底蕴。

服装美学的艺术实践使美学基础理论具有实际意义，增加了认识的可操作性，使它有了在实践中检验可靠性与真理性的机会。美学与服装学交叉研究的结果就是服装美学，它的理论生命力是旺盛的，其研究与传播也越来越重要。

3. 服装美学带动服装经济

消费者用货币购买服装是物质消费行为，他们同时也购买了服装设计师的审美构思。人们不但购买了使用价值，也购买了审美价值。很多时候，服装的物理寿命还很长，而艺术寿命却终结，潮流更迭，旧款被新款取代。时装更是如此，这时的审美价值已经超越了使用价值，成为消费者的第一选择。高艺术美感的产品具有高附加值，具有诱人的市场。同样的服装材料经过不同的艺术处理，审美效果不同，所产生的经济效益差别也很大。现在，中国不仅是世界上最大的服装消费国，也是最大的服装生产国，但并未成为服装贸易强国。如何才能拥有优秀的设计创意、创造服装的高附加值、打造自有国际品牌，是中国服装界前进的动力。

第二节　现代美学的产生

自从有了人类社会，美就开始萌芽，继而产生、发展，历经几十万年。从原古人的刀伤剑痕、泥土文身、兽皮裹身，到颈部挂满了贝壳、兽齿，头上插满了野鸡翎，都表明人们是在生产劳动和社会实践中创造了美。如图1-1所示为山顶洞人的装束。如图1-2所示为原始部落人们的装束。

美学主要是指人们在漫长的社会生活中积累的，通过文字总结、概括与记载形成的理论。现代基础美学主要包括三大部分内容，即美论、美感和艺术。服装美学是交叉性实用美学，从属于基础美学。要想解开服装美的奥秘，就必须站在美学的高度上观瞻美学的发展历史。

一、柏拉图与“漂亮的小姐”

古希腊被认为是西方古代美学思想的重要发源地之一。西方美学的历史是从柏拉图开始的。

图1-1　山顶洞人的装束

图1-2　原始部落人们的装束

尽管在柏拉图之前，毕达哥拉斯等人已经开始讨论美学问题，但柏拉图是第一个从哲学思辨的高度讨论美学问题的哲学家。

1. **西方人关于美的争论**

柏拉图（Platon，公元前427—公元前347），古希腊伟大的哲学家，也是全部西方哲学乃至整个西方文化伟大的哲学家、思想家和美学家，他在《大希庇阿斯》文章中讲述了一个关于美的故事，这是人类最早用文字记载的关于对美的思考。

故事大约发生在2400年前。大哲学家苏格拉底（Socrates，公元前469—公元前399），古希腊著名的思想家、哲学家、教育家、公民陪审员。他和他的学生柏拉图，以及柏拉图的学生亚里士多德并称为“古希腊三贤”，被后人广泛地认为是西方哲学的奠基者。苏格拉底向诡辩家希庇阿斯发难说：“只要老天允许，你朗诵大作时我一定洗耳恭听。不过我要向你请教，什么是美？什么又是丑？”希庇阿斯显得有些傲慢，自鸣得意地说：“我来告诉你什么是美，请你记住了，美就是一位漂亮的小姐。”苏格拉底有些哭笑不得，但却装出赞同的样子说：“太美妙了。可是我的论敌如果问，凡是美的东西之所以美，是否有一个美本身的存在，才称那些东西为美呢？如果我回答说，一个年轻漂亮小姐的美，就是使一切东西都为其美的。这样可以吗？”希庇阿斯答道：“他敢否认漂亮小姐的美吗？”苏格拉底进一步问道：“那么，一匹漂亮的母马、一把漂亮的竖琴、一个漂亮的汤罐不也是美的吗？”希庇阿斯显得有些招架不住了：“太不像话了，怎么能在谈正经话题时提出这些粗鲁的问题！”还嘟囔着说：“漂亮的母马还是不如年轻的小姐美。”苏格拉底抓住话头，穷追不舍：“最美丽的年轻小姐与女神相比不也是丑的吗？”希庇阿斯像泄了气的皮球。

苏格拉底说：“你说的是什么东西美或丑，而我的问题是美的本身，是美的本身作为一种特质传递给一件东西才使那件东西变成美的。你认为这美的本身特质就是一位年轻小姐或一匹母马吗？”希庇阿斯又神气起来：“如果是这样的问题，更容易回答了。提问题的人一定是个傻瓜，对美肯定是个门外汉。美不是别的，就是黄金。因为凡是在东西上点缀了它就会显得美。”苏格拉底又提出问题：“大雕刻家菲狄阿雕塑的女神雅典娜却没有点缀黄金，难道就不是美吗？”希庇阿斯只好说：“只要运用得当，也可以说是美吧。”苏格拉底紧追不舍：“要制作美的菜肴，美人与汤罐哪个最得当呢？金汤勺和木汤勺，又是哪个最得当呢？”希庇阿斯暴跳起来：“不像话！简直是没有受过教育！”但他还是承认了木汤勺比金汤勺更得当，在这种情况下木汤勺是美的。

这段对话是柏拉图早期的作品。事隔两千多年，我们仍感觉到故事好像就发生在自己身边。如果你问身边的人“什么是美”“什么是服装的美”，也许结论并不比希庇阿斯高明多少。

2. 美仍然没有结论

虽然生活中服装的美是生动、形象而具体的，但作为创造这种美的专业人员，恐怕在理解美的问题时更需要高屋建瓴。

虽然柏拉图仍未得出美的定义，但可以看出他对美的执着探索。虽然他对美是“恰当的”“有用的”“有益的”“视觉和听觉的快感”等说法进行了否定，但只是一些逻辑上的思辨，最终难免要得出“美是难的”的结论。

实际上，在柏拉图之前的公元前6世纪，大哲学家、数学家毕达哥拉斯（Pythagoras，约公元前580—公元前500）及其学派就开始了对美的本质的探索，他们认为“美是一种数的比例关系”，是“对称”，是“和谐”，是“多样统一”。柏拉图之后的亚里士多德（Aristoteles，公元前384—公元前322）则认为美是“体积的大小和秩序”。

古希腊的先哲们最先注意到了审美对象的数的特征，所以多从对象的形式特征中去寻找美。这种理论一直影响到15世纪意大利的达·芬奇（Leonardo da Vinci，1452—1519）（强调比例）、18世纪英国的荷尔迦兹（William Hogarth，1697—1764）（重视曲线）以及后来德国的莱辛（1729—1781）和20世纪初俄罗斯的康定斯基（1866—1944）。

服装设计中的“形式法则”也是以上述理论为主要依托的。

二、现代美学奠基者

美学一词源于希腊语Aesthesis。美学思想伴随人类产生，是非常早的事情，但作为一门独立的社会科学却是近代的事情。

1. 现代美学的概念

最早使用“美学”这一术语作为学科名称的，是在美学史上被称为“美学之父”的德国人鲍姆嘉通（Baumgarten，1714—1762）。1735年，他首次在《关于诗的哲学沉思录》中使用了“美学”这个概念。他的《美学》（*Aesthetica*）一书的出版，标志着美学作为一门独立学科的产生，第一次赋予审美这一概念以范畴的地位，他认为美学是研究感觉与情感规律的学科。

鲍姆嘉通曾是普鲁士哈列大学的哲学教授，他在继承前人理性主义思想的基础上，发现人类知识体系中有一个很大的缺陷。他认为，逻辑学主要研究人类知识体系中的理性认识，伦理学则是对人类意志的研究，而对感性认识的研究却没有一门相应独立的科学。因此，鲍姆嘉通决定建立一门崭新的学科，专门研究人类知识中的感性认识问题，并把这门学科取名为“爱斯特惕克（Asthetik）”，即汉译的“美学”。“爱斯特惕克”的原意是“感觉学”。可见，该学科自提出之日起，就是与逻辑学的研究内容相对立的。但是它并不排斥用逻辑学的方法展开研究。鲍姆嘉通希望建立一个在逻辑上较为严谨的、以对美的感性认识为对象的学科体系。

2. 现代美学的探索

自鲍姆嘉通之后，在浩瀚的美学史上，继往开来，出现了一大批执着从事美学探索的研究者。中国最早接受西方美学的是王国维（1877—1927），他在《古雅之在美学上之位置》《红楼梦评论》等文章中，以康德、叔本华的美学思想为指导，对《红楼梦》进行了分析研究，并提出了以“古雅”作为美学范畴的见解。随后，在北京大学校长蔡元培（1868—1940）先生的大力推动下，美学在我国开始成为一门独立的学科。

三、中国古代美学观

在中国，对美的探索也很早，内容也十分丰富。先秦时期（大致相当于古希腊时期）出现了百家争鸣的景象。孔子主张“文质彬彬”的形象，以中庸平和为美，强调美与善的统一。老子对美也提出了朴素的辩证思想，认为“天下皆知美之为美，斯恶已”，主张“见素抱朴”。《左传》中提出了“和”的美学范畴。这里所说的“和”与“同”不一样，“同”是单一的意思，而“和”是指各种对立因素的统一。西汉以后，人们继承了先秦诸子的美学思想，对美有了更进一步的认识。董仲舒主张天人感应，认为美在天。东汉王充强调功利思想，认为“为世用者，百篇无害”。唐朝诗人李白主张“清水出芙蓉，天然去雕饰”的清真思想。白居易则主张功利之美，提出“文章合为时而著，歌诗合为事而作”。宋朝王安石强调适用，提出“适用为本”。近代的梁启超认为“惟心所造之境为真实”，主张美与真的统一。王国维认为美是超越功利的，无欲忘利，主张“一切美皆形之美”“一切优美皆存于形式之对称、变化及调和”。

这些观点，在今天人们对服装美的评价中仍屡见不鲜，有人言称“服装之美，是上帝赐予之物，只可意会不可言传”。有人认为“服装美就是色彩美、款式美、材料美”等，其正确与否会在以后各章的学习中更加清楚。

四、美学研究的三大课题

从理论上讲，服装美学从属于普通美学，而普通美学的研究对象也还是一个有争议的问题。就目前而言，综合国内各主要研究，普通美学的研究对象主要有以下三个方面。

1. 美的本质

美的本质问题是美学中的基本理论，也是解决其他美学问题的基础。美学研究中许多分歧的产生、不同学派的形成，主要原因是对美的本质和特性存在着不同的理解，它不仅关系到人们对美的认识和理解，同时也制约着人们的审美活动。因此，确定美的本质问题，关系到美学理论的发展、美的创造和美的欣赏。正如柏拉图的故事一样，我们可以认为漂亮的小姐很美，但却无法得出“美就是漂亮的小姐”的结论。研究美的普遍本质，即什么样的事物决定了美？美是主观的、客观的，还是主客观统一的？美与真、善的区别与联系是怎样的？美究竟有没有客观规律可寻？美的特征、美的根源、美的形态（自然美、艺术美、社会美、内容美与形式美）、美的范畴（优美、崇高、丑、滑稽等）、美的相对性以及美的客观标准是什么？这些都是在美学界争论较为激烈的问题。

美学史上有关美的本质主要有美在形式说、美在理念说、美在典型说、美在主观说、美在关系说、美是生活说等几种看法。美的本质是一个非常复杂的问题，如果从古希腊开始算起，两千多年来，许多哲学家和美学家都试图从各自的哲学观出发来解决这一问题，尽管美学家们给美下过数百个定义，时至今日国际上尚没有一个公认的美的定义。其研究方法主要是传统的“自上而下”，以哲学思辨为主。尽管如此，这部分内容对学习服装设计的人提高美学水平、以美学的思想看待和评价设计作品也是非常有益的。

2. 美感

美感问题即审美经验与审美意识的问题。它研究美感与科学认识和伦理道德的区别，研究美感与快感的区别和联系，研究美感中各种心理因素之间的关系，如感觉、知觉、记忆、想象、情感及理性之间的关系，这些都属于审美心理学的内容。美感是人接触到美的事物所引起的一种感动，是一种赏心悦目、怡情悦性的心理状态，是人对美的认识、评价与欣赏，是人们审美需要得到满足时而产生的主观体验，是对事物美的体验。人的美感不是自然的禀赋，而是社会历史实践的产物。

以服装为例，从服装的舒适、保养和功能等实用性角度来看待服装和从美学角度去看服装有什么不同之处？在欣赏服装表演时，肉体与色情对欣赏者的刺激、纯粹美的视觉冲击以及对创作的理解所产生的共鸣有什么不同之处？在服装造型上，为什么会有“多则无，少则有”的审美感受？这些都是美感所要研究的问题。

3. 艺术

对艺术问题的研究有两种情况。一是对艺术的本质、艺术的创作、艺术欣赏与批评做全面系统的研究，从哲学的高度研究艺术的普遍规律。二是侧重对艺术美的研究，研究形式美与内容美的区别与联系。例如，研究服装的各种造型要素如何更好地表现作品的艺术感染力等。上述两种情况都是结合艺术与现实的关系来研究的，这也是美学中关于艺术的基本问题。

服装美学主要是从服装艺术与现实的关系上，研究服装艺术的美学特征及服装艺术创造和欣赏的联系与特点。服装艺术研究是生活美学中的一个重要环节，它通常采用“自上而下”与“自下而上”相结合的方法，即从艺术实践中发现具有普遍意义的规律，并不断归纳总结，以丰富美学的艺术宝库。今后，服装艺术问题将得到人们更多的关注。

上述三方面的问题是相辅相成、相互关联的。对于服装艺术，不管穿着者愿意或者不愿意，他的思想、情感与美感，都会受艺术作品的风格和主题的影响，或转移，或变化，或得到陶冶，或使之升华。服装穿着者会按照美的尺度来重新塑造自己，艺术也就创造了了解服饰艺术并且能够欣赏服饰美的公众。

第三节　现代美学的发展

一、现代美学与现代科学

1. 现代西方对美的研究方法

现代西方对美的本质的研究，基本改变了从柏拉图到黑格尔的传统美论中“自上而下”进行哲学演绎的方法，进而演变为以“自下而上”或实证的方法对艺术和生活的审美经验做各种生理、心理的分析，日益注重直觉、潜意识、本能冲动、欲望升华、主观价值及情感表现等，出现了越来越强的主观色彩倾向，如19世纪末以来西方出现的实验美学、游戏说、快乐说、移情说、距离说、表现说、心理分析及格式塔美学等流派。但是对主观精神的过分强调会使美学研究走向反理性主义或神秘主义；而对客观性的过分强调，也会使美学流于刻板化，走向形式主义。

2. 用现代科学方法研究美

人类对美的本质的探索日益与现代科学发生密切联系，如与心理学、生理学、高等数学、信息论、控制论、系统论、伦理学、人类学、社会学、考古学、经济学等发生了联系。在这些学科的推动下，产生了系统论美学、控制论美学、信息论美学、接受美学、模糊论美学等，其美学分支的研究也不断深化，文艺美学、生活美学、景观美学、技术美学、设计美学、劳动美学、商品美学、广告美学、企业美学等蓬勃发展，学科的结合与交叉不断给美学探索提供了新的途径。

研究服装美学时，除了要紧紧抓住其核心问题，还应加强与其他分支美学的联系。同时，也只有把服装美学放在更大的美学体系中，才能真正看清其完整的面目。

二、现代美学的特色

服装美学是生活美学的重要组成部分。了解服装美学有必要了解生活美学及现代美学应用的其他部分。

1. 日常生活与美学

随着人们物质生活的富裕和丰富，精神生活的需求也越来越受到重视。当前社会审美日常化，这是审美活动突破原有的范围延伸到大众生活的直接表现，艺术生活的场所也褪去了以往神秘的面纱，与大众生活发生了近距离的接触。

日常生活正愈加审美化，如广告文案写作和流行歌曲创作中广泛引入文学的诗化语言，笔记本、纸巾等日常消费品的包装上印刷了一些精美的绘画作品，房屋、汽车等设计中也越来越多的考虑到艺术化、品味化的审美诉求。现代都市到处可见审美日常化的应用，如车体广告、各类时装秀、城市规划建设、室内装修、环境设计等，发生在寻常百姓经常光顾的各类场所。在这些场所中，文化生活和商业活动巧妙地融合，社交活动和审美活动打破了固有的思维局限，在现代商品化高度发展、物化高度繁荣的情况下演绎出美学特有的状态。传统的高雅艺术失去了往日的风采，被改造成易受消费者接受的平民化、平面化商品。例如，经典音乐被作为广告的配乐，经典艺术作品出现许多仿制品，引诱消费者为了满足虚荣心而购买。在当今审美体验至上的大审美经济时代，商品的文化价值、审美价值逐渐超过商品的使用价值和交换价值而成为主导价值。在我们琐碎的日常生活中，审美要素越来越多。人们对日常生活的诉求愈发审美化、艺术化。现在越来越多的大众休闲娱乐场所和城市的规划中，美学因素是重要的考虑对象。

现在，人们花钱已不单单是购买物质生活必需品，而是越来越多的购买文化艺术，购买精神享受，购买审美体验，甚至花钱购买一种氛围，购买一句话，购买一个符号（名牌就是符号）。这类现象的产生涉及了美学的各个方面，不仅要考虑它对日常生活本身造成的影响，也要看到它对美学观念、美学研究、美学学科等领域的影响。这种日常生活审美化的倾向给艺术界文学界以及整个社会生活的生产、传播、消费都带来了双重的影响：这是时代发展的必然产物，具有时代的必然性和现实的合理性，标志着人类审美艺术观念的拓展，也体现了人们日常生活对美的追求。美学已经渗透到政治、经济、文化以及日常生活当中，因而丧失其自主性及非凡性。艺术形式已经扩散渗透到了一切商品和客体之中，以至于从现在起所有的东西都成了一种美学符号。虽然审美的泛化把人们看成一群仅仅是为了感官刺激和物质享乐的高级动物，精神生活的品位和追求荡然无存，即便它的负面影响是存在的，但也为当代美学的发展提供了新的思路和观念。

2. 科学技术与审美

从理论上看，科学技术和审美是两个截然不同的领域，甚至可以说是此消彼长的关系。但现代社会发展到今天，科学技术抓住契机自然地介入到审美领域，并将其与人类的社会生活紧密结合在一起。科学技术不仅有着具体而独特的人性特征，与人类审美活动、审美理想等多方面地联系在一起，随着现代科学技术的进步逐渐渗透到人类生活的各个领域，与人类审美活动的关系也越来越密切，并日益表现出它独特的审美价值。各种新科学、新技术的不断涌现，极大地拓展了人们的能力，延伸了人们的感官，并在人们的面前展现出一个全新的世界，例如，从外太空到分子运动，现代科技让人们看到了前所未闻的许多宏观和微观的物质，为人们提供了前所未有的审美体验。因此人的审美意识、审美理想、审美活动的内容与方式等也产生了相应的变化。

科学技术的发展改变了人们的劳动和生活观念，提升了人类劳动和生活的审美层次与质量。科学技术的进步为满足人们的追求提供了条件，不仅各种新材料被越来越多地用到服装面料中，而且运用计算机设计手段和计算机控制的缝制技术，使服装的审美特征日益凸现。

随着计算机技术的不断进步，无论是写作、作曲、绘画，还是服装设计、影视制作等，都离不开计算机的运用，计算机技术成了艺术创作和传播的重要手段。科学技术在人类审美领域衍生出了电子音乐、电视艺术、网络文学等许多新的艺术形式。现在通过计算机虚拟技术，模拟真人制作的节目主持人已在互联网上出现。随着互联网的飞速发展，一种集声音、图像、文字的多媒体、互动式的艺术形式已呈现在大众面前。在科学技术的作用下，人们在日常生活中直接参与审美活动成为可能。计算机音乐、计算机绘画、网络文学等创作形式的出现，使得普通人也能够进行艺术创作、感受审美的激情和乐趣。科学技术的进步，正在为美和艺术带来广阔的应用前景。

3. 网络新媒体与美学

新媒体就是在计算机信息处理技术基础上出现和影响的媒体形态。新媒体将传播载体从广播、电视扩大到了计算机和手机，将传输渠道从无线、有线扩大到了卫星、互联网。交互式网络电视（IPTV）是利用宽带网，集互联网、多媒体、通信等技术于一体，向家庭用户提供包括数字电视在内的多种交互式服务的崭新技术。它能够很好地适应当今网络飞速发展的趋势，充分有效地利用网络资源。交互式网络电视能够双向互动，自由点播，网络广播能够留住声音，任意下载等。这些技术变革使消费者在任何时候都能从广播、电视、互联网，甚至是移动通信工具中，按自己的时间、心情、爱好、价值取向，去选择收看节目，改变了受众的行为模式和收视习惯，更好地满足了受众多层次、多样化、个性化、专业化的需求。新媒体的应用及普及，便捷地收集、整理、保存、加工、编辑、复制、展示和运输，使艺术的传播手段由静态转为动态、由单一转为多元，由二维转为多维，它创造了新的审美活动形式，为艺术的传播提供了更为广阔的时空。

在新技术推动下的新媒体，在艺术的发生与传播方面，发挥了重要的作用。它使公众有了更多的机会接触到难得一见的艺术作品，既有效地传播了艺术，又为审美教育的普及提供了可能性。新媒体使艺术的传播扩展到了一切可能的领域。

网络将一切艺术门类与形态展现在网络技术的规定性中。新媒体在揭开艺术神秘面纱的同时，也遮蔽了艺术的本性存在。网络媒体使艺术的唯一性、独创性消解于拼贴与复制之中，创作成为制作。现代美学的发展方向，网络与电子复制以空前的方式拓展了人们的视听觉空间，使艺术得以在更加广阔的境域中展开，艺术已成为大众文化的一部分。

第四节 美学与学习

工欲善其事，必先利其器。服装美学与其他学科相比，有着自己独特的研究思路，所以在学习这门学科时，既要明确学习的目的，也要注意相应的方法，尤其是抽象思维的方法、辩证思维的方法等，这样才能为进入美学这一神圣的殿堂铺平道路。

一、学习美学的目的

1. 美学启迪思想

学习美学能够使我们从本质上认识人类产生美感的根源，从而使学习者能够更自觉地按照美感产生的规律追求美、创造美。从本质上说，服装作品是服装设计师对人生的一种观照，广博的知识和丰富的生活实践有利于杰出作品的产生。例如，北宋画家张择端的《清明上河图（局部）》（图1-3）中描写了宋代以汴河为商业中心的繁荣的社会生活情景，其中有着大量的服饰形象。画面涉及五百多人，有农民、船夫、商人、官吏、文人雅士、小手工业者、和尚、道士、江湖郎中、算命先生、各种摊贩……他们有的驾车，有的挑担，有的在叫卖，有的在讨价还价，有的在河中驾船，有的在信步闲逛……职业的不同和服装上的"百工百衣"为现代人们设计职业装提供了较好的参考。

图1-3 清明上河图（局部）

美和艺术与其他社会意识形态，如政治、法律、哲学、宗教等一样，都是人们社会生活的反映。艺术是通过具体、生动、直观、可感的艺术形象，来再现现实生活和社会风尚的，所以艺术也是时代生活的历史。我们可以通过古今中外优秀的艺术作品，了解各时代、各地区的生活状况，提高我们对社会的洞察力。例如，对国外现代服装艺术的了解，有助于我们理解当今世界服装艺术发展的特点以及其对我国服装艺术的影响；对古代服装艺术的挖掘与整理，有利于我们对现代及未来服装艺术的把握。现代服饰艺术，有时和政治、经济的联系较为密切，如20世纪末以来出现的"神秘东方""中国情结""中国风"就和我国改革开放、引进外资及加入世界贸易组织有密切的关系。

2. 美学陶冶情操

学习美学能使我们树立正确的审美观。只有树立正确的审美观，才能确立正确的审美标准，养成健康的审美情趣，胸怀崇高的审美理想，明辨美丑善恶的界限，实现崇高的人生理想和人生价值。

许多服装工作者以弘扬民族文化、发掘并保留民间服饰文化、研究民族心理、振兴民族经济、美化人民生活为己任，不断为中国服饰走向世界、创造世界名牌服饰产品贡献着自己的力量。高尚的情操和强烈的社会责任感，是服装工作者不断攀登创作高峰的重要条件。

在欣赏优秀艺术作品时，人们的心灵往往会被作品所表现的崇高思想和道德情操及感人的艺术魅力所打动，它激励人们去接受真善美的洗礼，使人们的性情得到陶冶，感情得到净化，文化层次得到提高。只有具有高尚的情操，才有可能创作出高尚的作品。

3. 美学指导艺术实践

学习美学，掌握审美活动规律，能够提高审美欣赏和审美创造的能力。艺术作品是人对现实审美认识的最高形式。人们学习美学和欣赏艺术作品时，要不断地提高对美的认识和把握，不断提高艺术鉴赏力和艺术修养，不断掌握艺术创作的规律。

对于优秀的艺术作品在培养审美能力和提高艺术修养方面的重要作用，德国大诗人歌德（1749—1832）的秘书爱克曼曾记录了歌德对他的指教："歌德在每一类画中指给我看完美的代表作，使我认识到作者的意图和优点，学会按照最好的思想去想，引起最好的情感。他说这样才能培养出我们所说的鉴赏力。鉴赏力不是靠观赏中等作品，而是靠观赏最好的作品才能培养的。所以我只能让你看最好的作品，等你在最好的作品中打下牢固的基础，你就有了用来衡量其他作品的标准。"歌德的主张，指明了培养审美鉴赏力和提高艺术修养的一条主要途径。被公认的优秀的艺术作品，经受了长时间和无数欣赏者的考验，其本身就有准绳的意义，理解这种意义，有助于对艺术作品的理性把握。

在学习服装设计时，我们不妨接纳歌德的建议，把多读、多看并认真分析艺术大师的设计作品，当作一条学习的途径。每当国际或国内推出著名设计师及其获奖作品时，只要确认这种推出是有权威性的，就不妨把它作为特定时期的作品准绳，加以学习并以之指导我们的创作活动。

二、学习美学的方法

美学的精髓是关于美的一系列观念和理论，它们高度概括了关于美、美感、审美活动和美的创造的内涵和规律。但美学同时也是一门建立在人类审美实践和创造美的实践基础上的科学，是一门与每个人的现实物质生活和精神生活都密切相关的科学。因此，学习美学需要注意以下几个方面。

1. 掌握美学史知识

各门理论都有自己产生、发展和演变的历史，美学也一样。一个时代的美学，既反映了现时代的社会实践、人的审美活动，又承续和发展着以往时代人类的美学思想、观念。在学习美学的过程中，要结合人类历史，尤其是审美实践的历史、审美创造的历史、美学自身的发展史，要掌握好现有的理论概念、命题、思想，同时应特别注意对美学理论发展历史的了解；不仅从知识层面上对美学的来龙去脉有比较清楚的把握，而且能够从历史上不同美学流派和体系、美学概念及范畴的形成与演变过程中，发现它们之间的共同处、相近处或不同点，以加深对现有理论的理解。在学习美学时，我们应尽可能多地了解有关历史知识。从原始社会的服饰、居舍、劳动工具、家具用品，到古代社会、近现代社会的各种艺术品，世界各国的文学史、建筑史、雕塑史、绘画史、音乐史乃至延续了数千年的中外政治、经济、文化变迁史，都应该成为我们广泛涉猎的对象。了解美学史上已有的研究结论、研究方法、研究经验，是我们学好美学、进一步研究美学的基本前提。

2. 学习心理学知识

心理学以人类心理活动和心理现象为对象，研究人类的感觉与知觉、情感与理智、需要与兴趣、气质与个性等的发展和表现规律。现代美学与心理学关系密切，运用心理学成果来探索、揭示人类审美心理奥秘，成为美学的重要方面。假如没有心理研究，那么审美意识、审美感觉、审美知觉、审美想象、审美理解以及审美理想、审美情感、审美趣味等人类特殊的心理活动与现象，将不能得到全面有效的解释。虽然不能把美学与美学的心理学研究等同起来，但也不能把它们割裂开来。在学习美学的过程中，有比较扎实的心理学知识基础，能够帮助我们更为有效地认识人类审美活动中的心理问题。

3. *从事艺术实践*

美学与艺术理论、艺术实践的密切关系，表现在人类的艺术创造和鉴赏活动，体现在人类对自身艺术生存的一种价值把握。美学是集中探讨人类审美活动及其所形成的审美关系，并在人类艺术实践的审美领域来概括、抽象、丰富和发展人类对美学问题的理论认识。许多在美学史上做出重大贡献的理论家，同时也是很有成就的文艺理论家、艺术家，如中国的顾恺之、苏轼等，西方的达·芬奇、歌德等。

学习美学时要自觉联系自身的审美体验和审美实践来理解美学理论。一个人的审美观和审美实践体现在众多方面：每天的着装、发式，说话、做事的方式，家居、饮食、工作、学习，观看电影、电视，欣赏音乐、画展，为人处世的哲学观念等。在学习美学的同时，有计划地选读一些中外文艺名著，经常鉴赏一些中外名画，或聆听中外名曲，或观赏一些中外优秀戏剧、电影、电视剧，不仅可以更好地培养我们的艺术兴趣和爱好，而且通过提高艺术欣赏、理解能力的途径，可以更有效地促进我们对人类审美活动、审美现象的思考。可以结合自身的审美实践和审美体验加深对美学理论的理解，也要自觉地在美学理论指导下树立正确的审美观，提高审美感知和审美判断的能力。经常自觉从事一些文艺创造活动，对于锻炼、发展和强化我们的艺术能力，培养健康的审美意识，进而加深和完善对于美学的理解，更有着积极的意义。应该说，在信息传播不断扩大和加速的今天，尤其是互联网的飞速发展，为我们提供了一个较过去更为广阔的接触艺术作品、参与艺术实践的机会，充分利用这些条件，对学习美学将起到积极的作用，能够不断认识到自己在审美欣赏和审美创造活动中存在的不足之处，并加以改进。

4. *掌握哲学思考方法*

学习美学首先要树立正确的世界观，掌握正确的方法。马克思、恩格斯提出的辩证唯物主义和历史唯物主义哲学观是研究美的根源、美的本质的根本方法，也是认识人类审美实践和美的创造活动的指导思想。因此，掌握马克思主义哲学的基本观点和认识、分析客观事物的基本方法，对美学现象的认识和分析就会方向明确、方法得当，许多疑难问题就会迎刃而解。当然，马克思主义哲学只是指导性的方法论，不能取代美学研究的具体方法。美学研究的方法是对审美活动进行科学分析的具体方法，它们也不能取代马克思主义哲学在美学研究方法论上的指导作用。

美学作为一门年轻的学科，许多重大问题没有定论，还有许多研究领域有待开发。我们在学习中要善于思考，积极发现问题，提出不同的观点，同时应结合自己的兴趣爱好和知识、经验的积累，研究一些有待解决的美学问题，提出自己对美学独特的见解。

三、学习美学的途径

1. *培养抽象的能力*

抽象思维能力主要是指对思维方法、思维形式和思维规律掌握和运用所应具备的对概念的理解、判断、推理和运用能力。人类对知识的积累过程，是从具体走向抽象的过程。抽象的理论，能够代表和演绎更普遍的具体，因而能够指导实践。有时，人们认为抽象地学习会很困难，其实并非如此。学习如同攀登台阶，只要找到入口，并按照台阶一步一步循序渐进地不断攀登，大多数人都能到达自己理想的高度。

本书是参照普通美学的基本构架、结合服装专业读者的特点来编写的，虽然力求通俗易懂，但美学研究本身所具有的抽象性，还是为我们的学习和把握增加了难度，而这正是我们学好这门课程的关键。可通过培养和训练观察力、想象力，创造想象力，空间想象力和表达能力，达到抽象思维能力。

2. 注意美学的脉络

美学的今天是从它的前天和昨天发展而来的，为了更好地了解它的今天，有必要对它的过去做一个概要的把握。通过分析、比较美学的起源及不同流派的观点，可以丰富我们的美学知识，培养美学独特的思维方式。美学史论是学习美学的一张导游图。我们到某风景区去旅游，事先往往都要做一番考察和了解，通过比较，确定去什么样的风景点、走怎样的路线等，这样就可以节约时间、提高效率。研究美学也是如此。对于美的本质问题，曾经有过哪些见解和争论、谁对谁错、错在哪里、对在哪里以及对著名美学家和学派提出的论点等，更需要深入地进行分析和比较。服装美学也有自己的发展历程，但它可以被包含在美学的发展之中。

3. 注重与实践相结合

学习服装美学要与服装艺术创作实践相结合。普通美学有些抽象，在学习时只有将它与自己或他人欣赏和评价服装艺术的实践相结合，才会显得有血有肉、生动活泼。服装美学也是一门生活美学、技术美学，对生活的细微观察和了解以及对服装专业知识的把握，是学好服装美学的关键。在服装艺术创作中，既有普通美学的一般规律，也有这门学科所独有的、大量的特殊规律，这需要学习者在设计和艺术实践过程中，按照美学的基本思路和方法，不断提炼和积累服装美学的经验。此外，学习者还要注意其他分支美学与服装美学的相互作用与相互渗透。

4. 独立思考能力

美学可以指导服装艺术实践，但它并不能给人们提供现成的公式去创造多样的美。在美学领域，还有不少重大问题尚在争论之中，而且短时间内也难以达成一致意见。在学习时，既要认真分析前人的意见，分析其合理和谬误之处，也要敢于提出自己的看法。既要尊重普通美学的知识体系和框架，又要不断总结和提炼服装问题的特殊性。还要注意克服单向性思维和习惯思维的影响，学会系统地、辩证地去分析服装美的有关问题。例如，在谈到服装美时，不能只强调它的艺术性，而忽略其功利性及经济性的渗透作用等。

要通过对美学的学习，提高服装艺术工作者的审美层次，使其达到更高的艺术境界，扩展知识范围，融通其他姐妹艺术和学科知识于服装美学中，以此指导服装艺术的创作实践，为进一步发展服装事业打下更为坚实的基础，并适应未来社会对人才更高层次的要求。

5. 培养勇于创造的精神

人类对服装美的关注和研究源远流长，但作为一门学科，其研究才刚刚起步，有待解决的问题还有很多。作为服装设计工作者，对服装美学这个婴儿般的分支学科，需要有更执着的态度。通过学习和借鉴，在实践中不断总结、提炼这门分支美学的规律，使之建立更为完善的研究体系。

图1-4　蓝衣少年

英国肖像画家庚斯博罗（1727—1788）的绘画《蓝衣少年》（图1-4），是他为驳斥皇家美术学院第一任院长雷诺兹对色彩的理论偏见所作。有一次，大画家雷诺兹给学生上课时说："蓝色不宜在画面上占主要地位。"庚斯博罗听到后，为表达对这种"色彩法规"的蔑视，就用大量的蓝色创作了举世闻名的《蓝衣少年》，借以挖苦雷诺兹对色彩理论的偏见。这幅画描绘了一个衣饰华丽的贵族少年形象。画的成功之处就在于通过想象准确地再现了少年身上蓝缎子织物的质感，生动地表现了少年的倜傥风度。庚斯博罗突破了雷诺兹带有偏见性的理论，第一次真正发现了宝石蓝的光色作用。

6. **克服浮躁的心态**

在学习服装美学课时，有的同学浅尝辄止，不求甚解；有的同学走马观花，浮光掠影；有的同学照抄照搬，应付作业；有的同学急于求成，想一口吃个胖子；有的同学满足于已有的知识，不思进取等。这些学习态度和方法都是学习的大忌，是不利于学好服装美学课的。

学习需要静下心来，不为物欲所困扰。学习如同练气功一样，平心静气、意念集中。只有聚精会神，摒弃杂念，才能打通智慧的脉络。"梅花香自苦寒来"，只有刻苦认真地学习，克服浮躁和急功近利的心态，才能拉住美学之手。

思考题

1．举例说明美学三大研究课题之间的关系。

2.《大希庇阿斯》是否有讽刺现实人类之嫌疑？

3．鲍姆嘉通的职业背景决定了他的美学体系必然带有什么特点？

4．结合服装设计作品，谈谈学习服装美学的目的。

美学基础理论——

服装美学美论

课题名称： 服装美学美论

课题内容： 1．美的定义与特征。

2．美的种类。

3．服装美的哲学属性。

课题时间： 2课时。

教学目的： 清楚认识本章“美学基础理论”是美学的三大研究课题之一，了解探索美的途径和服装美的基本特征，掌握美的几种定义，学习真善美与假丑恶的基本概念，熟练掌握美的种类及意义，为进一步学习“美感”部分奠定基础。

教学要求： 1．教学方式——以讲解为主。

2．问题互动——提问，启发，请学生结合服装给美下定义。

3．课堂练习——讨论梵高《向日葵》名画与服装设计的关联性。

教学准备： 梵高的个人资料。

第二章　服装美学美论

第一节　美的定义与特征

一、关于美的定义

1. 什么是美

什么是美？来自柏拉图的这一发问，开启了全部美学的历史，它作为美学的基本理论，激励着历代美学家、哲学家们进行不懈的持续努力。

服装作为一门生活艺术，具有明显的美学特征，但是把握这个问题并非易事，因为人们至今对美的定义还没有公认的定论。然而，这并不影响人们对美的探讨和研究，人们从各个方面、各个角度及各个不同层次上，探寻着无穷无尽的美的魅力。

美是美学的基本概念。美的内涵是对能引起人们美感的客观事物共同本质属性的抽象概括。在实际生活中，每个人对美都有切身的体验，人们常说“这件衣服很美”或“这位小姑娘很漂亮”等。

关于美的定义，前人有过很多不同的见解。例如，希腊古典主义者认为“美是形式的和谐”，新柏拉图派认为“美是上帝的属性”，理性主义者认为“美是完善”，经验主义者认为“美是愉快”，法国启蒙主义者认为“美是关系”，德国古典美学认为“美是理念的感性显现”，俄国民主主义者则认为“美是生活”。

美是一种发展的文化共识，是一定时期、一定区域的人对事物的共同看法，是对某一事物从不同角度、不同立场有利于人类自身的普遍看法；它包括物质文化、精神文化以及社会的风土人情、习俗、风尚等方面。美不是静止的，而是随人类实践的发展不断变化的。人类在生产活动中进行思想交流，不同区域、不同民族的文化交流，互相影响、互相促进、互相渗透和互相融合，人类思想在不断演变，人类审美文化共识的标准也随之改变。美是没有对错之分的，只是对美的文化共识不断变化，或被继承、发扬光大，或被更新、淘汰摒弃。美具有普遍性，也具有稳定性，美在缓慢的演变过程中有相对的稳定性。

美是永恒的、稳定的，又是可变的、流动的。

2. 美产生于实践活动

人类的实践活动是创造性活动。美就是人在创造性活动中所获所感的自由形态。马克思在《1844年经济学哲学手稿》中明确指出“劳动创造了美”。

人类在劳动中按照美的规律创造美的事物。辉煌的殿堂庙宇，壮丽的高楼广厦，秀美的园林池湖，是人按照美的蓝图来建造的；五彩缤纷的绫罗绸缎，晶莹剔透的陶瓷器皿，精致大方的竹木家具，是人按美的尺寸来制作的；芬芳的稻谷，精美的糕点，香醇的美酒，是人按照美的生活来生产的。人的劳动不再是本能性的，而是创造性的；人的劳动不再是只能适应环境，听任自然的淘汰，而是自觉的、有意识地生活着、劳动着，并在劳动中观赏着自己的产品，感受到自己劳动的胜利和喜悦。喜悦产生了美。

在漫长的历史中，劳动者曾遭受剥削和压迫，劳动被异化。劳动创造了美，却使劳动者成为畸形。中国的万里长城，埃及的金字塔，巴黎的卢浮宫（图2-1），罗马的竞技场。千百年来，人类就是用自己的劳动来改造自然界，把原始的荒山野林建造成气象万千的瑰丽世界，定格成种种令人叹为观止的胜景。尽管异化劳动不利于美的创造，但在某种程度上，劳动者也要按照预定的意图，循着美的规律，灌注了心血和智慧，体现着劳动者的本质力量。这样的劳动产品，作为统治者残酷剥削的罪证而存在，也作为人类智慧美的结晶而留存。正如美学家所认为的“马克思认为在异化劳动中创造出来的美是实存的，就像宫殿一样，它耸立在历史的道路上。它的美是具体的，并不仅仅只是对过去的一种感伤的回忆”。今天，美又回到劳动者的手里，美又和劳动融为一体，劳动才能负起它真正的使命：不仅成为生存的源泉，同时还成为创造热情和愉快的源泉。设计师在发自内心的审美追求中，用劳动创造美。

图2-1　巴黎卢浮宫内景

新时代的改革大潮，荡涤了前进路上的障碍，设计师有了创造美的更广阔天地，他们用美的心态和美的规律，有智慧、有技巧、创造性地描绘最新最美的生活景观。

3. *美的存在与发现*

美是一种客观的存在，不随个人的主观意念而改变。

自然之美随处可见，但步履匆匆的现代人难得驻足观赏。对于日益烦躁的上班族，只有走进自然，亲近自然，感悟自然，才会感受到生命的可贵，才会拥有更开阔的心胸，人生的境界才会得以提升。

美的存在有一定的标准，它是建立在个人文化修养、性格、爱好等客观存在于人的主体上的素质。美也有自己的特性，人的主观感受不能够改变美的特性，在欣赏的过程中，主体与客体之间所产生的关系只能是感受与被感受的过程，是客观存在的美引起了人的美感，而不是人的美感创造了客观事物的美。美不以欣赏者的个人主观意念而改变。能否欣赏和发现这种客观存在的美，依赖于我们的学识素养和心境。

在中西文化大碰撞的背景下，有不少青年感到困惑和迷茫。在《青年烦闷的解救法》一文中，现代美学家宗白华（1897—1986）针对当时青年人由于目睹社会上种种丑恶现象，而产生的烦闷和各种消极行为，给出“唯美的眼光”“研究的态度”“积极的工作”三个指导。

法国雕塑家罗丹曾说过：“美到处都有，对于我们的眼睛，不是缺少美，而是缺少发现。”

清风拂过树枝，碧波荡漾湖面，飞鸟环绕群山，池鱼浅游水底，白日的繁忙，月夜的幽静，晴天的爽朗，雨天的温柔……各种各样的美，充满着整个世界，它一直存在，未曾消失，它将把美呈现给每一个愿意欣赏它的人，并不会为谁等待。

随着科技的进步，人们思想素质的提高，人们的审美观也在改变。现在一些抽象的东西人们也可以去发现它的美，这就是人们善于发现美的进步。断臂的维纳斯，人们给予的是崇敬，美更是体现得淋漓尽致。梵高画了一生的画，死后人们才发现他的画美的一面，如果人们善于去发现美，就不会出现这种审美悲剧。如图2-2所示为梵高的《向日葵》。

4. 美是和谐

和谐美是古代美学家最早提出的一个范畴，中外有着众多不同的表述，但是和谐美是共同追求的最高审美目标。在中国古代典籍《易经》中，“和”是大吉大利的征象；在《尚书》中，“和”被用以描述家庭、国家、天下等系统内部治理良好、上下协调的状态；在中国传统文化里，“和”具有和谐、和平、和睦、和气等内涵。如今，和谐作为一种思想、观念或价值已经成为许多人追求的目标和方向。

和谐美的含义包括：形式和谐，即人、物、外在形式的大小、比例及其组合的均衡和谐；内容和谐，即主观与客观、心与物、情感与理智的和谐。形式与内容统一，内容的和谐要求形式的和谐，并规定内容和谐之间的形式和谐统一。主体与客体和谐，这种和谐自由的关系集中体现为完美的、全面发展的人。中国美学中讲究人和、政和、天和、心和关系。在中国古典美学范畴中，形与神、文与质、情与景、虚与实等关系中都体现着对和谐的追求。

自然界处处绽放着和谐带来的光彩。朝霞彩虹、夕阳西下、电闪雷鸣、高山流水、园林田野、草木虫鱼、清风明月、鸟语花香都有各自的美。天地万物都以不同的丰姿勾勒出自然界的和谐画面，让每个生灵都不会感到孤独，和谐让美丽的自然永驻。如图2-3所示为鸟语花香图。

费孝通先生说过：“各美其美，美人之美，美美与共，天下大同。”其含义是人们要懂得欣赏自己创造的美，还要包容欣赏别人创造的美，将各自之美和别人之美拼合在一起，就会实现理想中的大同美。

实现社会和谐，建设美好社会，是人类孜孜以求的理想。尤其现在全球一体化，政治、经济、环境、文化以前所未有的亲密姿态沟通交融，和谐世界、和谐社会，已经成为时代的主旋律。立身当今社会，国与国之间力求和谐，人与人之间要求和谐，人与自然之间追求和谐。和谐是一个

图2-2　梵高的《向日葵》

图2-3　鸟语花香图

体现价值观甚至宗教情感的概念，和谐作为一种价值观，是真善美的统一，是人类永恒的追求。和谐在作为最高的审美理想追求对于社会文明的进步和个人全面发展方面都发挥着重要作用。

5. 美的追求

爱美是人之常情。著名作家奥斯特洛夫斯基（Ostrovsky，1904—1936）说："人的美并不在于外貌、衣服和发式，而在于他的本身，在于他的心。要是人没有内心的美，我们常常会厌恶他漂亮的外表。"契诃夫（Chekhov，1860—1904）说："人应该什么都美，容貌、衣服、心灵、思想。"人的美是外在美和内在美的统一。托尔斯泰（Tolstoy，1828—1910）说："人不是因为美丽才可爱，而是因为可爱才美丽。"一个有漂亮外表的人，灵魂却十分肮脏，给人的美就逐渐消失了。相反，一个外表丑陋的人，他具有崇高的心灵、高尚的行为，人们就会忽视他的丑陋。

每个人对美的认识和见解都不同，许多人在追求美的过程中遗失了原本属于自己的自信。自信是美的体现，要想自己在别人眼中是美的，就必须拥有十足的自信。自信是一种调和剂，能让人的心境长久开朗，能将缺点调和成优点，自信能让人散发出无穷的魅力。另外，还要自爱。自爱是人性中最根本的力量，也是人性美的源泉。热爱自己的生命，创造自己的生活，才能构成生活之美。热爱自己的家庭，营造家庭的快乐与和谐，才能创造亲情之美，感受亲情之美。热爱自己的事业，全身心地投入到事业中，才能进入创造的境界，才能创造出美的产品。热爱自己的祖国、自己所居住生活的地球，才能有至高之美。

时代在发展，历史在前进。对于美的本质、美的存在、美的发现和美的追求，还有待于进一步认识和探寻。我们需要以辩证法的思维方式去理解人类对真善美的寻求，并以每个人的创造性活动去创造我们时代的真善美。

二、探索美的途径

关于美的定义虽然众说纷纭、各执己见，但都从不同角度揭示了美在某一方面的本质。前人对美的探索途径可以概括为以下四个方面。

1. 从客观方面探索

美究竟是主观的还是客观的，从古至今众说纷纭、莫衷一是，而这个问题一直是人们争论的焦点，只有弄清楚这个问题，才有资格去谈论美的定义，否则对美的任何论断都是枉然。

荷迦兹（William Hogartu，1679—1764）认为"美正是现在所探讨的主题。我所指的原则就是：适宜、变化、一致、单纯、错杂和量；所有这一切彼此矫正、彼此偶然的约束、共同合作而产生了美"。

德尼·狄德罗（Denis Diderot，1713—1784）提出"美是关系"，他认为"就哲学观点来说，一切能在我们心里引起对关系的知觉的，就是美的"。总的来说，狄德罗虽然肯定了美的客观性，美在客观事物的关系，在美的问题上坚持了唯物主义的观点。但由于对关系的概念，没有完全与社会历史深刻地联系起来，因此非常宽泛模糊，带有机械的直观的性质。

虽然美学家们各自阐述了美的特性，从美的自然属性，探索和研究美的外观的形式法则，从中发现了和谐、比例、均衡、多样统一等客观形式因素与美的内在联系。到了近代，客观美论开始重视美的社会属性，研究美的自然属性在社会关系中的地位和作用，强调社会属性与美的内在联系。例如，服装设计从单纯的艺术美到注重穿着者的职业与身份等社会属性。

2. 从主观方面探索

从人的主观审美意识、审美心理、审美感情等方面探索美，认为美是人的意识和情感活动的产物或外射表现（如康德的美论等）。例如，从地质学角度考察熔岩断层和从美学角度去欣赏它有所不同，从实用角度看一棵大树和从美学角度欣赏它有所不同，从艺术角度看人体绘画和从美学角度看有所不同。

通俗地说，美是人的一种感觉，不管是日夜星辰、山川河流、花草树木、飞禽走兽，还是长城的建筑，他们的存在只是一种状态，人凭借自己的感觉认为是美是丑，对于这种美与丑，人类在某些方面取得一致，就认为是事物的固有特性。例如，我国古代的人们按自己认为是美的形状修建长城，而长城的存在只是一种状态，它不能说明长城的美就是它的自然属性。所以，美的载体是客观的，人类的感觉是以物的实际存在为物质基础，它的存在刺激了人的大脑做出美与丑的判断。因此，美感是客观事物的主观反映。

黑格尔（德语：Georg Wilhelm Friedrich Hegel，1770—1831）提出了“美是理念的感性显现”，他认为美的根源在于理念、绝对精神，而感性是理念生发出来的，是作为理念的客观性存在的。黑格尔对美的本质所下定义从内容与形式的关系上看，理念是内容，感性显现是表现形式，二者是统一的。

3. 主客观关系探索

该理论认为美既不完全在客观对象，也不完全在人的主观意识，而是在两者的结合之中。其中又有偏于客观或偏于主观的各种不同的观点。

美的主观性是指客观的美必须通过人们的审美活动才能得到肯定。没有美术感的眼睛无法欣赏图画之美，没有美的心情无法欣赏任何美。美对于每一个人，都是一种体验，一种意境，因而美又具有主观性。美的客观性是指人类所欣赏的、追求的、创造的美是客观存在的，是真实的，是不依人的意志为转移的。我国两位著名的美学大师朱光潜先生和李泽厚先生分别认为“美是主、客观的统一”和“客观性与社会性的统一”。

美是主观性与客观性的统一。美不是那些可以离开人而存在的客观存在物，也不是这些客观存在物的固有属性。它只能是客观存在物对人而言的一种属性，在进行审美活动时，需要物与人的相互“配合”。例如，杨贵妃在以胖为美的唐代是绝代佳人，就是美的典型代表，但是在喜欢细腰的楚王面前怕是丑的。美是主客观共同作用的产物。

4. 从社会实践探索

该理论认为美的本质是人的本质的对象化，是自然的人化，是合乎目的性与合乎规律性的辩证统一，是真与善的统一。美学既要从具体的审美事实出发，发现其中的一般规律，又应把研究建立在人类审美活动的基础上。在人类审美活动中把握各种审美事实，同时将美学理论用于实践，即理论与实践相统一。

中国历史上对美的探索主要涉及现实美，还有一些论著是直接论述现实美的。例如，刘勰（约460—532）美的观点是“自然之道”，其中的“道”，指的是万事万物的客观规律。柳宗元（773—819）认为美在于自然，一切客观事物都有它的规律，是人无法改变的。刘禹锡（772—842）认为美在于有形的客观物质。清初的王夫之（1619—1692）明确地肯定了美是存在于自然的运动中。他认为艺术美之所以华奕照耀、动人无际，就在于来自现实，现实是美的能动反映，肯定了美的真实性和客观性。

不难看出，上述各种美论并不是完全对立的，而是相互影响、相互吸收、相互批判又相互继承的，它们构成了人类探索美的本质的缤纷复杂的历史过程。

三、服装美的基本特征

大千世界，美不胜收。放眼万物，一脉相承。面对缤纷的美的世界，人类总是期望把握住美的脉络，以便创造更多的美。根据众多美学家对美的高论，可以总结出以下关于服装美的四个美学特征。

1．形象具有感染力

美的事物大多有具体可感的个别形象。形象是美的载体，离开了形象，美就失去了生命和寄托。服装美的形象离不开色彩、线条、形体等感性形式，只有通过和谐的感性形式及组合，并作用于人的感觉器官，事物才可能给人以美的感受。车尔尼雪夫斯基与黑格尔在美的本质认识上存在根本的分歧，但在“美离不开形象”这一问题上却是一致的。黑格尔认为“美的生命在于显现”，所谓显现就离不开感性形式。车尔尼雪夫斯基认为“形象在美的领域中占有统治地位”，他提出“个体性是美最根本的特征”。这里的“个体性”也是指事物可感的具体形象。美的个体性决定了美的丰富性和多样性，美是一个丰富多彩的感性世界。因此，在艺术创造（如服装设计、服装表演）中，要特别注重把握其个性特征。现代服装产品若想在艺术上独树一帜，就必须具有独到的风格和形象，如此才能在流行变化中独领风骚。

尽管美离不开形象，但并非任何形象都能产生美。美是一种在情感上具有感染力的形象。例如，时装效果图中的人体形象，并不表现客观的人体知识，而是设计师对服饰造型美的一种感受。如图2-4所示为人体比例说明图。

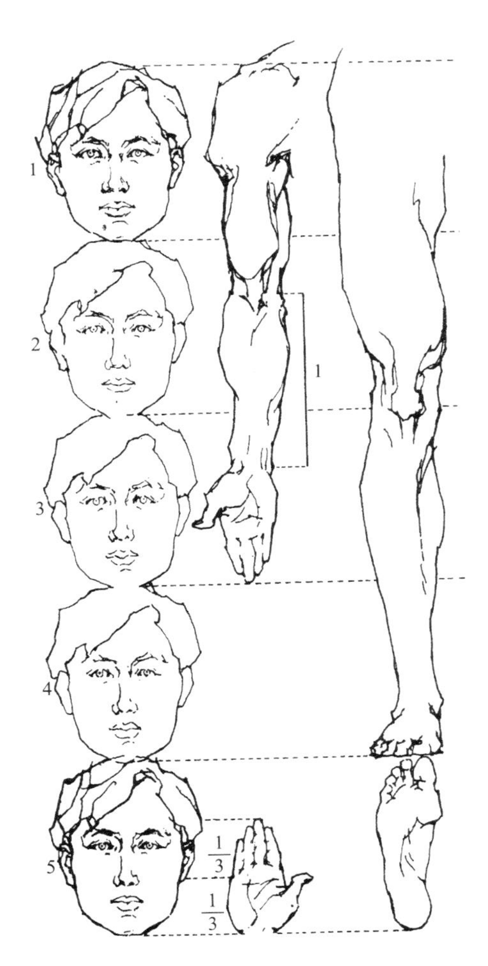

图2-4 人体比例说明图

2．社会性与功利性

任何社会实践都有其目的性和功利性，也就是人们生活当中所说的“有什么用处”“有什么好处”等，服装美也不例外。从美的形成与发展来看，功利性先于审美性。人类的创造首先是对自己有用、有益，然后才可能成为美的，美与功利密切相连。但是，美的事物不像实用品那样具有直接的功利性。在美的事物中，功利性被升华为形象，消融在形象之中，因此美的形象中的功利性具有潜在性，就像糖溶化在水中，见水不见糖一样。人们在欣赏纯艺术作品时，几乎不考虑功利性，但是却潜伏着功利性，包括实用上的功利性和精神上的功利性等。艺术作品陶冶人的情操、升华人的品格，这是艺术作品的社会功利性，而在艺术作品拍卖行里，则具有经济上的功利性；服装设计，既有穿着者实用上的功利性，又有陶冶情操的精神功利性，既有生产企业在经济上的功利性，又有美化人民生活的社会功利性等。美所在之处即功利所在之处，功利是躯体，美就是它的外衣。

3. 服装形式与构成

世界上不存在“没有形式的内容”，也不存在“没有内容的形式”。形式与内容是同一事物的两个方面，不可分离。人类在审美创造过程中，运用并发展了形式感，并从大量美的事物（包括艺术作品）中归纳、概括出相对独立的形式特征。例如，在一件服装中，领型、袖型、腰身、下摆、口袋等是基本要素，而它们的组合则会符合一定的艺术构成法则。

服装的形式美法则是人类在创造美的过程中对形式规律的经验总结，它是劳动的产物，也是历史的产物，是文化积淀的必然结果。早在旧石器时代，人类已经发展了对称和圆的感觉，到了新石器时代，石器造型规整多样，人类对形式感愈加丰富、敏感。彩陶上的饰纹说明人类已自觉地运用艺术法则。形式美通过审美主题能在美的各种形态中相互渗透，在自然美和艺术美之间、自然美与社会美之间以及各种形态内部美的事物之间相互融合渗透。例如，《洛神赋》中“髣髴兮若轻云之蔽月，飘飖兮若流风之回雪”是人的外貌美与自然美的相互渗透。白居易的“日出江花红胜火，春来江水绿如蓝”是自然美之间的相互渗透。

4. 美的规律与创造

设计师按照美的规律去创造，穿着者也按照美的规律去欣赏。服装美之所以被称为美，是因为客观存在着美的规律与尺度。按照美的规律进行欣赏和创造，是服装美学研究的重要内容。“美的规律”一词源于刘丕坤译《1844年经济学哲学手稿》一书，书中指出：“动物只是按照它所属的那个种的尺度和需要，而人却懂得按照任何一个种的尺度来进行生产，并且懂得怎样处处都把内在的尺度运用到对象上去。因此，人也按照美的规律来建造。”

美的规律存在于自然、生活、生产及各类艺术的体裁形式中，有着丰富的内容，并随着时代、社会、场所、对象的不同而变化，不是单一、绝对、永恒不变的。它既有客观标准，又有多样表现。美的规律客观存在，人类需要在创造美的实践中，永不停步地去发现和利用它，这一过程是永无穷尽的。

四、真善美与假恶丑

真善美是美学研究的基本课题之一。真善美分属三个不同的学科概念，它们的完美结合是艺术创造和艺术欣赏的最高层次。研究三者之间的关系对揭示美的本质具有重要意义。

1. 真善美的概念

“真”属于哲学范畴，其内涵是指事物的科学性、规律性、本质性。“善”属于伦理学范畴，其内涵是指事物的伦理性、功利性、价值性。“美”属于美学的范畴，也就是本书的核心概念，其主要内涵是指事物的审美性、艺术性和愉悦性。

真、善、美都是客观存在的，它们之间的相互关系是人在改造世界的实践活动所规定的。美不是孤立存在的东西，美的特殊本质也表现在它与真和善的相互联系与相互区别之中。美的创造与欣赏在社会生活中的特殊作用，更是与真和善密不可分地联系着。在美的对象及艺术作品中，真与善融化于具体可感的形象中，善的直接功利性和真的纯客观性都被扬弃。善作为间接的功利性成为美的潜在因素，而真以人的智慧形式存在于主体对规律的认识之中。

真、善、美在服装学科中的反映和侧重有如下内容：真是服装材料、服装人体、服装结构、服装工艺等学科研究的主要内容。善是服装心理、服装穿着、市场销售、成本管理等学科研究的主要内容。美是服装构成、服装色彩、服装设计、服装展示等学科研究的主要内容。

2. 真善美的辩证统一

现代美学追求真善美的统一。实际上，在一件美的作品中不能缺少真，也不能缺少善。例如，当我们在观看时装表演时，我们所看到的美实际上是包含真和善的美。服装穿在特定的人身上，量身定做使得尺寸非常合体，裁剪尺寸的分配也完全符合款式造型的需要，这种合乎内在科学道理的因素就是真。服装的造型设计符合特定生活的要求，或便于旅游、或便于工作，面料质感或舒适自然、或易洗免烫，又能恰如其分地传达特定穿着主体的身份、职业、地位、气质等，这种符合实用需要的特征就是伦理学所说的善。模特穿着既真且善的服装，通过婀娜多姿的台步和娴熟的表演技巧，再配以特定的灯光、道具和音乐，通过这些具体可感的形象传达即产生美。

列夫·托尔斯泰在小说《安娜·卡列尼娜》中描写了贵族小姐吉蒂与安娜比美的故事，作为少女的吉蒂小姐要表现雍容华贵的少妇形象，却失了真，也就不能恰到好处地表现美。赵树理的小说《小二黑结婚》中描写了小芹的妈妈，说她五十多岁还要穿双绣花鞋，“偏要来个老来俏”，这就是说小芹的妈妈穿着不符合当时的善。两个儿童穿着成年人的结婚礼服，既不真也不善，因而难以产生真正的美感。

在服装设计时，设计师既要研究穿着对象的客观条件（如自然条件和社会背景等），还要研究生产加工条件，更要依据市场条件及消费心理等客观存在，也就是要有对真的追求。在进行结构设计的时候，在满足造型需要的前提下，要最大限度地省工省料，降低成本，同时满足穿着者实用的要求，这就是善的追求。款式造型要有独特的风格，符合社会文化的流行，能够美化人体、美化生活，这就是服装设计的美。

3. 美学中的丑

丑的概念与美的概念相比较而存在，丑与美具有相反的内涵和属性。美学中的丑与生活中的丑有着本质的区别，美学中的丑常常以艺术的形态出现，如马戏团的丑角。

在美学史上，对丑的论述往往是在论述美的本质时为了进行比较而附带谈及。例如，荷迦兹认为丑是自然的一种属性。他用赛马和战马举例说：“赛马用的马的周身尺寸，都最适宜跑得快，因此也获得了一种美的一贯的特点。为了证明这一点，让我们设想把战马美丽的头和弯曲的颈放在赛马的肩上，不但不能增加美，反而变得更丑了。因为，大家的论断一定会说这是不适宜的。”他还认为变化可以产生美，而“没有组织的变化、没有设计的变化，就是混乱，就是丑陋”。

古希腊的美学家们认为美在于物的形式和谐，有秩序、有一定比例、多样统一等。而不和谐、不合比例、呆板无变化就是丑。古罗马和中世纪的美学家认为，只有上帝或接近上帝的心灵才是美的，而没有被神明统辖、杂乱无章的感性世界就是丑。经验派美学家休谟（Gotteched，1700—1766）认为美的本质是快感，不快感与痛感则是丑的本质。理性主义美学家鲍姆嘉通认为美是对象的合目的性和完善，不合目的与不完善则是丑。车尔尼雪夫斯基认为美是生活，是人们认为应该如此的生活，而丑是人们认为不该如此的生活。

4. **丑与社会属性**

形式上的丑，即指畸形、芜杂、毁损等，与形式美中的均衡、和谐、完整等相对立。对人物来说形成形式丑的原因主要有两种情况：一种情况是由于先天条件或疾病所形成的生理缺陷。另一种情况是由于疾病的摧残所形成的躯体毁损，这些都属于美学中的形式丑。服装所涉及的特殊体型是一种丑，服装设计师的责任就是为其“遮丑”。

美学上的丑从一个特定的方面概括现实的审美特征。现实生活中的丑在一定条件（如艺术创造）下能够与人形成特殊的审美关系。艺术美是对现实审美特性的反映，现实中的丑也可以作为艺术创作的题材。经过艺术家的审美评价和艺术反映，丑可以在艺术表现中转化为艺术美，从而获得审美价值。

图2-5　许布纳尔《西里西亚的纺织工》

马克思与恩格斯把丑看作是客观事物的一种社会属性，并从历史的发展中说明丑的根源，指出了生活中的丑和卑鄙、虚伪、腐朽的事物之间的联系。例如，恩格斯在评论德国画家许布纳尔的一幅画《西里西亚的纺织工》（图2-5）时说：“画面异常有力地把冷酷的富有和绝望的穷困做了鲜明的对比。厂主胖得像一只猪，红铜色的脸上露出一副冷酷像，他轻蔑地把一个妇人的一块麻布抛在一边。老板的儿子，一个年轻的花花公子斜倚着柜台，手里拿着马鞭，嘴里叼着雪茄，冷眉冷眼地瞧着这些不幸的织工。”这里描写的厂主从性格到外貌都是使人生厌的丑的形象。丑与恶有密切的联系，但丑并不等于恶。例如，民歌中“头发梳得光，脸上搽得香，只因不劳动，人人说他脏。”这里所说的“脏”，实际上就是美学中的丑。

在服装美学中，人物的美与丑有一个量和度的问题。所谓“金无足赤，人无完人”，大多数人也不具有十全十美的人体条件，设计师只有充分认识穿着对象的美之所在和丑之所在，才能运用造型手段对人体进行扬长避短、掩瑕显玉的装饰美化。

第二节　美的种类

人类在生活实践和艺术实践中发现并创造了各式各样美的形态，包括自然美、生活美、艺术美、人体美、朦胧美……甚至还有荒诞美和颓废美等。在这些美的形态中，又有千变万化、“步移景换”的主题情调美。这些灿若繁星般美的种类和形态，对服装美的主题塑造和品味服装美的“生命感”，有着重要的意义。

一、广阔无垠的自然美

1. **自然总是美的**

法国大雕塑家罗丹最喜欢的一句箴言就是：“自然总是美的。”中国有许多美的自然景观，如雄伟的泰山、险峻的华山、秀美的庐山、奇巧的雁荡山、滚滚的黄河、浩荡的长江、山水甲天下的漓江、浓妆淡抹的西子湖……在世界其他国家还有宽阔悠远的伏尔加河、挺拔高耸的阿尔卑斯山、烟波浩渺的苏必利尔湖、静谧秀美的日内瓦湖、繁茂原始的热带雨林、雄伟壮丽的火山……大自然总是美的，它不仅孕育了世间的万种生命，而且以无限的美哺育着人类，当然也为服装设计的灵感开发提供了用之不竭的源泉。

自然美是指自然界中原本就有的而不是通过人工创造的，或没有经过人类直接加工改造过的物体的美。自然美是自然事物所具有的能够引起人类精神愉悦或静养的一种属性。在美学中，与社会美并列同属于生活美。自然美是人类最早的表现形态，在人类产生之前，无所谓自然美，自然美是对人类而言的。人在自然中诞生，也在自然中成长，人本身也属于自然的一个部分。人无法离开自然，人从自然中获取衣食住用，自然无私地给予人类所需要的物质利益，同时也给人类带来精神上的乐趣。自从有了人类之后，自然就与人类发生着密切的关系，在人类的社会劳动实践中，在与自然的交流与对话中，逐渐产生了对自然的审美艺术和审美活动。例如，人类发现了树叶、鲜花、兽皮、兽骨、兽齿、贝壳等自然物的美，并用来装饰自己的躯体，从而产生了服装的萌芽。人类利用自然物来对自身进行装饰美化，这一创造又同时是一种雕饰美。

2. 自然的人化

庄子在他的《逍遥游》中对鲲鹏和大海的自然美作了非常动人的描述，他的返璞归真、回归自然的美学思想，表现了他对自然美的深刻认识，对后世的影响非常久远。马克思曾提出过“自然人化”的观点，他认为，自然作用于人，人以自己的“本质力量”来对自然进行评价，这说明自然美也具有一定的社会属性。

自然美通过自然物的外在形象体现出来。大自然的物质属性（包括形式要素，如山的高度、河流的宽窄等）是构成自然美的物质基础，有了这些物质基础，并在人的社会历史活动中，在与人类发生联系的过程中，才有了满足人们审美要求的客观意义，这就是自然美的社会属性。人们可以从自然景观中看到与人类自身活动的种种联系，甚至看到自己的生活形象。辛弃疾有诗：“我见青山多妩媚，料青山见我应如此。”

自然美会对欣赏者的人格形成发挥作用。大自然中的景观被摄入人的视野，就会产生种种情趣和意境，从而陶冶人类的情感。海阔天高可激发豪情壮志，山清水秀能诱导品高性洁，花前月下则使人情意缠绵。

3. 自然美的外在形式

在自然界中，凡是美的事物，一般都有突出鲜明的外在形式。通过形式要素的点、线、面、形、色、质、声、光、动等，并经过特定的美的组合，如明暗、浓淡、均衡、对称、光影、秩序、宾主、虚实、节奏、旋律等，这种要素及组合，体现了大自然的一种完美与和谐，表达着在丰富多变的世界中，又有着高度的统一，体现着最高层次的形式美法则。欣赏自然美，经常会发生移情和联想作用，欣赏者会由自然美的某些形态联想到自己的生活经验和情感。所以，从事艺术创造的人们，包括时装模特和时装设计师等，需要不断到大自然中汲取灵感，汲取设计创作所需要的营养。

二、丰富多彩的生活美

1. 美是生活

俄国美学家车尔尼雪夫斯基认为：“任何事物，凡是我们在那里看得见，依照我们的理解应当如此地生活，那就是美的。任何东西，凡是显示出生活或使我们想起生活的，那就是美的。”

生活美又称为现实美，它是社会美和自然美的总称，是与艺术美相对的概念。自然美是大自然形态的属性，是美的第一个层次。生活美是人类和人类创造的社会关系的属性，是美的第二个层次。艺术美是艺术家对自然和社会生活再现的艺术品的属性，是美的第三个层次。

从范围上看，生活美比自然美和艺术美更为广泛，甚至包括人的形体美、服饰美、心灵美、劳动美及一切社会实践中的美。艺术创作活动是为再现生活美，是生活美的反映，所以，艺术美被列为第三个层次。生活美既是客观的，是生活本身所固有的属性，它又是社会的，必须对人类的大多数有意义。生活美的领域又是广阔的，但并不是所有的生活都是美的，不同的世界观和人生观对生活美的理解也千差万别。

2. 服装美与生活

在创造服饰美时，服装设计师需要把握人们对生活美的理解和需求。只有深入社会生活，了解产品定位对象对生活美的具体追求，才能实现塑造生活美的神圣职责。服装的艺术美源于生活美，但又高于生活，先于生活，作为生活潮流的潮头，服务于生活美，也塑造新的生活美。服装舞台上的模特台步和夸张的服装造型，虽然经过艺术的加工，但它仍是源于生活，否则就不能引起人们对生活的联想，产生占有欲，促成购买，最后完成作品本身的使命。

特定的环境是产生生活美的条件。人们在创造生活美的同时，也创造着环境美。广义的环境美，是指一个国家、一个民族整体上的自然环境美和社会环境美。狭义的环境美是指个人的家庭环境、工作环境及生活环境等具体环境的美。对于服装设计而言，环境是设计的重要依据，环境包括小到个人的工作环境、学习环境、生活环境，大到国家的经济环境、政治环境、文化环境等。广义的环境美的创造主要指根据经济、实用、美观的原则创造的美的物质产品，如环境绿化、生态保护、名胜古迹、合理的城建布局等。对于个人、家庭或一个小集体而言，环境美的创造除了遵循以上原则，还要讲究清洁卫生，利用艺术作品美化环境，使工作和生活在美的氛围中进行，使人感到舒适、和谐与精神愉悦。各个层次的环境，都将对服装设计与创作产生影响。

从服装工效学的角度来看，服装与装饰是人本体最直接的一种环境。它对人的生理和心理产生最直接的影响，并与人体共同担负着传达社会角色的目的。从心理学角度讲，服装的色彩、款式和质地影响人的心情，表达人的性格，给人带来自信和美感，使人更好地扮演社会角色。从生理学方面讲，服装与人体之间形成一种微气候环境，直接影响人体的舒适性。服饰就是人体的微环境。

3. 创造美的生活

服装设计永远都是一种创造，生活美本身也在于创造，在于不停地开拓与探索。当今的许多时装设计大师，如皮尔·卡丹、圣·洛朗等，他们从小投身服装事业，为生活之美贡献了全部身心，造就了世界级名牌服装。他们为人类的生活美做出了伟大的贡献，他们自己的生活也是美的。他们的生活熠熠生辉，也给世界人民的生活增添了光彩。

4. 高于生活的艺术美

艺术美是艺术作品具备的审美属性，是人类审美的主要对象，是艺术家对生活的审美感情和审美理想。艺术美的构成是对社会生活的集中概括，是对现实世界的再现，它又凝结了艺术家对现实的情感、评价和审美理想，是主观与客观、表现与再现的有机统一。在优秀的作品形象中，艺术美表达了生活与艺术的结合。艺术美是对社会生活的集中反映，艺术美是把生活现象经过艺术加工、提炼、取舍、夸张等一系列手法使之典型化的过程，艺术美使现实生活更为典型，更为理想，更为强烈，更为普遍。

德国美学大师黑格尔主张“艺术美高于自然美”。他的意思是说，艺术永远都要高于生活，生活永远赶不上艺术。艺术与生活相比，艺术是通过艺术家对生活的感受、理解、研究、分析和提炼的创造性劳动，保留了生活中的丰富性和真实性，也去掉了生活中的杂芜性和表面性；艺术澄清了生活中的主次，摆平了肤浅、渺小与精深、博大的关系，使欣赏者认清上升与衰落、流行与过时等的本质特征；艺术让生活的面目更真实、更明晰、更集中、也更强烈地呈现在欣赏者的面前。

服装作为生活美学的范畴，其艺术设计应当是上述两种观点的完美结合，尽管这种结合是十分困难的。同时，时装评论家们也应该注意到服装美的时空性。从宏观上讲，古代欧洲的服饰美未必符合今日中国的审美标准，法国大师在T型台上获得大奖的作品也未必是中国服装市场的最佳选择。从微观上看，表演台上的服饰美与生活中的穿着美有着不同的概念，从事市场型服装设计的设计师们大可不必在舞台作品面前自惭形秽。既不断地追求生活，又不断地追求艺术，才是服装设计师的完美选择。

三、朦胧含蓄美

1. 朦胧美

朦胧，原指月光不明的样子，延伸为“不清楚、模糊”的意思。朦胧美是艺术美的一种特殊形态。它的基本特征是，通过某种朦胧、模糊的美的形式含蓄地表现艺术内容，使具有一定审美经验的欣赏者，能够通过进一步的创造性想象，从欣赏中获得审美体验和享受。

朦胧美广泛存在于自然界和艺术作品中。在自然界中，雾里看花、云雾蒸腾、扑朔迷离的湖光山色等，都能体现出朦胧美。杜牧的《泊秦淮》：“烟笼寒水月笼沙，夜泊秦淮近酒家。商女不知亡国恨，隔江犹唱后庭花。”诗中第一句就用了两个“笼”字，把烟、水、月、沙四种景色和谐地融合在一起，汇成了一幅淡雅的秦淮夜色图。它柔和幽静，又隐含着微微的浮动，笔墨轻淡，迷蒙冷寂，为欣赏者创造了一种扑朔迷离、诱发想象的审美天地，仿佛进入了陶渊明《桃花源记》中“忽逢桃花林”的境界。

2. 模糊美

“模糊”一词被广泛使用，似乎也成了学术界的一种时尚，如模糊美学、模糊数学等。在美学中，有关美和丑、审美评价、艺术欣赏和创造的研究中也存在着模糊性。人们说“这套衣服太美了”“这种搭配恰到好处”“这幅作品令人陶醉”“女孩儿很漂亮”“小伙长得高大”等。还有很多关于服装主题情调的描绘性词汇，如高雅、朴实、华贵等，都很难确定一个标准的界限，很难做出“非此即彼”的“二值判断”。所以，对模糊美学的研究，不能只用传统对待有精确界限事物的理论和方法，而应该寻找一种叫作模糊理论的方法。美本身就存在着“可以意会而不可言传”的部分。

艺术作品的“模糊”是指作品意境的模糊之美和表现形式的模糊之美。意境的模糊美，是指作品内涵的多意性、不确定性，具有让欣赏者参与联想，并进行再创造的余地。形式上的模糊美，是指在造型形式上运用模糊语言和模糊技法，使作品表面看上去朦胧、隐约、含糊，与欣赏者拉开更大的感觉距离。

3. 含蓄美

含蓄美是中国古典美学中一个内涵十分丰富的概念，有含而不露、蓄而无穷之意。不赤裸、不浅露，看得到，却难得全貌，又让人想得到全貌。既非暴露无遗而了然，亦非浅现一斑而止目，而是透过“一鳞半爪”，使人宛然可见全龙，窥一斑而欲知全豹，令人玩味扑朔，意境无穷。

艺术中的朦胧美、模糊美、含蓄美是与逼真美、清晰美、实在美相对立的美感形态，它不仅要求艺术作品的内容含蓄而不直露，而且要求表现的形式比较模糊，使得作品表面上看去朦胧、离奇。它能诱发欣赏者的好奇心，使欣赏者在过去积累的审美经验基础上，通过积极的想象去理解、补充、“完形”朦胧形式中的内容和细节，给欣赏者带来一种创造美的兴趣。朦胧的自然景色与艺术作品，在形式上都具有虚实相生、诱发想象的特征。

第三节　服装美的哲学属性

美的哲学属性，就是站在哲学的高度来审视美的属性，它不同于从生活的层次来评价美的特点。作为服装设计师或服装美的追求者，站在哲学的高度审视服装的美，尤其是用哲学的方式来思考服装的美，对于指导创作和审美实践具有积极的意义。

一、服装美的客观性

1. 美是客观存在的

辩证唯物主义者认为美是事物的一种属性，是客观存在的，不以人的意志为转移的。人类对美的认识是通过审美主体与审美对象的交互作用，是美的属性在人的头脑中的反映。这种审美过程不是简单的表象感觉，而是一种具有实践性的理性认识。没有具有审美属性的审美对象，我们就无从谈及审美认识。没有美就没有美感，就如同没有镜子就没有镜子里的映象。无论是艺术美还是自然美，美的客观性都必然体现为自然属性与社会属性的辩证统一。客观唯心主义美学虽然承认美的客观性，但认为美是超越自然和社会之上独立存在的理念，表现出一种虚拟的客观性，这与唯物主义者理解的客观性有本质的区别。马克思主义的唯物论认为美是社会的，只有人类的社会性才会有美丑之分。美必须是对人类有益的，能引起人们精神愉悦或敬仰之情的。

2. 服装美的客观性

美的客观性认为，美具有不依赖人的意识活动，但可以被意识活动反映的客观存在的属性。服装美的客观性包括自然属性和社会属性。自然属性是指美的事物的某些物理属性和人的生理属性。例如，穿着者人体美中的高、矮、胖、瘦、姿、色、比例等。社会属性是指美的事物在一定社会关系中所表现出来的属性，以及它在人类社会的政治、经济、宗教、道德、家庭、生活、情感等方面所体现出来的属性。服装设计与穿着的TPO（时间Time、地点Place、场合Object）原则，也应视为客观性原则。

二、服装美的主观性

1. 服装美是主观经验和情绪

服装美的主观性是指设计师通过创造设计美的服装产品，熔铸进去设计师本人的主观意识作为基本内容，这些内容包括人的审美感知、情感、认识水平、审美趣味和审美理想等。事实上，服装创作设计的整个构思过程，也是设计师融入个人审美情趣的过程。

作为欣赏者和穿着者，他们的评价和着装也是一种再创造，当人们对服装“品头论足”时，当穿着者在选择或选购一套着装时，也自然加入了个人的主观经验和情绪，从而得出自己的审美评价或“设计”出自己的着装效果。

2. 利用服装美的主观性

理解服装美的主观性，对服装设计及创造性的生产具有实用意义，它使设计师在处理主客观关系方面，以及穿着者在着装选择方面具有更多的理性因素。例如，在服装设计时，要综合考虑“你、我、他”的问题（主观性与客观性之间的关系）。这里的“你”代表穿着对象。“我”代表设计师或生产者。“他”代表社会环境中的人。设计师在设计作品中，充分发挥自己的主观能动性，开发灵感，创造风格，形成独树一帜的艺术品位，这其中包含着很强的主观能动性。但在整个设计过程中，又要必须设身处地地替消费者去考虑穿着时的人文环境。因为虽然有“穿衣戴帽，各有所好”之说，但是，人类的穿衣行为从来不可以无视他人的存在，甚至有时是为了博得其他人的认可而穿衣打扮。应聘者前往经理办公室时，就应以客观性的因素为主，这是设计师必须遵从的美的客观性。客观性与主观性是相互联系的，它们具有辩证的关系。在满足穿着对象的要求时，既有设计师的主观意志，又有穿着者自身的主观意识。穿着者的主观意识，对于设计师而言就是客观存在，设计师必须根据他的客观情况来进行艺术创作。

又如，时装模特在舞台上的时装表演。一方面模特要发挥自己对设计作品的独特理解，在作品展示中发挥主观再创造的作用。同时还要根据设计师的意图、导演的意图和观众的审美情趣等客观因素考虑自己的表演风格。所以，主客观的统一才是创造完美艺术的关键。

三、服装美的自然性

美的自然性是指客观现实的美学特征依存于感性的物质基础。

1. 服装美具有自然属性

任何事物的美学特征总要通过特定的感性物质形象来反映。物质形象是产生美的物质载体，是美的客观属性。没有美的自然性，就没有美的形象性、具体性和直观性，也就不能作用于人的感官而成为审美对象。

服装美的自然性不是指款式造型对穿着者的功利性，而是指款式要素和构成美的外在形象的自然属性。例如，款式、配色、面料、服饰等和它们的组合关系就是一件衣服的自然属性。又如，比例、线条、肤色、个头等及其组合关系就是模特的自然属性。

2. 服装美的自然性不能独立存在

事物仅仅具有美的自然性，还不能成为人的审美对象。而且这里所说的人，不仅是具有自然属性的人，而且同时是具有社会属性的人。美是引起“社会人”产生美感的客观属性。作为审美对象的自然性，在很多情况下是人按照美的规律，在社会实践劳动中被改造过的，并满足人们审美要求的客观属性。服装美只有在人的社会实践中与人发生社会关系时，才可能成为审美对象。

四、服装美的社会性

1．服装美源于社会实践

服装美的社会性是指美与人类社会不可分割的属性，也是美的自然属性在社会关系中被社会人所欣赏和创造的属性。虽然客观现实的美表现于一定的物质载体上，即依赖于特定的客观事物的自然属性，但自然属性并不能等同于美。美的设计或产品是人在社会实践中按照美的规律改变自然物而创造出来的，是美的理想、需求、目的通过劳动在产品中人化的产物。人与自然界最基本的关系是功利关系，而人与现实的审美关系是通过长期社会实践从最初纯粹的功利关系中产生并发展起来的。如图2–6所示是丹麦漫画家皮德斯特鲁普的《自动化带来的社会问题》，由于鞋厂生产的改革，产生了失业的社会问题。

图2–6　皮德斯特鲁普的《自动化带来的社会问题》

2．服装美体现在社会需要

服装美的社会性最初体现为物质用品满足社会人的穿着需要，它同时也满足了人的审美需要，体现出人的社会本质力量，从而不断地使人们在关照自己的产品、作品或用品时获得美感。之后，审美需要从实用需要中逐渐独立出来，美的社会性就体现为满足社会人审美需要的属性。另外，人在创造美的同时，也在创造并发展着自身感知这种特性的审美能力。

美的社会性不仅体现在产品美满足社会人社会需要的审美属性，产品美是在人的社会实践中被创造出来的，而且体现在只有社会的人才能感知美。

总之，美只是对于人类社会才有价值，或者人脱离了社会实践也就无法实现美的社会性。设计师在设计服装产品时，如果无视社会需求和社会流行的现实，就无法实现社会效益和经济效益的目的。

五、服装美的绝对性

美的绝对性认为，美的内涵和标准具有“放之四海而皆准”的普遍性和永恒性。

1．服装美是有标准的

在日常生活中，常听人说：“到底什么样的服装最美？”模特也向设计师咨询：“这次大赛，我穿什么最合适？”由此可见，人们具有追求服装美的绝对性的本能。在服装设计大赛中，为了评选出最美的服装，评委们会制定出一套所谓评审标准。国家标准局为了维护消费者的利益和规范服装生产过程，也制定了一系列关于服装生产及质量的法定标准。看来服装的美确实有着一定的标准。

2. 服装美存在绝对性

柏拉图最早提出了美的绝对性。他从客观唯心主义出发，认为超越现实的绝对理念才是美的最高标准。在中世纪，神学家们用神的理念取代柏拉图的理念，认为上帝才是一切感性事物之所以美的最终根源和绝对标准。

在文艺复兴时期，艺术家们虽然把美的探索从上帝的世界拉回到现实世界中，但他们仍然强调美的标准具有普遍性和绝对性，并试图通过自然科学成就找出美的绝对标准，如用数学公式描述美的线条和比例关系。

在现代服装设计中，国家标准中的人体号型系列标准也可以视为一种相对的“绝对性”，在针对工业化生产的对象时，通过统计所产生的“人体标准”自然成为某种意义上的绝对标准。

六、服装美的相对性

1. 服装美是有条件的

在服装的色彩构成中，我们不可以说哪一块颜色是世界上最美的，人们无法“评比”出哪块色彩在诸多色彩中首屈第一。在服装穿着中，我们在讲哪一套最美之时，也总要再加上一些前提条件，即在什么情况穿着时，才是相对最合适的。今年某名模穿着某套行头获一等奖，明年大赛再穿出，恐怕要成为天大的笑话。这是为什么呢？是美具有相对性的原因。

2. 先贤们提出美的相对性

美的相对性是指美在不同的主客观条件下是不断发展变化的，美的标准是相对的，美的事物本身也具有程度不同的相对性。

先秦庄子提出的“其美者自美，吾不知其美也”，汉代董仲舒道“诗无达诂”，晋代葛洪明白“见美而后悟丑”，都指出了美丑的相对性。古希腊哲学家赫拉克利特（Herakleitos，公元前540—公元前480）认为最美丽的猴子与人相比也是丑的。赫拉克利特是在西方美学史上较早提出美的相对性的，但是，对美的相对性的强调和研究主要是在文艺复兴以后。法国的笛卡尔（Descartes，1596—1650）认为美是相对的，没有绝对的标准。美和愉快都不过是人的判断和对象之间的一种关系。因为人的判断彼此差异很大，所以美和愉快就不可能有一种规定的尺度。荷兰的斯宾诺莎（Spinoza，1632—1677）认为，美是客体在观察者生理结构和心理结构上产生的一种印象，美随着人的心理和生理结构的变化而变化（如“夕阳无限好，只是近黄昏”），人观察客体的距离也能引起美丑之间的相互转化。

辩证唯物主义者认为美是随着历史发展不断变化的，具有继承性即相对性，又有绝对性。如同人对世界的认识中具有相对真理，又有绝对真理一样，美的相对性中也包含着美的绝对性的内容。这种辩证统一的思想对服装艺术的实践具有重要的指导意义。

思考题

1．如何理解美的定义？

2．试述人们探索美的途径有哪些。

3．简要评析什么是“美的功利性”。

4．结合服装设计示例，分析什么是真善美及辩证关系。

5．分析梵高的名画与服装设计的关系。

美学基础理论——

美感心理

课题名称： 美感心理

课题内容： 1. 美感与快感。
2. 美感的共同性与差异性。
3. 美感的心理构成。

课题时间： 2课时。

教学目的： 认识本章在服装美学体系中的地位，了解美感和快感的内容及其关系，掌握审美的共同性和差异性及其关系，熟练掌握感觉、联想的心理基本规律，为提高审美能力、从事服装艺术创造奠定基础。

教学要求： 1. 教学方式——课堂讲解与示例分析相结合。
2. 问题互动——组织课堂，用服装图片示例，分析美感的共同性与差异性。
3. 课堂练习——可组织同学彼此讨论对方的着装。

教学准备： 准备时装图片。

第三章　美感心理

第一节　美感与快感

美感是一种带有明显的主观色彩的特殊的社会意识，是人们以独特方式进行的综合心理过程，是通过感觉与思维观照到审美对象中人的本质力量所产生的包含着认识与评价的情感愉悦，是人类认识世界、改造世界不可缺少的一种独特的思想情感方式。

一、美的心理感受

1. 心理感受与美感

人们通过心理活动，无时无刻不在感受着周围世界的一切。当我们欣赏漂亮的服饰作品时，当我们鉴赏一幅世界名画时，当我们观看一场精彩的服装表演时，当我们观赏美丽的自然风光时，我们会油然产生一种美感。美感是人接触到美的事物所引起的一种感动，是一种赏心悦目、怡情悦性的心理状态，是人对美的认识、评价与欣赏。

美感有评价美和认识美的作用，包含着判断的过程。由于审美对象的信息刺激，以及过去的生活经验和知识积累的调动，在人的头脑中产生的组合新形象的创造性想象活动，常伴随着先前认识阶段的情感体验，从而使人在生理和心理上产生愉悦感，这就是美感产生的心理过程。

人们感受美的能力是在长时期的改造自然，同时也改造自身的社会历史实践中形成的。从微观角度来看，一个人的审美能力主要指他在审美实践和审美教育中所取得的感受美的能力。从宏观方面来看，感受美的能力主要指人类在社会实践中逐步形成、完善并世代相传的审美心理、生理功能。

2. 生理感受与快感

快感是人在生理上的快适之感。尽管审美过程中也有快适的生理感受，但快感是美感的初级阶段，是偏于生理方面的感受。美感包括快感，但不等于快感。美感是高级神经心理活动的情感状态，不仅仅是生理感受。服装快感首先来自面料的各种服用性能，如弹性、透气性、透湿性、悬垂性、保暖性、抗静电性等。例如，人们对内衣的要求，似乎更注重快感。于是，内衣公司打出广告，言称某内衣是如何符合人体工效学的。内衣的快感常隐藏在美感的背后，只是羞羞答答，偶在私室中，才肯露出峥嵘。

来自外界的刺激，通过人的五种感觉（视、听、味、嗅、触）传到大脑皮层，引起人体生理舒适、惬意的感受，产生生理快感。审美快感包括最基本的生理快感，但主要与心理上的快感相联系。从生物学意义上讲，很多动物都具备生理快感，但动物只有生理机能的反应，而人不仅具有生理机能的反应，而且具有体现一定社会关系的心理活动。美感是直接建立在心理快感基础上的。另外，人的审美活动只与人的视觉和听觉两种器官发生联系，而味觉、嗅觉和触觉所产生的快感一般不包括在审美范畴之中。

3. 生理感受与缺憾感

客观事物给人们的美感与人们对客观事物产生的缺憾感相互依存、相互促进。客观事物给人们的美感越强，人们对客观事物的缺憾感就会越强。人们在主观上认为最需要和最缺少的东西，就会使人们产生最美的感觉，通常又最能使人们感觉到幽怨与缺憾。要想创造出最有美感的事物，首先就要创造出人们对该事物的最大的缺憾。

女神维纳斯，有着一个美丽的缺憾，也是这种残缺，让她吸引了全世界的目光，人们被她的神秘和美丽感动，探索着古老残缺的根源，欣赏她俊美的脸庞和优美的曲线。还有自幼因病成为盲聋哑人的海伦·凯勒，在没有阳光、没有声音的世界里摸索着，以惊人的毅力和不屈不挠的精神创造了世界奇迹，残缺对她来说不是一种阻力，而是一种动力。大物理家霍金虽然全身瘫痪，但这种遗憾却毫无保留地见证了他对科学的执着追求，给人留下缺憾的同时，是人们感怀他精神的美感。

二、美感与快感的运用

美感和快感是既相分相离又相依相关的关系。生理感官的快感是社会心理美感产生的一个重要源泉，美感也可以看作快感的一个重要组成部分。

1. 在服装设计中的运用

人在审美活动中，生理和心理的关系，与人在其他活动中的心理和生理的关系不同，如人们观赏时装表演，心灵在随着出场的模特跌宕起伏，精神也不断地得到陶冶，唯美的画面、抑扬顿挫的音乐节奏，诱发着人们生理上的和谐运动。审美并不停留在生理快感的满足上，而是上升到更高层次的精神满足。由于生理感官的快感是美感产生的基础，故人在进行服装设计时，不但努力追求审美愉悦，适当表现生理快感，允许生理快感的参与也是需要的。

服装是时尚美的代表作品，如果服装设计作品中过多的表现生理快感的内容，就会削弱其美感效果。为了使服装作品成为真正的美的形式，要求设计师在进行创作时，一定要把握好生理快感介入的程度。

美感与快感的关系是一种辩证的关系，分析两者的关系有利于我们更好地学习服装美学，有助于引导我们在服装创作和审美中正确的运用美感与快感。

2. 美感与快感运用的原则

在服装设计实践中，如何正确处理好美感与快感的参与度，是一个非常重要的问题。为使某种特定的服装形式具有美的效果，设计师需要遵循以下原则：

（1）强化视觉元素的表现。服装要想成为真正美的作品，就必须在服装创作过程中，极力强化对视觉元素的表现，只有通过对能引起视觉注意的元素，如色彩、线条、款式、造型、明暗度、材质、节奏等的提炼、选择、加工和充分表现，才能使服装的审美元素增强，最大限度地满足欣赏者的审美需要，为美感的产生提供必要条件。

（2）吸引欣赏者的注意力。欣赏者注意力的焦点存在于美感与快感之间，所以，服装设计师在进行设计时，要使自己的设计成为真正美的作品，就需要引导欣赏者在欣赏服装作品时的注意力，努力挖掘并确保服装作品对欣赏者视觉注意力的强烈吸引力，从而使欣赏者的注意力的焦点集中在服装作品上，而不是过多的表现人体本身的性。

（3）把握服装设计各元素的度。准确地把握服装设计作品中审美快感的因素，需要掌握一定的度。设计中露、透、少的含量究竟应当有多少，难以有一个明确的定量。在进行服装设计时应考虑与国家、民族的大众审美习惯相适应。作为有良知的服装设计师，应以满足人民大众的文化需求与提升大众的审美素质为己任，勤于研究与实践，就能找到正确的方向与表现方式。

三、美感与快感的区别

美感和快感都源于一种对愉悦的体验的需求。快感作为与人维持自身存在的一整套机能的一部分，其终极目的是维持存在。美感则始于对自身感知完满的追求，它比快感高级。区分美感和快感的界限，有助于引导正确的服装设计和艺术审美。

1. 感官侧重点不同

美感主要是由视听感官以及其他感官共同形成的形象给人带来的欣喜、愉悦等情绪。美感在形成过程中，视听器官起决定作用，其他器官只是在有联觉（各种感觉之间产生相互作用的心理现象）需要时才参与审美活动。如果没有视听，其他器官无法独立获得美感。快感是人的生理感官同外界事物直接或间接接触时产生的一种心理反应。能够引起快感的器官除了视听之外，其他感觉器官如皮肤、鼻子、舌头等同外界接触形成的触觉、嗅觉、味觉等也可以带来快感。因此，人体所有的感觉器官都能够产生快感。

2. 注意力不同

当美感产生时，审美主体的注意力集中在对象身上，或者说是集中在由对象引发的实像或虚像身上。而快感获得时，审美主体的注意力不在对象身上而在自身的具体器官上，快感虽然也是一种心理反应，但本质上是生理器官的直接感受，可以不受情感态度支配，是生理满足的一种表现形式。

3. 接受方式不同

美感的产生，主体感官无须接触和占有对象，也不会伤害对象，具有共享性。由于美感的获得主要是视听感官作用的结果，它们无须接触或占有对象，而只需要感受到对象的形式或节律即可产生对应和谐，因而具有非功利性。

快感的获得，通常以主体感官直接接触和占有或部分占有对象为前提，主体注意力焦点在自身器官上，不但很难共享，而且容易对对象造成伤害，有功利性。这些感官如不直接接触或占有对象，根本无法形成感受。

4. 感悟不同

美感是一种综合的心理反应，是一种既体察又感悟的过程。美感获得时，审美主体的注意力集中在客体身上，有时甚至会把自己想象成客体，会出现陶醉其中、得意忘形、精神与肉体分离现象。快感则是感官刺激引起的直接感受，它以感官的生理舒适为前提，大多是在有意识状态下完成的，有明显的目的性。快感获得时，审美主体的注意力集中在自己身上，只注意自我的存在，宣泄或释放自己的欲望，生理本能的满足起决定性作用，可以不顾及客体的反应或是否有无与自身契合。

5. 节律不同

美感产生于主体心理对客体的适应，它具有可变性和可调节性，所以美感引起的愉悦与欣喜同样是可变的，可随心境、心态和认知变化而改变。而快感所受的限制较少，认识的改变对快感的产生并不会产生太大影响。

虽然美感和快感有所不同，但由于它们都是人的感情态度的具体表现，因此，两者也有许多互通互融的地方。凡是美的东西，总能使人的感官觉得舒服。适当的感官生理快感的存在及参与，可以强化美感的愉悦，如服饰柔软光滑的手感，可以加深对服饰的视觉印象，这种强化可以使一般的服饰在感觉上变得漂亮，使原本漂亮的服饰在感觉上更加完美。当一件服饰品被认为是丑的，而人的感官同这个服饰品接触又觉得不快时，其丑感就会更强烈，丑感的加剧自然也就削弱其美感的成分。如做工粗糙或用料简陋的服饰品，由于手感不佳，将会大大削弱其美感效果。

第二节　美感的共同性与差异性

一、美感的共同性

1. 审美无国界

特定的群体由于具有某种相近或相同的审美观点、审美标准和审美能力，而对同一审美对象产生某些相近或相同的审美感受，由此得出的某些相通或相同的审美判断和审美评价的现象，被称为美感的共同性，或审美的共同性。美感的共同性，表现在同一时代或不同时代的民族、阶级、阶层之中。

审美的共同性对于自然美、产品外观造型美以及艺术形式美等不具有强烈鲜明社会内容的审美对象的审美评价，表现得尤为普遍和显著。艺术家们常说“艺术无国界”，审美是人类的共同特点。在漫长的历史文化长河中，人们创造了很多跨越时空的美。如原始人在岩壁上画的壁画以及后来的彩陶纹样，至今仍能散发出美的光芒。在欣赏这些审美对象时，审美的共同性表现得更为明显，时空性不是很强烈。作为人类生存不可或缺的服装，虽然因民族、地域、国家而有别，但在服装设计的主题上却有着惊人的相似，如男装推崇阳刚、庄重，而女装则表现的温柔、优美。工作服要求严肃性，休闲服讲究随意舒适，参加宴会的礼服则要求优雅高贵。不论哪个国家，在工作、休闲、宴会等场合都有相似的服装规则。服装艺术遵循的和谐、对称、统一、对比、均衡、曲直、刚柔、主次、点缀等形式美法则，是服装给人产生美感的要素。服装审美的共性穿越了时间、地点等客观条件的制约。

2. 跨越阶级的审美

我国汉乐府民歌《陌上桑》，描写的是一个美丽的采桑女秦罗敷姑娘。“头上倭堕髻，耳中明月珠”是写她的发式很美；“缃绮为下裙，紫绮为上襦”是描写她的罗裙上紫下黄，非常俏丽。所以，“行者见罗敷，下担捋髭须。少年见罗敷，脱帽著帩头。耕者忘其犁，锄者忘其锄。来归相怨怒，但坐观罗敷”。行路的担夫、郊游的少年都对罗敷的美丽妖娆惊叹不已，为之折服倾倒，搔首弄姿。扶犁的老者、锄地的壮汉，辍耕忘锄。采桑女秦罗敷美丽漂亮，使得行者下担、少年搔首、耕者忘耕、归者呆立、太守垂涎。在这首美丽的叙事诗里，不同职业、不同年龄和不同阶级的各种人都产生了美感，表现出相对的审美共性。

3. 审美是人类的共同特点

在漫长的历史文化长河中，人们创造了很多跨越时空的美。我国春秋越国浣纱女西施，不仅当时的村民感觉美、大夫范蠡感觉美、越王勾践感觉美、吴王夫差认为美，而且当今的人们都认为她是美女。断臂维纳斯、达·芬奇的绘画《蒙娜丽莎》、莎士比亚的悲剧、贝多芬的交响曲、托尔斯泰的小说、曹雪芹的《红楼梦》等，无论哪个国家、哪个时代、哪个阶级都将这些视为艺术杰作。

我国古代学者所著《孟子》中说："口之于味也，有同嗜焉。耳之于声也，有同听焉。目之于色也，有同美焉。"人类的共同利益驱使着大家产生共同的心理感受，也就必然产生共同的审美。文化的继承性决定了群体间所共同遵守的道德规范和原则，在这些内容的影响下也产生了共同的品质和精神。人类的一些优秀品质，如团结、友爱、友谊、纯洁、坦白、尊老爱幼、勇敢、正直、勤劳、朴实等，人类的自身形象，如健康、丰满、苗条、白皙、魁梧、明眸皓齿、秀发、朱唇、强壮、灵巧等，这些审美对象都为人类所共同赞美。

二、美感的差异性

美感的差异性就是由于人的审美观点、审美标准和审美能力的不同，而对审美对象产生审美感受及审美评价的差异的现象。美感的差异性主要表现在以下六个方面。

1. 时代差异性

人的社会生活受到特定时代的物质生活条件及社会形态的影响和制约，从而形成各自不同的审美理想、审美观念和审美情趣等，在美感上就表现出不同时代的差异性。

不同的时代有着不同的审美理想和愿望。在保守的古代，人们穿衣讲究"男不露脐，女不露皮"。而如今，男人越穿越多，女人越穿越少。女装风格空前的繁荣，令人眼花缭乱，甚至着装方式几乎要跨越传统文化的底线，一些人提前进入了未来时代。

不同的时代具有不同的生活背景和物质生活条件。穿衣打扮表面上属于外观美，但实质上是人们生活的一种表现形式。人类从赤身裸体到披上兽皮、头插羽毛起，就开始热情地欣赏服装美。在我国，从春秋战国时期的宽衣博带，到清朝的长袍马褂，再到中山装，一直到今天的服装大变革，无不体现着与各个时代和民族相对应的服饰审美。人们的着装只有顺应了时代和潮流才是美的。服装美在折射时代风貌的同时，也为推动时代发展起着作用。例如，现代公务员的西装领带以及社团职业服、企业形象设计的出现，其本身就是时代变革的内容之一。

在服装的流行风潮中，美感的时代差异性可以扩展为时间的差异性。朝代、世纪、年代、季节、月份、时日、朝夕等，都在服装审美过程中作为差异性的自变量。在消费市场上，款式的"朝令夕改"及色彩上的"朝三暮四"都对服装的文化效果和商业效果产生较大的影响。所谓"此一时，彼一时"，时间变化在时装演变中表现得最为突出。图3-1表现了欧洲不同时期的服装审美差异性。

2. 民族差异性

各个民族生活在不同的地域，他们的地理环境、经济状况、生活习惯、民族性格和爱好各不相同，这些因素渗透在审美过程中，表现在不同民族的美感差异性上。

达尔文在《人类的由来及性选择》一书中写道：非洲摩尔族人看见白人的肤色“便皱起眉头来，好像不寒而栗”；非洲西海岸的黑人则认为“皮肤越黑越美”；卡菲尔人中有长得较白的男子，“没有一个女子愿意嫁给他”。

每个国家与每个民族都有自己衡量美的尺度和标准。服装审美之花必定开在民族文化生活的土壤之中。中国人喜欢穿旗袍，英国人喜欢穿套装，美国人喜欢运动服等。如果着装违背了自己民族的审美尺度和标准，就会为人所不齿。服装的民族性正受到艺术的国际化的强烈冲击，在我国民众的身上，已不大容易找到我国民族装的倩影。但把一个国家或民族作为一个整体，发展对外贸易就要首先满足接受国的审美意向。这时，带有独特民族风格的服装，无论从市场还是文化艺术角度，都更容易在国际上占有一席之地。因为独特也是美，“只有民族的，才是国际的”。

图3-1 欧洲不同时期的服装审美差异性

3. *阶层差异性*

处在不同阶层的人们，由于经济地位、政治地位、生活方式、文化观念等的不同，其审美情趣、审美理想和美感特征也不同。

不同阶层的人具有不同的心理和生理需要，这些制约着人们对美的不同体验。不同阶层的人有不同的世界观和审美观，这是美感的灵魂。美学家车尔尼雪夫斯基曾说：“青年农民或农家少女都有非常鲜嫩红润的面色，以普通人民的理解，这是美的第一个条件。丰衣足食而又辛勤劳动，因此农家少女体格强壮，长得很结实，这也是乡下美人的必要条件。在乡下人看来，‘弱不禁风’的上流社会美人是断然‘不漂亮的’，甚至给他不愉快的印象，因他一向认为‘消瘦’不是疾病就是‘苦命’的结果。但是劳动不会让人发胖，假如一个农家少女长得很胖，这就是一种疾病……”可见，不同的阶层的美感可能是截然不同的。

服装设计中所说的设计对象的定位，首先就是要针对不同经济收入的消费群定位，也就是广义上的阶层定位。有的产品定位于高档消费，其服务对象就是所谓的高薪阶层。阶层及其差别是客观存在的，服装设计作为具有艺术创造特点的实践活动，必须研究各个阶层的审美情趣、生活背景及生活方式，才能做到有的放矢，起到播撒服饰文化、弘扬精神文明的作用。不同阶层的人有着不同的爱好，也有着各自的艺术美标准，各个阶层的思想意识及审美意识无不被打上各自生活的烙印。所以，服装艺术美也必然为阶层所浸染，反映出特定阶层的审美趣味和愿望。只有充分认识它，才能在艺术创作时更好地把握它。

4. 个体差异性

即使在同一个阶层内部，人们的社会地位相同或相近，但每个人的生活环境、生活经历、文化修养、性格、心境也各不相同。就像人的指纹一样，人与人之间没有完全相同的，这就决定了个人审美感的差异。例如，有人喜欢李白的豪迈奔放，有人喜欢杜甫的现实主义；有人喜欢悠扬、流畅的小夜曲，有人喜欢浑厚、博大的钢琴协奏曲。服饰作为审美对象时，有人喜欢典雅，有人喜欢浪漫，有人喜欢文静，也有人追求“嬉皮士”的风格。这说明，不同的欣赏者也表现出不同的审美感受。

5. 心境差异性

美感在一定程度上会随着个人心境和情绪的不同而不同。心境对美感会起到两种作用。其一是压抑审美情感的产生。当人的心境不好时，即使是平时感兴趣的东西也会没有兴趣，更引不起审美体验。如马克思曾在《1844年经济学哲学手稿》中说：“忧心忡忡的穷人甚至对最美丽的景色都会无动于衷。”其二是当带着特定的心境去看待事物时，会使事物附着上心境的色彩。杜甫在《春望》中吟出：“国破山河在，城春草木深。感时花溅泪，恨别鸟惊心。”花在流泪，鸟也在惊心，这都是杜甫特定的心境色彩。《西厢记》中：“碧云天，黄花地，西风紧，北雁南飞。晓来谁染霜林醉，总是离人泪。”这正是崔莺莺与张生离别时的心境所致。

6. 环境差异性

不同的生活环境与不同的劳动实践都能产生美感的差异性。尤其是社会分工的不同，对美感的个人差异性影响非常大。一般情况下，画家的视觉对颜色、形体、线条、笔触等非常敏感，能看出别人看不出的美，能用画笔表达自己独特的感受。音乐家对声音非常敏感，对音色、音量、音调、节奏、旋律等的感受力很强。时装模特在观看时装表演时，服装设计师在观察市井流行时，都比一般人要看到的多，感受得更加精细。

三、共同性与差异性的关系

共同性与差异性有着辩证的关系。在服装设计时，作品审美的差异性和共同性也表现在多个方面，如服装的民族化与国际化问题、个人设计风格与企业市场形象问题、产品准确定位与市场覆盖宽度问题等。在处理这些问题时，需要有一个辩证的态度。事实上，共同性与差异性应该是同一服装设计过程中追求的两个方面。共同性中总有差异性，差异性也只有在共同性的基础上才能表现出来。

“有100个观众就有100个哈姆雷特”“百货对百家”“十里不同俗”……说的是审美的差异性。“一方水土养一方人”“物以类聚，人以群分”……说的是审美的共同性。而在服装设计理念中“只要是民族的，就是国际的”，则概括了共同性与差异性的辩证关系。

服装艺术的共同性与差异性，反映在时空的各个层面上，从国家、地区到社团、个人。“共同”因时空产生，“差异”也因时空产生。时空观也是服装设计的哲学观。

第三节 美感的心理构成

美感的产生受心理学规律的制约，同时美感的形成，又是通过一定的心理过程来实现的。美感的心理因素包括感觉、知觉、表象、记忆、联想、想象、情感、意志、理解等方面。

一、审美感知与表象

1. 什么是感觉

感觉是客观事物个别属性作用于人的感觉器官后，在大脑中的反映。感觉是审美的初级阶段。我们每天都要观看、倾听、品尝、触摸外物，通过这些渠道获得的感觉就是我们进行理解、想象和情感活动的基础。例如，当我们观察一件服装时，最先感觉到的是色彩、款式、材料的质感、做工以及长短与宽窄等，这些都是服装的个别属性。感觉是一切心理活动的基础。正如列宁所说："不通过感觉，我们就不能知道实物的任何形式，也不知道运动的任何形式。"感觉是我们进入审美世界的第一道门槛。

2. 知觉形成印象

人们通过一定的感觉产生对审美对象全面的了解，并运用已有的知识和经验，对事物产生完整的认识。这时，就达到了知觉阶段。知觉是通过实践在感觉的基础上形成的，是大脑对客观审美对象的整体性和事物之间关系的反映。审美知觉通常有以下四个特点。

（1）知觉的整体性。审美知觉不是审美对象个别属性相加的总和，而是一个完整的有机整体。例如，我们欣赏一幅服装画时，若只看到一块色彩、一根根画线，而不能知觉色彩和形体所构成的完整形象及构图所表达的意境，则不能欣赏到它的美。

（2）知觉的选择性。作用于感官的客观事物是纷繁多样的，人不能同时接受所有的可感要素，而会根据自己的兴趣和爱好，有选择地接受少数因素，这样知觉才会鲜明和清晰，才能体现出自己的兴趣和爱好。例如，大家都在观看服装表演，有人看到了造型的美，有人在想哪一件适合自己穿，而商人可能会想他能赚多少钱。

（3）浓郁的情绪和感情色彩。这也是审美知觉不同于一般知觉的主要特点。正是由于这一特点，人在高兴时会觉得阳光灿烂，在愁苦时会觉得天昏地暗。睹物伤感，触景生情，咏物言志，即说明审美知觉中渗透着浓厚的感情色调。

（4）知觉的通觉作用。感觉是相互作用的，一种感觉能够唤起另一种感觉的作用。通觉是一种感觉同时具有另一种感觉的心理现象，是感觉之间相互作用的一种表现。费尔巴哈说过："绘画家也是音乐家，因为他不仅描绘出可见的对象物给他的眼睛所造成的印象，而且也描绘出给他的耳朵所造成的印象。我们不仅观赏其景色，而且也听到牧人在吹奏，听见泉水在流，听到树叶在颤动。"这种知觉中的视觉、听觉、味觉、触觉、嗅觉相互配合、相互作用的现象在文学作品中随处可见。在生活中也有这样的例子，如说"某某女子长得很甜美"等。

服装设计师如果具备一定的设计经验，闭上眼睛听音乐，很可能会"听出"形象来，一组绝妙的构思便会款款而来，这种设计方法就叫作"通觉构思法"。

3. 表象与艺术

表象就是在记忆中所保持的客观事物的形象。当形象作用于我们的感觉器官时，通过知觉，转化为主观印象，并保存在记忆里，经过许多年以后，这些物体的形象仍有可能在大脑中重新出现，这些在头脑记忆中保留的生动的形象就叫表象。表象是对感觉、知觉的重组和加工，接近于理性认识。表象与知觉不同。知觉是当前事物的反映，而表象则是对曾经感知过的而又不在眼前的事物的反映，或是因为一件事，或是因为一句话，或是看到了什么而引起记忆的再现。表象有以下三个特征。

（1）直观性。表象是在知觉的基础上产生的，构成表象的材料来自过去知觉过的内容。因此表象是直观的感性反映，表象所反映的形象比较暗淡、模糊，不如知觉反映的鲜明、生动。表象又与知觉不同，它只是知觉的概略再现。与知觉比较，表象不如知觉完整，不能反映客体的详尽特征，表象所反映的形象，比较片段而且流动多变，不如知觉反映的完整、稳定，它反映的仅是客体的大体轮廓和一些主要特征。

（2）概括性。表象是多次知觉概括的结果，它有感知的原型，却不局限于特定的原型。表象虽不如知觉反映事物清晰、完整，但却比知觉反映事物更为丰富，更能接近特征。因此，表象具有对某一类对象的表面感性形象的概括性反映。表象既接近知觉，又高于知觉，因为它可以离开具体对象而产生，从个体心理发展来看，表象的发生处于知觉和思维之间。

（3）多种感觉共同作用。表象可以是视觉、听觉以及嗅觉、味觉和触觉、动觉等各种感觉的映像。对事物整体印象也是表象的特征。由于视觉的重要性，大多数人都有比较鲜明的和经常发生的视觉表象。很多事例说明，科学家和艺术家通过视觉的形象思维能完成富有创造性的工作。

艺术和审美离不开表象活动。例如，中国山水画常以实写山，以虚写天，以实写船，以虚写水。但我们在看到山时会感到天的存在，看到船时会感到水的存在。这是因为我们借助以往观山、观水时表象的帮助，补充和丰富了我们的审美活动。上述服装设计的通觉构思法，也正是对表象心理的一种开发、应用。

二、注意

在审美活动中注意占有重要地位。注意是人的心理活动对一定对象的指向和集中。注意是知觉的进一步发展和深入，人们的知觉受到的外界刺激有很多，但由于人的目的性，人们不可能毫无目标地对所有刺激做出反应。例如，设计师在为一家酒店设计职业服装时，他首先需要到现场去了解必要的设计依据，或进行现场工作的体验。这种情况下，他只会去选择与设计及造型相关的因素，如经营规模、经营环境、服务对象及企业所要求的价位等，而不管其他方面的因素，这就是注意的集中性。

1. 注意的两种类型

（1）无意注意。这是一种不期而遇的现象，它不需要人进行任何努力，往往是因意外的刺激、事物的突然变化、个人兴趣和新奇事物的出现而产生的。无意注意的出现，为预定目的实现提供了意外的方便。

（2）有意注意。它是指在意志的控制下，注意力对客体的集中。有意注意在人们的审美活动、日常生活、学习和工作中，是一种重要的注意方式。这种注意的集中需要意志的努力来维持，它是一种高级形态的注意，服从于人们特定的活动目的和任务。生活中所说的“干什么工作操什么心”，就是这个道理。有意注意是为了实现人们预定的目的和要求，而且需要尽心尽力，开动脑筋，挖掘素材。

服装设计师创作阶段的灵感产生，包含着一定的无意注意，但在了解消费者的要求和市场的条件时，大量的是有意注意，甚至是事先列出调查提纲，强制自己没有遗漏地把握设计所需要的素材。有意注意和无意注意在一定条件下有可能相互转化。例如，某服装企业的业务员，在“六一”儿童节前放假回家，在火车上无意看到一对双胞胎所穿的童装非常别致，色彩也非常美观，这是一种无意注意。进而他又俯身开始研究童装的结构和加工方法，他认为，其生产工艺也符合本厂的加工条件，就立即拍出照片，写出说明，传真到服装厂，这是有意注意。另外，从有意注意向无意注意的过渡情况也经常存在。例如，当你满怀希望去参观一个美术展览时，对于寻找艺术美感的你来说这是一种有意注意。可是看了半天，感觉作品平平，于是带着遗憾的心情走出展览馆，却意外地见到了一位著名画家，经过一番切磋，结果是“听君一席话，胜读十年书”，收获不少，这就是有意注意向无意注意的过渡。

2. 注意心理的特征

注意有以下两个基本的心理特征。

（1）注意具有一定的范围性。注意的范围是指在同一时间内注意所把握的对象的数量。“眼观六路，耳听八方”，注意的范围就较大。注意范围的大小取决于被知觉对象的特点。被注意的对象越集中，排列越有序，就越能把它们当作相互联系的整体来知觉。这样注意的范围就被扩大。例如，在选美比赛中，十人一组，排列整齐地展示，可使观众能在比较中更好地评判。

（2）注意具有一定的分配性。注意分配是指在同一时间内，把注意分配到两种以上不同的对象上的现象。例如，在大街上观察服装时，一方面要注意行走的安全，另一方面又要观察来往的人流，“众里寻他千百度”，寻找新颖的穿着等。人们能够把较多的注意集中到比较生疏的事物上，相对不容易把注意分配到熟悉的事物上。注意不是平均分配，经常有主次之分。

3. 注意心理的影响因素

在人类的社会活动中，职业性质的不同对注意的要求也有所不同。不同的人、不同状态下注意力集中的强度、稳定性、转向速度、分布广度等也有一定的区别。例如，在服装加工企业，对于质量检验员、校对审核员等以观察和监督为主要工作内容的人员，注意力的稳定性的要求就比较高。因为注意的特性与神经活动的灵活性有关，所以年龄的增长会使注意的转向速度减慢。人在兴奋时，容易保持较长时间的注意集中。

注意特征还依赖于外部因素。如单调会影响注意的稳定性，而内容丰富则能提高注意的稳定性。“熟视无睹”“入芝兰之室，久而不闻其香”等，是说对熟悉的事物不容易保持注意。另外，对于认为重要的对象比之不重要的对象能够给予更多的注意。在审美和创作过程中，有意注意和无意注意相得益彰、互为补充才能取得事半功倍的效果。

三、联想与想象

联想与想象都是审美心理的高级形式。

1. 联想

联想是由于一事物的存在而想到另一事物的心理过程。联想既可以由感知到的某一事物而想到另一事物，也可以是在回忆某一事物时，想到另一事物。

（1）接近联想。它是A、B两物由于在时间上和空间上非常接近，看到A便联想到B或看到B就联想到A的一种联想。例如，从儿童服装想到其父母的需求，从职业女性的上班服想到其下班后要穿什么。

（2）类似联想。它是由于A、B两物在某一方面上有类同之处，因而在想到A时又想到B的一种联想。例如，商场营业员穿上要卖的服装或广告模特穿着的服装，常常引起消费者的类似联想，使消费者误认为自己穿上也是如此漂亮。《诗经》中的“关关雎鸠，在河之洲，窈窕淑女，君子好逑”，这里是用比喻手法，用雎鸠的鸟叫声来比喻窈窕淑女。在古代诗歌中，常运用自然事物的特点或特征来比喻人的生活实践，从而使人产生丰富的美感。

（3）对比联想。杨万里的千古名句：“接天莲叶无穷碧，映日荷花别样红。”诗人用碧和红这两种强烈的对比色，将“接天莲叶”与“映日荷花”鲜明地描画出来，使夏日的西湖美景溢于言表，跃然纸上。在这里，对比联想创造出了美轮美奂的诗境。服装造型构思中的逆向思维就属于对比联想。看到一款领型，即想到再大一些，甚至大到极限是什么效果，或再小一点，甚至小到极限又是什么效果。对比联想往往能产生突破性造型效果。

2. **想象**

想象是人脑对已有的表象进行加工改造，从而创造出新形象的心理过程。人的心理活动，无论是简单的感知，还是复杂的思维，都离不开想象。没有想象就没有发展规划，没有想象就没有科技攻关，没有想象就没有艺术品的创作过程，没有想象就没有服装设计，也就没有服饰审美。爱因斯坦说过：“想象力比知识更重要，因为知识是有限的，而想象力概括着世界上的一切。”想象分为再造性想象与创造性想象。如图3-2所示为艺术作品中的想象。

（1）再造想象。再造想象这种心理过程在艺术欣赏和创作中大量存在。“大漠孤烟直，长河落日圆”，我们也可以再造一幅图画。再造想象并非“依样画葫芦”，其中有着创造成分。在绘画写生时，绘画者也并非对模特做照相式的描绘，而是通过想象取其神而借其形，从而达到惟妙惟肖的效果。

图3-2　艺术作品中的想象

（2）创造性想象。创造性想象与再造性想象都必须以表象为材料，都是对原有表象进行重新加工改造，重新构成组合的结果。创造性想象虽然是一次性出现的、独特的、新颖的，但它必须依靠直接或间接的生活经验，必须受到类似事物的启发才能形成。

创造想象的心理活动需要三个基本条件：实践的要求和创造的需要；原型的启发；积极主动的思维活动过程。三者缺一不可。创造想象以积极实践为前提，游手好闲、浮躁懒惰、故步自封、怕动脑筋则与创造无缘。

想象力能使人的审美能力插上翅膀。想象力越丰富，审美能力就越强。浮想联翩能使审美主体的思维跨越时空的局限，在想象和联想中，对审美对象进行再创造，从而也丰富了审美对象的内涵。

四、情绪和情感

任何职业都需要情怀，情怀中必然会产生情绪和情感。

1. *艺术起源于冲动*

情绪和情感是艺术创作的纽带，是人对客观现实的一种反映形式。它们不同于认识过程。认识过程是反映客观事物本身，而情绪和情感是反映客观现实与人的需要之间的关系。认识过程是通过形象或概念来反映客观事物，而情绪和情感是通过态度体验来反映客观现实与人的需要之间的关系。

俗话说："兴趣和爱好是最好的老师。"广泛的兴趣能够促使人们获得更为渊博的知识。对于发生兴趣的事物，久而久之必然会产生感情。在学习服装方面的各门知识时，最好的办法就是先培养兴趣与情感，这样才能具有良好的学习效果。服装专业容易使人产生急功近利的想法，所谓"实惠、实用"常使艺术训练受阻，或使原有的艺术感觉发生滞化，只有强烈的爱好和兴趣，才能使艺术之树常青。

2. *情感两极性*

情感是人们在社会实践中对客观事物的一种主观态度。审美情感以日常情感为基础，包含主体对审美对象理性的、社会的评价，是高级的情感类型。

（1）肯定和否定。肯定的情感是一种愉快性的，这种情感是和需要的满足相联系的，人们的需要得到满足时产生肯定的情感，如满意、快乐、热爱、高兴、爱慕、欢喜、兴奋、轻松等。肯定的情感是积极的，可提高人们的活动能力。否定的情感是不愉快的，人们的需要不能得到满足时则产生否定的情感，如不满意、悲哀、憎恨、忧愁、烦闷、烦恼、沉重等。否定的情感是消极的、减力的，会降低人们的活动能力。它们虽彼此相反，但并不彼此相斥。同一事件的刺激作用，可能使人既产生肯定的体验，也产生否定的体验。

（2）紧张和轻松。紧张和轻松是人处在活动的紧要关头或所处情景是最有意义的关键时刻表现出来的两极性。一般来说，紧张与活动的积极状态相联系，引起人的应激活动，紧张决定于环境情景的影响的行动、任务的性质，也决定于人的心理状态等。事后往往出现紧张的解除和轻松的体验。有时过度紧张也可能引起抑制，使情绪疲惫。

（3）程度的强和弱。人的任何情感都有强弱变化的不同等级。从强度上看，各类情感的强弱是不一样的。例如，从愉快到狂喜，从微怒到狂怒，从担心到恐惧，从好感到酷爱等。情感的强度决定于引起情感的事件对人的意义的大小。意义越大，引起的情感就越强烈。情感的强度也和个人的既定目的和动机能否实现有关。一般来说，强的情感体验是激动的体验，弱的情感是较平静的体验。

（4）激动和平静。激动的情感是强烈的、短暂的、爆发式的体验，如激怒、狂喜、极度恐惧、绝望等。激动情绪的产生往往与人在生活中占重要地位、起重要作用的事件的出现有关，同时又出乎原来的意料，违反原来的愿望和意志，并且超出了意志的控制能力。平静的情感是平静状态下的体验，是人们正常生活、学习和工作的基本条件。平静的情绪使人在多数情景下，处在安静的情绪状态之中，在这样的场合，人们能从事持续的智力活动。

（5）积极和消极。凡是和积极的态度联系着的情感是积极性的，如振奋、紧张、热忱、英勇等，积极的情感可以提高人的活动能力和行动。凡是和消极的态度联系着的情感是消极性的。消极的情感会降低人的活动能力。同一种情感既具有积极性质，也可能具有消极性质，如悲哀既可是减力性的，使人灰心丧气；也可能是增力性的，使人化悲痛为力量。

3. 情绪的三种状态

情绪是对一系列主观认知经验的通称，是多种感觉、思想和行为综合产生的心理和生理状态。情绪可以表现为肯定与否定的对立性质，快乐、激动、热爱、兴奋等属于积极的情绪，而悲伤、忧郁、沮丧等属于消极的情绪。

情绪的两极性存在着辩证的关系，没有爱就没有憎，没有喜乐也就无所谓悲伤，两极性在一定条件下又可以互相转化，如“乐极生悲”“破涕为笑”等。情感与情绪密切相关联，情感是在情绪的基础上形成和发展的，情绪是情感的外在表现形式。

（1）心境。心境是一种微弱、弥散和持久的情绪，即平时说的心情，它是指比较长时间的微弱情绪的状态。当一个人处于某种心境时，往往会以同样的情绪状态去看待周围的一切事物，心境的好坏是由某个具体而直接的原因造成的，它所带来的愉快或不愉快会保持较长的时段，并且把这种情绪带入工作、学习和生活中，影响人的感知、思维和记忆。良好的心境让人精神抖擞，感知敏锐，思维活跃，待人宽容，使人有万事如意的感觉。而不愉快的心境让人萎靡不振，感知和思维麻木、多疑，看到的、听到的全是不顺心的事物，感到世界一片黑暗、事事都不如意。

（2）激情。它是一种猛烈、迅疾、强烈的、短暂的甚至是爆发式的情绪状态，类似于平时说的激动。它是因外界事物和人的需要之间，突然发生重大变化而引起的。激情分为肯定性和否定性两种，肯定性激情如狂喜、激昂、热情奔放等，否定性激情如愤怒、暴跳如雷、恐惧等。激情通过激烈的言语爆发是一种心理能量的宣泄，对人的身心健康的平衡有益。但过激的情绪也会产生危险的可能。当激情表现为惊恐、狂怒而又爆发不出来时，发觉全身发抖、手脚冰凉、小便失禁、浑身瘫软，就要赶快送医。

（3）应激。应激是机体在各种内外环境及社会、心理因素刺激时所出现的全身性非特异性适应反应，又称为应激反应。它是在出乎意料的紧急与危险情况下所引起的情绪状态。应激的最直接表现即精神紧张。在应激状态下，有的人思维会变得异常敏捷，动作迅速，整个大脑处于高度激化状态。所谓“急中生智”就是指的这种应激反应。长时间处于应激状态对健康是不利的，它会破坏一个人的生物保护机制，使人产生病患。

五、理解

1. 理解与审美

理解是通过揭示事物间的联系而认识新事物的过程。根据理解深浅程度的不同，可以把理解分为两部分，即对事物外部的理解和对事物内部的理解。这两种理解在审美活动中都不是依靠逻辑思维，而是与感知、联想、想象、情感等心理活动密切联系的，具有生动的形象性和直接的领悟性。在审美感受中包含着比较、推敲、品味、鉴赏等思维和理解的理性活动。

审美理解如同美感一样，是一个由浅入深、由表及里的发展过程。在审美欣赏中，人们一边感受一边理解，使美感不断向前发展。感受和理解等心理因素相辅相成、互为补充、互相融合，不着痕迹地推动着美感的发生。例如，当我们走进时装街，看到五彩缤纷的款式，也能感受到服装的色彩、质地、档次的浅层次的美感。如果通过学习，加深对服装的理解，再去逛时装街就能得到更为深刻和广泛的美感。

2. 理解在美感中的作用

理解在美感活动中的作用，可以归纳为以下三个方面。

（1）审美理解的非功利性。在美感中对理解的最起码的要求，就是要自觉地理解到自己是在欣赏，理解到自己是处于一种非实用的审美状态之中，不必对所见所闻做出功利性的反映。例如，普通观众在看高级时装表演时，总是在受“这件衣服我能不能穿”功利性的心理影响，美丽的色彩、洒脱的风格、强烈的视觉冲击力也很难打动他们的审美情感。

（2）对审美对象的来历、背景、意义、题材、典故、技法、程式等各类艺术特点和规律的理解，没有这些理解就没有深入的欣赏。

（3）审美理解渗透和积淀于感知、想象等心理因素中，并与之合为一体，构成鲜明、生动的形象。潜在的理解融入审美感受中去，并转化为想象和情感，升华为生动的形象才是真正的审美感受中的理解。能产生“弦外之音”“心领神会”“妙不可言”的境界，才是最重要的审美理解。

六、审美的六个范畴

在服装创作和欣赏时，人们会使用一些概念或称为范畴，本节介绍审美的六个常用范畴，以便在实践中理解。

1. 审美观

审美观是人在社会实践活动（这里主要指审美活动）中形成的对美、审美和美的创造、美的发展等问题所持有的基本观点（包括标准、趣味、理想等）。审美观是世界观和人生观的重要组成部分，它统领着审美活动的基本态度，是审美活动在哲学高度的体现。

审美观既有不同时代、不同民族和不同阶级的差异，也有每个人的个性差异。群体或个人的审美观都受到时代、民族、阶级及其社会生活的各种影响和制约，同时受社会文化条件、道德观点、宗教信仰乃至职业、性别、年龄、爱好、性格、心理素质等各种因素的影响和制约。各个时代、民族、阶级由于社会实践与审美实践有一定的延续性和共同性，人们的审美观常常互相影响，表现出一些共同特征。每个时代的人们的审美观，总是在某一特定的历史环境中形成和发展的。

审美观的核心问题是审美标准与审美理想，若是与社会历史的发展方向相符合，则称为进步的、向上的或健康的；反之，则是腐朽的、颓废的或落后的。前者能帮助人们正确地发现并深刻地感受美，进而按照美的规律改造自身和改造世界。

2. 审美能力

审美能力是指人们发现、感受、评价和欣赏美的能力，即人们对自然界和社会生活中各种事物和现象的审美评价进行分析、辨别和评定时所必须具备的感受力、想象力、理解力和创造力。审美能力是人所具有的一种特殊的认识能力，其他动物不具备这种能力。

事实上，每个智商正常的人都能够欣赏美，如看画、观景、听歌等，但他们所获得的审美享受是不尽相同的。它们有深有浅，有全有缺，有正确有谬误，有健康有庸俗。这种现象不仅仅取决于审美者的世界观，还与审美能力有很大关系。审美能力较强的人，思维敏捷，能迅速发现美，能准确辨别美与丑，能区别美的程度，能鉴别美的种类，能发现蕴藏在审美对象深处本质性的东西，并从感性认识上升到理性认识。例如，模特学校的教授去观看服装表演，与普通观众观看服装表演就存在着审美能力的差别，更有一些低级趣味者只是为了给自己的视觉“选美”。

经过专业服装设计训练的人，走在大街上看到人们的穿着，能够明显地感受到当季的流行趋势，甚至能够判断下一个季节的流行风格，还能比普通正常人更快、更多地记忆款式系列的造型关系。这种审美能力的提高，只有通过不断的美的创造才能实现。

3. 审美意识

审美意识是指人的主观对客观存在的美丑属性的反映，它包括人的审美感觉、认识、情感、经验、趣味、理想和观点等。

人类的审美意识产生于生产实践活动，并在长期的历史进程中逐渐发展，不断丰富和完善。在阶级社会里，各个阶级、各个民族的审美意识受到政治思想、道德观念、宗教信仰等阶级意识和民族意识的制约，这必然会产生许多差别与分歧。其中一些进步的和健康的审美意识能被大多数人所接受，并成为特定群体的宝贵的精神财富。

审美意识是由长期的审美实践所决定的，同时又反作用于客观存在的美，帮助人们自觉地欣赏美与创造美。

4. 审美经验

我国古代有个“琴辨杀声”的故事。传说汉末才子蔡中郎不仅是文学家，而且是著名的音乐家。某个夏天，蔡中郎应邀去朋友家做客。他刚到主家门前，就被悠扬的琴声吸引住了。他凝神欣赏，听着琴声忽然变得沉浊而紧迫，心想：“朋友备酒宴请我，为何琴声透出一股杀气呢？”想到此，他反身便走。主人追上去问道：“蔡兄为何来而复归，难道我家有什么失礼之处吗？”蔡中郎说了刚才的情况，众人听了捧腹大笑。弹琴的那位客人说：“方才小弟弹琴时，看见一只螳螂向一只鸣蝉爬去，那蝉欲飞而未飞，螳螂欲扑而未扑，我怕螳螂失去机会，便暗自替它使劲，没想到在琴声中表现了出来。这大概就是你听到的杀声吧！”蔡中郎恍然大悟，忙说：“误会，误会。”

“琴辨杀声”的故事一方面说明了弹琴者的技艺非常高明，他把自己的情感，自然流露在艺术创作之中；另一方面说明蔡中郎精通音律，经验丰富，具有很高的艺术修养。

虽然人们面对服装艺术以及音乐、绘画、舞蹈、戏剧、电影、雕塑等都能说出一二，但要辨别出高低精劣，给予艺术品以全面的认识和评价，则取决于审美主体所具有的审美经验是否丰富及品位之高下。服装设计师经常品评名师名作，有利于审美经验的积累和品位的提升。

5. 审美价值

审美价值是审美对象在客观上具有的能在一定程度上满足人的审美需要、给人以审美享受的价值。在人类社会、大自然和艺术作品中，有大量的审美对象具有审美价值。

在自然界中有许多自然现象，如江河湖泊、冰山大川、岩乳石林、原始村寨以及千姿百态的花鸟虫鱼、奇珍异兽、天上的云彩、飞虹等，都能使人赏心悦目，给人带来无尽的审美享受，也给服装设计师带来了无尽的灵感启示。

人类按照自身的审美理想所创造的劳动对象，也具有一定的审美价值。例如，人的服饰美、仪表美、服装表演的体态美、体格的健美等，不仅能给人以美的享受，还能鼓舞人们去追求积极向上的生活。设计师创造的生产和生活用品，如汽车、飞机、舰船、桌椅、茶杯等，这些不仅具有实用价值，而且包含了审美价值。其他艺术作品，包括古今中外的建筑艺术、雕塑艺术、表演艺术、绘画艺术、文学艺术、电影艺术、舞蹈艺术、戏剧艺术、音乐艺术等，更是直接陶冶人的感情，启迪人们对美好的向往与追求。一部伟大的艺术作品将会流芳百世，为全人类所赞赏。

6. **审美评价**

审美评价是审美主体对客观事物的审美属性的判断。人们对客观事物有着各种各样的判断。“她是一位女性模特儿”，这是科学的逻辑判断，是在判断其科学属性。“模特儿这个行业令人快乐，还能有较高的薪水”，这是实用价值的判断。“她确实很漂亮”，这是审美判断，也是在评价其审美价值。审美判断或评价不同于科学和功利判断。审美判断或评价对感性形象抱有感情色彩，常常受审美主体的趣味、理想和心境等因素的影响。

人们的欣赏过程，常常是不自觉地进行审美评价的过程。审美者往往是自觉或不自觉地带着审美理想，按照一定的审美标准，根据自己的审美趣味，对审美对象做出判断和评价，并在此基础上产生审美享受。艺术家总是把自己的审美判断反映在自己的艺术作品中。

审美评价也因审美个人的生活经历、审美修养、审美趣味及审美能力而表现出不同程度的差异性。在欣赏艺术作品和产品时，因不涉及原则性问题，每个人都有自己爱好的自由。

思考题

1. 什么是审美的差异性?
2. 如何理解美感的共同性与差异性之间的辩证关系?
3. 什么是联想? 什么是想象? 举例说明它们之间的关系。
4. 如何对服装进行审美评价?

美学基础理论——

艺术流派的影响

课题名称：艺术流派的影响

课题内容：1．艺术的分类与属性。

2．艺术的本质与特征。

3．艺术与构思。

4．服装艺术主题美。

5．美学艺术流派。

课题时间：2课时。

教学目的：掌握艺术的分类和特点，认识艺术的核心问题是创作，结合专业学习深入了解艺术创作的一般规律，熟练掌握弗洛伊德开创的精神分析学说和以鲁道夫·阿恩海姆为代表的格式塔学说，为服装设计工作奠定良好的基础。

教学要求：1．教学方式——根据教学条件，以图片分析为主要形式。

2．问题互动——复习性问题、启发性问题、总结性问题。

3．课堂练习——组织学生上台分析时装设计作品。

教学准备：教师示范准备，请学生准备好所用的时装图片及其他艺术种类的图片。

第四章　艺术流派的影响

第一节　艺术的分类与属性

艺术萌生于原始社会，经过漫长的历史积淀，成为今天的艺术形态。艺术是人类的一种基本的实践活动，它源于生活而高于生活，是对生活最本质的写照，是生活更高层次的真实。

一、艺术的分类

普通美学把艺术分为三大类，即时间艺术、空间艺术和综合艺术。

1. 时间艺术

时间艺术是指在时间流动中塑造艺术形象的艺术种类，它与空间艺术相对应。时间艺术一般包括音乐、电影、戏剧、文学等。

（1）时间艺术具有叙事性。它是指通过对事件的发生、发展和结局的展开与描写，塑造在特定的政治、经济、文化、科技、宗教、商业等社会环境中活动的、具有鲜明个性特征和特点的艺术形象。这种形象的完整性是通过时间的流动而逐步展现，并被欣赏者认识和把握的。时间艺术能把相当一段时间内的生活及活动内容压缩在一部作品中，也可以描写较短时间中发生的很多事件。

时间艺术所说的时间，不是指艺术作品内被表现事件实际经历的时间，而是指艺术作品表现自身内容需要经历的时间，是“艺术需要”而不是事件的实际需要。在服装行业，模特的舞台展示艺术具有明显的时间特征。服装表演的展示，需要随着时间的推移才能完成并被欣赏者所接受，所以它包含着时间艺术的特点。从设计的角度看，服装从企划设计到终端销售的过程，也可以理解为带有行为艺术特征的时间艺术。

（2）听觉艺术是一种典型的时间艺术。听觉艺术作品包含的情感内容，必须通过音响的艺术组合关系（如节奏、旋律等）直接被人的听觉所感知，并使欣赏者能随着时间的流动对作品达到完整的听觉把握。

听觉艺术以音乐艺术为主，音乐在时间的流动中去表现情感的变化过程，欣赏者也只有通过时间的推移，才能完整体验音乐作品。在很多综合艺术中包含有听觉艺术的特征。

2. 空间艺术

空间艺术又称造型艺术，多指视觉艺术，是与时间艺术相对而言的艺术种类。

（1）空间艺术的定义。空间艺术是通过采用一定的物质材料，通过构图、透视、虚实、用光等艺术手段在二维空间或三维空间塑造直观形象，反映客观现实内容的艺术形式的总称。空间艺术包括绘画、雕塑、摄影、建筑、工艺美术等。

18世纪的德国美学家莱辛（Lessing，1729—1781）最早区别空间艺术与时间艺术的特征，提出了造型艺术的概念。莱辛在《拉奥孔》中通过古希腊传说中特洛伊祭司拉奥孔和两个儿子被大蛇缠死这一神话题材，以古典雕刻和以诗歌不同处理方式的比较，论证了诗歌与造型艺术的区别。因此他得出结论：诗歌不宜表现形体美，而绘画不宜表现形体丑。

（2）空间艺术的美学特征，表现为形象的可视性。通过由点、线、面、形、体积、色彩、质感、机理等造型要素及组合构成关系形成的表现力，给人以具有鲜明形式特征的直观艺术形象。空间艺术中的形象，具有时间上的瞬间性，它把事物在时间上的流动凝固在瞬间，甚至是人物的心理活动和某些情节因素，塑造出相对静止的艺术形象，使欣赏者能够联想到这一瞬间前后所发生的内容。

服装的艺术性很难按单一的艺术类别来进行划分。从它的制造加工来看，服装具有工艺美术的特点。从它装饰人体的作用来看，具有装饰艺术的因素。服装艺术是一种非常特殊的造型艺术，因为它的展示空间既存在于微观的个人生活领域，也存在于宏观的社会文化之中。

3. **综合艺术**

综合艺术是指融合了时间艺术和空间艺术等各种艺术手段塑造艺术形象的艺术种类。典型的综合艺术是电影艺术和戏剧艺术。服装设计和服装表演属于综合艺术，因为最终的造型效果是穿在具有社会属性的活动的人体上所表现出来的一种活体状态。综合艺术兼有空间艺术和时间艺术的美学特征，它通过多种艺术手法的综合运用，取得仅通过一种艺术手段所无法达到的艺术效果，并同时诉诸欣赏者的听觉和视觉器官，从而引起综合的审美欣赏。

单独的艺术门类进入综合艺术之后就已经失去其独立性，必须从属于综合艺术的美学原则，并作为其中的一部分在有机组合中发挥美学作用。例如，模特在表演时，只顾自我表现的艺术性发挥，就可能会失去整场表演的艺术水准，这一点是非常重要的。

所以，综合艺术作为多种艺术组成的新的艺术整体，具有更强的艺术概括力和表现力，更能充分展示广阔的社会生活内容。

4. **艺术类型的发展**

原始社会，艺术受着图腾崇拜的影响。原始人的文身、住宅和用具上都有图腾艺术，它表现了原始人的审美意识，而且原始人的舞蹈也常常模仿图腾的艺术形态。在古代社会，艺术与生产技术有着密不可分的联系，古代艺术往往是指与天然相对的人工创造。例如，崖洞上的壁画，是人工所为，区别于崖石上的自然花纹。从原始洞穴到茅草屋的发明标志着建筑艺术的萌芽。艺术的发展随着人类社会生产的不断发展，艺术生产从实用技艺中分离出来，成为独立的以精神生产为主的特殊的劳动部门。人类在艺术实践中创造了大量的艺术形式，并在不断地使之深入和延伸。

在现代社会，对艺术的分类方法有很多。如按照艺术的物化结构来分类，把艺术分为时间艺术、空间艺术及时空艺术。还有其他方法的分类，如实用艺术（建筑艺术、实用工艺、书法艺术、装饰艺术等）、表演艺术（音乐艺术、舞蹈艺术等）、造型艺术（绘画艺术、雕塑艺术等）、综合艺术（戏剧艺术、电影艺术等）、语言艺术（诗歌、小说、戏剧、文学、散文等）。

在当今时代，更多的艺术分支被突显出来，如人体艺术、服装艺术、摄影艺术、模特艺术、产品艺术、行为艺术等。因此，艺术分类也是随着时代发展而发展的。

图4–1　利用材料进行设计创造

二、艺术的基本属性

艺术掌握世界的方式可以被理解为人类用心灵观照世界整体的方式，同时也是人类进行艺术生产的方式。

1. 服装艺术是实践活动

服装艺术，是设计师借助一定的物质材料和工具，借助一定的审美能力和技巧，在精神与物质材料、心灵与审美对象相互作用、相互结合的情况下，充满激情与活力的创造性实践活动。如图4–1所示为利用材料进行设计创造。

艺术是人类按照美的规律创造世界，同时也按照美的规律创造自身的一种实践活动。艺术创造的目的主要是实现它的审美价值，满足人们的心灵渴求和精神上的需要，它要唤醒的是人们超越美学的自创力。艺术更是一种通过塑造具体生动的感性形象，反映社会生活的审美属性，表现作者对生活的审美评价的社会意识形态。

服装艺术是艺术的一种形态，它从属于艺术，它创造的不仅是一种精神产品，同时也创造一种物质产品。服装这种艺术远远超越了纯艺术的范畴。“美是生活”，服装艺术及其实践活动以现实生活为创作源泉。

2. 艺术是精神劳动

服装艺术在本质上属于一种精神劳动，它必须通过一定的物质手段和物质材料来表达。服装设计所使用的物质材料就是服装面料、辅料等，服装表演所使用的物质材料就是模特人体和服装等。没有一定的物质材料的运用，作品就无法获得感性的外观形式，设计师的想象和构思也就无法转化为审美形象，也就没有服装艺术的存在。

艺术家通过艺术手段表达对生活现实的认识和理解，帮助欣赏者从认识美的生活中获得教益。但艺术家必须把审美情感寓于对生活的独特的审美感受之中，把经过自己审美意识和审美理想概括、提炼过的生活凝聚在生动可感的艺术形象之中，直接诉诸欣赏者的审美感受，使他们像直接感受现实生活那样展开积极的思维活动和情感体验，使他们在欣赏体验中激发对美丑的爱憎，加深对生活美丑的认识和理解，从而起到潜移默化的教化作用。服装表演就是通过这一独特的艺术形式来提升大众对服装的审美水平的。

3. 塑造鲜明典型的形象

艺术排斥抽象的说教。科技论文与著作，通过对事物的客观分析综合，通过实验或考察，运用判断、推理等抽象的概念，并通过相对固定的格式来表现其内容。而艺术无法离开形象，艺术家要表达的思想内容是从艺术形象中自然显露出来的。

艺术总是具体可感的，它们都有自己特定的形状、色彩、质感、声音等。当我们面对艺术作品时，总有耳闻目睹和身临其境的体验。然而，仅有鲜明生动的艺术形象是不够的，还必须是高度概括的艺术形象，也就是艺术形象的典型性问题。很多优秀的艺术作品，既有深度，又有广度，既符合生活的规律，又具有普遍的社会意义。

在塑造艺术形象时，各类艺术家都有自己特有的语言方式，如音乐家用音符、建筑师用建筑材料、服装设计师使用纺织品面辅料及配件、作家使用语言和文字等。艺术家通过这些属于自己艺术门类的“语言”，并驾驭“语法”构成，从而传达出特定的“语意”和主题思想。

4. 愉悦性和功效性

人们在欣赏艺术作品时，总是要求它能传达出一种诱人的审美情感，或爱或恨、或快乐或痛苦、或赞许或反对，使人在感情上激起波澜，在思想上接受熏陶。所以，经常阅读和欣赏优秀的艺术作品，能使心灵不断得到美的陶冶。那些积极向上、悦人心目的艺术作品，必然会对人生与社会产生深远的影响。

艺术中的愉悦性与功效性是相辅相成的。人们对艺术美的需求，不仅看它的愉悦性，还要看它的实际功效，看它被人接受的程度。作为工艺美术和实用艺术的服装创作更是如此。正如鲁迅所说：“享乐美的时候，虽然几乎并不想到功用，但可由科学的分析而被发现。所以美的享乐的特殊性，即在那直接性的美的根底里，倘不伏着功用，那事物也就不见得美了。”服装艺术的功效性最终还表现在它的实用价值上，如“能不能穿”“穿上是否美观”“穿着者是否喜欢”“能否卖得出去”“是否符合流行”“利润是否可观”……许多媒体也在批评那些生活在“象牙塔”中的服装设计师，称他们是“白天不知夜的黑”。

5. 设计作品的独创性

独创性是艺术的一种珍贵品质，可以说没有独创就没有艺术的美。独创也被视为服装设计的生命，在纯粹艺术里就更是如此。一幅美术作品、一尊雕塑、一款服装、一篇小说、一首小诗等，都是在独到的创意基础上展示主题的。服装作为生活艺术的一个门类，其艺术方面的独创性必须与其市场功能相协调，这样服装的独创性才能得以最终实现。

在服装设计中，通过借鉴，对优秀作品进行“变造”的现象屡见不鲜。即使是大师级的设计师，在案头上也摆满了优秀的作品图集。有的设计师还专门到市井观象，借鉴新潮着装的款样，开展自己的作品系列的创作。对优秀作品的借鉴与依据市场流行规律的构思，是与刻意模仿绝不相同的。

服装艺术的独创性有自己具体的内涵。服装艺术的美是在整个系统工程中表现出来的。从表面上看，设计好像就是东拉西扯地参考资料或依照市场“依葫芦画瓢”。但实质上，成功的设计作品，往往是设计师在设计依据范围内，对系统要素做了重新构成和创造。有时，仅改动一个局部，也会使整个款式的主题，即服装艺术的设计内容产生新的效果，设计作品就可能是上乘之作。在自由创造中，若要完全“克隆”一件作品，还真是非常不容易的事。即使是同一作者处于同一生活环境，从不同的侧面去观察或表现，也会有不同的创作结果。

6. 服装艺术的目的性

服装作品的产生，是设计师创作劳动的结果，是一种有意识的活动，因而带有明显的目的性。服装艺术的社会目的性比其他艺术更强一些。

符合事物发展规律的目的性，就是对“真”的追求。在美学史上，一个进步的艺术家，或是由于他的正确的美学观，或是由于他的思想感情与现实生活密切联系，或是在艺术上发现了某个客观真理，把握了生活中的美与丑等，他就能够被社会所认可。尤其是服装艺术，它应该是一种被他人认可的艺术。它可以引导生活、服务于生活，而无法超越生活、脱离生活，更不能滞后于生活，成为一种腐朽没落的艺术。在进行服装艺术创作之前，就客观地存在着一个“标题”，就像小学生写作文要先有一个作文题一样，这就是服装设计的目的性。

第二节　艺术的本质与特征

一、艺术的本质

1. 艺术的社会本质

艺术来源于社会生活，是社会生活的全面反映。社会意识形态是建立在一定经济基础之上的上层建筑，其产生和发展，归根结底是由经济基础所决定的。而艺术作为社会意识形态中的一种形式，在其发生和发展过程中，同样也是由经济基础最终决定了各个历史阶段的艺术内容和艺术形态。在物质相对匮乏的时代，人们关注更多的是服装实际的防寒保暖功能而非审美功能，而在经济繁荣发展的现代社会，人们不再只关注服装最基本的穿用功能，在此基础上，其审美价值的高低也开始更多地成为人们关注的一个重要方面。如服装的材质，从原始社会相对单一的兽皮到现代社会多种多样的服装面料，从中可以看出艺术与社会经济发展的互动关系。政治、道德、宗教等意识形态与经济基础直接相联系，艺术必须通过中间环节（政治、道德、宗教等）与经济基础相联系，这也是艺术的社会本质的重要特点。

2. 艺术的认识本质

艺术是对世界的一种认识，它以特有的方式掌握世界。在艺术作品中，人们总是可以通过有限的感性形象认识到无限的普遍真理。与哲学等其他社会意识形态不同，艺术可以通过生动可感的形象来认识现实世界，艺术是社会诸方面的最好缩影。

北宋画家张择端的巨型长卷风俗画《清明上河图》就鲜明地体现出艺术的这种认识本质。这幅画卷取材于真实的历史生活，它生动地记录了中国12世纪城市生活的面貌，在5米多长的画卷里，描绘了宋代各色人物、各种牲畜、各式交通工具和各种建筑的特点，观赏者完全可以通过这些具象的表达来认识北宋首都汴京的真实生活。

3. 艺术的审美本质

美是艺术作品的灵魂，审美是艺术的核心本质。艺术作为人类审美活动的最高形式，集中体现出人类的审美意识，凝聚和物化了人和现实世界的审美关系。艺术不仅可以反映现实美（自然美与社会美），而且能创造艺术美。在审美过程中，艺术美并不是对现实的简单模仿，而是经过艺术家创作、加工后的美。对于观众来说，艺术美能够作用于他们，以满足他们不同的审美需要。审美主、客体间之所以发生联系，一方面是人的本质力量所产生的审美需要，人们会不自觉地鉴别和评判艺术作品的美和丑；另一方面艺术作品又会反过来影响人们对艺术的认识，使其在对艺术逐渐了解的过程中提高或更新自己的审美标准。

二、艺术的特征

1. 形象性

（1）客观与主观的统一。任何艺术作品的形象都是具体的、感性的，体现着一定的思想感情，这是客观因素与主观因素的有机统一。如图4–2所示为五代南唐画家顾闳中的作品《韩熙载夜宴图》(局部)。画卷中的主要人物韩熙载始终处于沉思之中。这一人物形象的生动性和深刻性，充分显示出画家精湛的绘画才能，也体现出画家将对生活和人生的深刻理解带入到客观的画面中。

图4–2　顾闳中《韩熙载夜宴图》(局部)

(2)内容和形式的统一。内容一般表现为作品的主题和内在精神，而形式则体现为用何种方式来表现主题。正如罗丹所说："没有一件艺术作品，单靠线条或者色调的匀称，仅仅为了视觉满足的作品，能够打动人的。"在一件作品中，内容和形式是不可分的，内容不能脱离形式而存在，形式是内容得以具体存在的方式，各类艺术的内容和形式具有自己的特点。

2. **主体性**

(1)艺术创作中的主体性。艺术创作是一种创造性的劳动，艺术家作为创作主体对艺术起着决定性的作用。只有作为创作主体的艺术家产生创作冲动并付诸行动的时候，才会产生各种艺术作品，艺术创作的主体性是能动性和独创性的集中体现。

(2)艺术作品中的主体性。艺术作品是艺术家创造性劳动的产物，具有主体性的特点。在中外艺术宝库中，千姿百态的艺术作品凝聚着艺术家对生活的独到发现和深刻理解，渗透着艺术家独特的审美体验和审美情感，饱含着艺术家个人的生活经历与艺术追求，体现着艺术家鲜明的艺术风格和艺术个性。主体性是艺术作品的灵魂，当艺术家面对丰富的生活素材开始创作时，会对这些素材进行选择、提炼、加工和改造，并且将自己的思想、情感、愿望、理想等主观因素物化到作品中去。正是这种主体性，才使得艺术作品具有丰富多彩的面貌。

(3)艺术欣赏中的主体性。"仁者见仁，智者见智"，艺术欣赏中的这种个体差异性，是普遍存在的。鲁迅先生说，同一部《红楼梦》，"经学家看见《易》，道学家看见淫，才子看见缠绵，革命家看见排满，流言家看见宫闱秘事"。在艺术欣赏活动中，欣赏主体和艺术作品之间是一种相互作用的关系。欣赏主体并不是被动地接受，而是根据自己的生活经验、兴趣爱好、思想情感与审美理想，对作品中的艺术形象进行加工改造以及再创造和再评价，从而完成、实现、补充和丰富艺术作品中的审美价值。艺术欣赏具有主体性的特点，艺术欣赏的过程就是一种审美的再创造过程。

3. **审美性**

(1)艺术美是人类审美意识的集中体现。任何艺术作品都必然是人所创造的，凝聚着人类劳动和智慧的结晶，但并不是人类一切劳动和智慧的创造都可以称为艺术品。只有那些能够给人以精神上的愉悦和快感并且具有审美价值的创造物，才能称为艺术品。艺术美作为现实的反映形态，是艺术家的创造性产物，它比现实美更加集中和典型，能够更加充分地满足人的审美需要。

(2)艺术美是真、善、美三者的统一。艺术美高于现实美，艺术中的"真"并不等同于生活真实，而是艺术家通过创造性劳动对其进行提炼和加工的，使生活真实升华为艺术真实，也就是化“真”为“美”，并通过艺术形象体现出来。艺术中的“善”，并不是道德说教，同样要通过艺术家的精心创作，将艺术家的人生态度和道德评价渗透到艺术作品之中，也就是化“善”为“美”，体现为生动感人、有血有肉的艺术形象。

第三节　艺术与构思

一、形象与思维

1. 艺术形象

艺术形象比实际的社会生活原形更高、更强烈、更典型、更带有普遍性。艺术形象是艺术家创作的直接结果。艺术形象在各种艺术门类和不同艺术作品中有着千姿百态的表现形态。时装模特在时装表演时，所走的一字形猫步，就是艺术家从现实生活中提炼出来的美的步态。时装绘画多采用八头比例来绘制，而不采用与真人相同的七头比例来绘制，这就是服装画所特有的绘画形象。

艺术家为了创造具有审美内容的艺术形象，必须调动自己的所有的生活积累和精神能力（感知、情感、联想、想象、意志等），清晰、完整地再现现实生活中的情境，甚至是虚构出生活中未必有却可能有的情境，来表达自己对社会生活的审美感情，表现自己的审美理想。例如，电影《大红灯笼高高挂》中，在深宅大院里，悬挂红灯笼和“封灯”的情境，就不一定能代表中国民间的真实情况，但在电影作品中却顺理成章地描述了中国旧社会所特有的一种家族文化。

2. 形象思维

形象思维，又称为艺术思维，是人类思维发展史上最早出现的一种与直观性、形象性紧密联系的思维方式。人们在日常生活、艺术创作以及科学研究中，都要运用这一思维形式。

（1）形象思维是一种心理活动，是人脑的高级神经活动。形象思维以记忆为基础，以大脑中储存的已有的经验信息为凭借，所以无论形象思维的结果是多么新奇，多么丰富，它仍然是现实生活反映的产物。李白有“白发三千丈，缘愁似个长”的诗句，白发如此之长，是经过了想象的扭曲与变形。

在形象思维中，艺术家首先从生活的形象中获得独特的感受，然后在形象中比较、筛选能够反映本质的形象，在艺术想象中再现、补充、丰富形象，以组合、夸张、幻想、典型化等手法创造出崭新的形象，最终完成艺术作品的创作。

（2）形象思维中饱含着理性思维。形象思维是与抽象思维相对的，但两者并非相互排斥，它们常常互为补充，相互推动，相辅相成。形象思维离不开想象，抽象思维离不开理性。理性可以指导想象，想象也能够启迪理性。理性可以使想象更为自觉、更为自由，同时理性也制约着想象，使想象不至于误入迷途。例如，在对胖人进行服装设计、创作美化的形象时，设计师会展开想象力的翅膀构思出各种各样的款式，形象思维在构思中大行其道。但是，在一般情况下胖人不适合做“膨胀的设计”和“横向的设计”等，这些原则就是理性思维。

在纯艺术创作中，艺术家可以只去画自己想画的东西，而在服装设计中，有一部分理性认识，设计师既要画自己想要画的东西，也要考虑画“应该画”的内容。形象思维在整个审美过程或创作过程中都要受到感情的诱导和推动，饱含着欣赏者或创作者强烈的审美感情。

二、艺术构思

1. 服装设计与构思

服装艺术构思是指设计师在创作过程中所进行的一系列思维活动的总称，包括题材的选择、主题的确定、形象的安排、结构的布局、表现手法的探索等。

服装作品的艺术构思可分为四个阶段：准备阶段，包括查阅资料、了解艺术动态、了解流行趋势、了解文艺思潮等；构思阶段，指从产生创作欲望到创作实践开始之前的阶段；深化阶段，指创作过程中的反复推敲、比较修改等；定稿阶段，包括咨询、反馈、修改、会审等。

（1）提炼主题是艺术构思的重要内容。确定主题并深化主题对整个艺术构思起着支配和制约的作用。题材的选择、形象的安排、结构的布局和表现手法的采用等，也都以主题为指导，围绕着表现主题来进行，并随着主题的逐步深化而变化。例如，设计以“典雅大方”为主题的服装款式时，材料的选择、色彩的搭配、局部的装饰、轮廓与结构等，都要围绕主题来进行。色彩缤纷凌乱、款式奇异怪诞、装饰不伦不类、结构迷你超短等，就很难表达出典雅大方的主题。在服装艺术中的提炼主题，就相当于是艺术定位或风格定位。

（2）在服装艺术构思的深化阶段，大量的工作是结构布局。美学中所说的结构不是裁剪结构设计中所说的结构。美学中的所谓结构是艺术创作的一种组织手段，它的主要任务是按照美的规律和尺度，把艺术作品的各个组成要素结合成一个有机、和谐的整体。例如，在进行各种领型、袖型及袋型的组合时，要符合比例、节奏等形式美法则，要多样统一、完整和谐，不能是支离破碎的堆积。

服装设计师能否按照美的规律进行艺术构思，取决于设计师的世界观和审美理想，取决于设计师有没有深厚的生活经验积累、精深的美学修养和丰富的服装艺术创作经验。只有不断学习、不断积累、不断尝试、不断创作，服装艺术构思的水平才能不断升华，服装艺术作品才能达到更高的水平。

2. 艺术灵感

艺术灵感是指艺术家在艺术创作中一种富有创造性的突发性思维现象。当艺术家在创作实践的基础上，由浅入深、由此及彼、由表及里地酝酿构思时，因为有关事物的启发茅塞顿开，从而引起思维活动的质的飞跃，使所探索的问题在主要环节上忽然变得明朗而得到解决，这就是灵感，有人称为“第六感觉”。

对于艺术家或设计师来说，严肃勤奋的创作态度、对作品负责的精神、丰富的艺术实践经验、深厚的美学修养和专业知识的积累，以及持久而刻苦的钻研与思考，都是获得创作灵感的必要前提条件。激发艺术家创作灵感的途径和方式有很多，可能是听见某人所说的一句话，或是看到某种自然景物，或者是生活中的一件偶发事件。对于服装设计师来说，灵感可能来自大师作品、市井文化、地摊文学、街头景色、自然景物、实用器皿、风光景致、气候现象、各种植物、动物世界、民间庆典、风土人情、艺人工艺、出土文物、异邦文化、市场信息、姐妹艺术等。

灵感得之于顷刻，却积之于平素。灵感具有偶然性和突发性，它的获得与消失都异常迅速，常常是可遇而不可求的，但只要注意培养灵感产生的条件，灵感就会不期而遇。灵感在服装设计创作中具有重要的意义。

3. 艺术与夸张

在艺术创作中，因艺术效果的需要，对事物某些特征进行突出夸大的艺术表现手法就是艺术夸张。艺术家在如实描绘对象不足以抒发自己的感情和显示客观事物的本质形象时，就会借助于夸张的艺术手法，特意放大事物的比例、数量、性质、情状、关系或特征等，使之达到过度甚至极度的程度，从而使形象更为鲜明生动、意显情足，达到特别强烈的艺术效果。

在时装绘画时，设计师根据着装表现的需要，可能将人体画成八头比、九头比或十二头比，就是为了从本质上揭示特定的作品效果。

对生活原型的夸张与变形处理，几乎不同程度地反映在任何艺术作品中，在漫画作品中尤为突出、明显。但夸张自然要以客观事物本身所具有的特征为依据，而不是把原来所没有的特征强加给它。例如，在现代流行形象中，以腿长为美，所以服装效果图常常对腿部做大跨度的拉长处理。又如“燕山雪花大如席”，这是艺术夸张，这一夸张更加突出了燕山的雪花之大。

在人类的穿着史上，也曾将服装的某些结构夸张到了极点，如曾在欧洲流行的裙撑等。

第四节　服装艺术主题美

一、艺术风格

1. 美学中的艺术风格

美学中的艺术风格是指从作品的内容到形式的统一，体现出的独特的艺术特色，包括作品风格和艺术家风格。艺术家的风格既可以体现在他的一个作品中，也可以体现在他的一系列作品中。艺术家及作品的风格，使他在创作中驾驭主题、处理体裁、描绘形象、安排情节和运用艺术语言等方面所体现出来的艺术特色和创作个性，是艺术家的思想倾向、性格特点、审美情趣和艺术修养在艺术作品中的综合体现。艺术家风格与作品风格是密不可分的。

美学把艺术风格概括为两大类。第一类是阳刚类风格，属于壮美的范畴，如雄伟、豪放、博大等，如曹操的《龟虽寿》、岳飞的《满江红》、苏轼的《赤壁怀古》。第二类是阴柔类风格，属于优美的范畴，如含蓄、绮丽、飘逸等，如晚唐词人温庭筠的《菩萨蛮》等。也有人把文学艺术分为“风、雅、颂”三种。

2. 服装的艺术风格

服装设计以面料、色彩和人体为设计对象，其作品也必然涉及风格问题，而且同样是作为与“形式”对应的“内容”最终体现在效果中。

服装所涉及的艺术风格通常以下几种情况。

（1）设计师风格：设计师本人在一定时期内所表现出来的一致性的风格。

（2）作品风格：设计师一定时间内在作品中表达出来的风格。

（3）企业品牌风格：企业为了营销定位和便于组织生产所选择的风格路线。

（4）市场需求风格：有社会文化左右的流行风貌。

（5）穿着者着装风格：每一个人都是自己着装的“艺术家”，也必然有自己的风格。

各类“风格”之间存在着相互依存的辩证关系。设计师作品的风格，既要符合企业品牌形象的要求，又要依据流行主题，还要研究目标对象的需求风格等。

二、美学风格

优美与崇高是美的两大形态，也是品评艺术的两大风格。在中国传统美学中，对应于阴柔之美和阳刚之美。这两种不同形态的美，给人们的审美感受也不相同，甚至是截然相反的。

1. 优美

优美的审美对象在形式上表现出来女性化的特征，在表现内容上一般都不呈现激烈的矛盾冲突，而表现为矛盾双方的暂时静止和平衡。就整体而言，优美对象的基本特征表现为内外关系的和谐。

在具体的审美过程中，人们对优美的审美对象的感受，也是在主体与客观对象亲密无间的和谐中进行的，它使我们产生一种平缓、亲切、轻松、随和、舒展、闲适、宁静、愉快和心旷神怡的心境。如古诗中写道：“风卷葡萄带，日照石榴裙。”描绘了在风和日丽的日子里，美丽的少女穿着漂亮的裙子，卷曲的飘带被风舞动，漂亮的裙子就像盛开的石榴花。如图4–3所示为敦煌壁画飞天图中用线条传达优美的形象。

图4–3　敦煌壁画飞天图

优美的服装风格或效果有三个方面。

（1）含蓄内秀的女性化性格。修长高挑、曲线流畅的身材，娟秀甜美的五官颜面，舒缓婀娜的姿态，这是人体的优美因素。

（2）女性化的款式设计。柔软舒适的面料，柔淡清浅的面料色彩，合体的造型，勾画出来的轮廓曲线，公主线分割的连衣裙，琵琶襟装饰的中式旗袍，圆下摆等曲线分割，以及绲边、刺绣、镶条、盘花等工艺手法的运用和娇小玲珑的服饰配件等，这是优美的款式因素。

（3）优美的穿着环境。花前月下，湖光山色，民族风格的舞台演唱，和谐的家庭环境，都为优美的人、优美的服装增添了优美的氛围，增添了整体优美风格的意境。

2. 壮美

壮美是与优美相对的一种美的表现形态。壮美与优美相比有着特殊的威力，它不仅使人欣赏到特殊形式的美，还能提高和扩大人们的精神境界，鼓舞意志和毅力，激发人的潜在能力，使人去和萎靡不振做精神上的斗争。壮美不仅有积极的审美意义，而且有一定的教育意义。

壮美首先是指数学和力学上的崇高，它是数量、体积和力量的无比众多、巨大和有威力的自然现象或人类所创造的伟大的艺术工程，前者如浩渺的太空、博大的森林、一望无际的大海、延绵起伏的群山等；后者如蜿蜒万里的长城、神秘悠久的古塔、横跨天险的大桥、高耸入云的摩天大厦等。

壮美的审美特征属于阳刚之美，它是处于主客体矛盾激化中的一种美，它包含着一种压倒一切的强大力量，有一种难以扼制的强劲气势，能使人们获得一种内在的摄人心魄的感染力量。艺

图4–4　硬朗风格的男性化女装

术表现崇高的形式往往具有粗犷、激荡、刚健、博大、壮观，或在造型上表现为结构庞大、线条粗犷、变化剧烈、对比鲜明等。

服装设计中的壮美表现为刚健、宽厚和力量的男性主题。女性职业套装中表现出刚中有柔，柔中带刚，阴阳统一的美。如图4–4所示为硬朗风格的男性化女装。

辩证唯物主义美学认为，壮美与优美既相对独立又辩证统一，既有区别又有联系，二者具有不同的具体的审美内容，传达出不同的审美情趣，但它们都与真和善有关，都能引起美感，都是人们不可缺少的审美对象。二者相辅相成，相互结合，构成了丰富多彩的艺术世界。

3. 服装的主题美

“主题”“风格”是服装领域的专业用语。

从服装审美的角度看，衣服穿在人体上是为了表达一种主题、一种情调，它概括着当时的流行文化，也体现着穿着者本人的艺术风格。只有当人们看到了文化，体会到了艺术，感觉到了审美，才会体味真正的服装内涵。人们不是为穿衣而穿衣，而是为了文化，具体地说，就是为了表达一种所需的主体情调。它既是穿着的目的，又是设计的目标。

消费者穿衣为的是风格，设计师追求的是风格，企业的产品定位讲风格，老板决策产品方案是风格，营销渠道及终端的品牌也是看风格。设计师通过几年的学习强化去把握风格，店长和企业老板根据经验判断风格。风格人人感觉得到，但并非人人能把握住。了解自己偏爱的风格不困难，而企业要掌控市场目标的风格就不太容易了。在品牌定位策划中，常常用“风标图”来表达企业产品对整体风格的描述。风格是一把双刃剑，通过罗列形象主题词的方法，可以使我们更容易把握风格。

第五节　美学艺术流派

在世界新技术革命的推动下，美学与其他科学一起也在飞速发展，出现了各学科相互渗透、相互交叉的新趋势，并成为美学领域飞速发展的一个重要的时代特征。

在各种美学及艺术流派中，对服装专业的学习指导来说，弗洛伊德的精神分析美学和德国的格式塔心理美学最有代表性。前者偏于本能冲动，后者偏于理性分析，阴阳相辅，相互映照。

一、弗洛伊德与精神分析

1. 原创学说

精神分析美学又称心理分析美学，其学派创始人是现代著名的奥地利精神病和心理分析学家西格蒙德·弗洛伊德（Sigmund Freud，1856—1939）。

弗洛伊德最初并不是一位美学家，但他用精神分析的方法阐释美、艺术创作与欣赏的有关问题，对当代西方美学产生了深远的影响，以他和他的学生为代表的心理分析学派已成为心理美学中势力最大的一个流派。弗洛伊德开创的精神分析学说的核心是“无意识”，这也是对美学影响最大的部分。

弗洛伊德认为，人的心理可分为两部分：意识和无意识。意识指个人目前意识到的一切。无意识则指被压抑而不能通过回忆再召唤到意识中的一切，通常是不为社会规范所容的欲望。

无意识和意识是两个对立的概念。意识是直接感知的心理活动，是清醒的、外在的，但却是无力的，它只是日常心理的外壳。无意识通常不被感觉到，显得盲目而不具体，但它却是心灵的内核，它对人类的行为有着深厚的内驱动力。无意识又可分为潜意识和前意识两个部分。潜意识指虽非目前意识到的但可以通过回忆而变为意识内容的一切，潜意识包括人的原始冲动和各种本能。前意识是介于潜意识和意识之间的那部分，是一种可以被回想起来的意识中的无意识。把人的心理比作一个岛屿，意识只是露出水面的那一小部分，而深藏在水平面以下的绝大部分则是无意识。无意识是整个心理活动的基础和主体。

2. **人格的三个部分**

弗洛伊德的人格学说，对服装设计创作有着重要的指导作用。弗洛伊德在晚期把人格分为三个部分，即原我、自我和超我，被称为是意识观念上三个层次的心理结构学说。

三个“人格”，可大致对应服装设计的三个层次，即单纯追求学院派风格的服装艺术造型设计、满足和适应社会生活的TPO（时间Time、地点Place、场合Object）原则以及实现特定企业品牌渠道背景下的因设计师工作所产生的经济效益。

（1）“原我”是心理的第一个层次。原我相当于弗洛伊德早期提出的无意识理论，原我处于心灵的最底层，是指人格上最原始的部分，如自我保存欲望、性欲望及攻击欲望等，欲望是生活的原动力。原我层次上的精神活动，通常在潜意识状态下进行，无法直接意识到。有时可以透过梦境、幻想或精神病症状等与原我有密切关系的精神产物，大致推测其真相。原我是动物性的本能冲动的源泉，它无时无刻不在追求着对本能的满足。它不知道善恶、好坏，不顾及道德问题，只按“享乐原则”支配意识。

（2）“自我”是心理的第二个层次，是能为自己所意识到的“我”的一部分。自我的主要机能是处理本体与现实的关系，是一种依据周围环境条件来调节自己行为的意识和遵守“现实原则”的心理活动。自我一方面感受现实，另一方面接受超我的自我批判，即控制、处理原我的欲望，使之能适应现实生活。在自我中，不得不抑制本能的欲望和冲动。自我的精神活动一部分在潜意识状态下进行，而大部分则在意识状态下进行。

（3）“超我”是指人格中的监督批判机构。超我主要的作用是依据社会规范监督是非善恶意志，将其作为原我欲望的表现和自我行为的准绳。超我类似通常所说的道德良心、客观制约。超我机能的一部分在意识状态下进行，大部分则在潜意识状态下发挥作用。超我遵循的是“至善原则”，“善”就是伦理性、社会性。

弗洛伊德的这三个人格层次，经常处在矛盾斗争之中，它们既统一又对立，时而表现为同一心理过程的并存，时而又表现为尖锐的冲突与对立。通常情况下，自我和超我要对原我施行压制和监督，而自我承上启下、“随心所欲而不越轨”。

3. 审美与性需求

弗洛伊德的“性”，包括性欲、秉性、本性等。他用精神分析法来说明艺术与审美，认为艺术是性欲的升华，是潜意识的象征和表现。弗洛伊德说：“精神分析学一再把行为看作是想要缓解不满足的愿望——首先在创造性艺术家本人身上，继而在听众和观众身上。艺术家的动力，与使某些人成为精神病患者和促使社会建立它的制度的动力是同一种冲突。因此，艺术家获得它的创造能力不是一个心理学问题。艺术家的第一个目标是使自己自由，并且靠着把他的作品传达给其他一些有着同样被抑制的愿望的人们，他使这些人得到同样的发泄。”弗洛伊德认为，艺术品创作的动力，与精神病人是基本一致的，二者都是在无意识中蕴藏着必须寻找出路的心理欲望。精神病人的欲望找不到出路时，就转化为精神病症。而艺术家则有一种特殊的本领，能在幻想世界中实现欲望，得到满足，使自己重返现实，避免精神病人的厄运。

艺术家和普通人一样，都在忙于幻想，做白日梦。普通人的幻想大多是枯燥的，而且与社会习俗和道德规范相冲突，所以普通人的幻想耻于告人，并竭力把它隐藏起来。而艺术家则不会隐瞒自己的幻想，而是以生动的艺术形式把它表现出来。

在美学史上，人们认为弗洛伊德的错误在于，他把研究病态心理学说推广于整个人类，把正常人与精神病患者的心理活动混为一谈。他把原我作为支配人类行为的原动力，忽视了人的伟大力量和高贵品质，有人说他是一种“残缺的美学”。尽管如此，他对美学的研究是一种伟大的贡献，并对艺术创作与批评产生了积极而深远的影响。

二、格式塔心理美学

1. 什么是格式塔

在服装设计理论以及人体工程学对视觉的研究中，都大量应用了格式塔的研究成果。

“格式塔”是德文Gestalt的中文音译，意为“形式”“完形”，所以格式塔心理美学又被称为“完形心理美学”。它始创于20世纪初的德国，因其体系较为严格，立论较为精密，在近代西方美学界有着较大的影响。该学派的代表人物之一，是曾经两次被选为美国美学协会主席的德籍美国人鲁道夫·阿恩海姆（Rudolf Arnheim）。20世纪30年代，他从事电影理论的研究，1939年移居美国，此后对审美中的视知觉进行研究。他在1954年完成的《艺术与视知觉》著作中阐述了格式塔心理美学的基本理论和观点，使之成为研究造型艺术的经典著作之一。

格式塔的“形”，是经验中的一种组织或结构，它与视知觉活动密不可分，而绝对不是一种静态的和不变的“形”。格式塔是一种视知觉的产物，那么不同的格式塔就有着不同的视知觉水平，而这又伴随着不同的感受。格式塔心理学家们发现，有些格式塔给人的感受是愉快的，这是因为在这些特定的条件下，视觉刺激物被组织得好。

有的人在欣赏时装时，首先注意到的不是整体所产生的艺术风格和直观的视觉美感冲击力，而是首先去赞叹它的面料如何昂贵或者色彩如何漂亮，那么他便没有真正进入审美的领域，没有在各个要素的组合中体味到服装艺术的魅力，只是停留在表层的形式美感或带有功利性的快感层面上。

2. “完形”与创作

“完形”原意为形状、图形。“完形”一词源自研究知觉的德国心理学家们，他们发现，人类对事物的知觉并不是根据此事物的各个分离的片段，而是以一个有意义的整体为单位。因此，把各个部分或各个因素集合成一个具有意义的整体，即为完形。

完形论是格式塔心理学中最基本的观点，其代表人物马克斯·韦特海默（Max Wertheimer，1880—1943）认为，人在视知觉过程中，总有追求事物结构整体性或完形性的特点，即知觉的整体性或完形。在这个过程中，知觉的对象往往是由许多部分组成的，各个部分有不同的特征，但大脑把它们结合成某个整体或完形，并不是孤立地反映这些属性，这里的整体并不是各元素之和，而是由知觉组织从原有构成成分中显现出来的全新整体。

如图4-5所示是格式塔心理学用以说明其整体论思想的一个常用图示，人们本能地会把它看成一个白色的三角形覆盖着三个圆形，当我们分解图形时，却发现只有三个缺口的圆形，它们之所以会被看成一个虚幻的三角形，正是因为我们的知觉具有能外推或填补空缺轮廓的完形性。如图4-6所示是一家食品店的标志形象设计，在这个标志中，人形将苹果一分为二，影像线的连续性产生了一条富于动感的弧线。在此，这条线使整体图形破裂，图形的视觉中心部分产生了大面积的留白。但由于其线条的连贯性，照样能使大家看出苹果的完整性和连续性，增强了视觉元素的有机组合，这就是格式塔原理中图形的连续性起了作用。如图4-7所示是丹麦格式塔心理学家埃德加·鲁宾（Edgar Rubin，1886—1951）的面孔花瓶幻觉。从这幅图中，你所看到的是一个花瓶还是两个人的头的侧面像？其实，两种解读都能看到。但是，在任何时候，你都只能看见面孔或只能看见花瓶。如果你继续看，图形会自己调换以使你在面孔和花瓶之间只能选择看到一个。这个广为人知的图形经典幻觉图是鲁宾从一张19世纪的智力玩具卡片上获取的灵感。

图4-5　格式塔心理学“不存在的三角形”

图4-6　格式塔应用在食品店的标志设计

图4-7　面孔花瓶幻觉

当我们购买服装时，我们觉得这件服装漂亮或那件服装不好看，这些都是衣服给我们的整体感觉，而这些整体感觉是由单个要素组成的，如它的颜色、款式、布料等。

服装设计的过程也是一个不断完形的过程。当你在画纸上，添加一笔或一个结构时，都会对半成品有一个完形判断。当欣赏人体的背面时，人们会通过完形心理自然联想到其前面也是如此完美。如图4-8所示为背对观众的模特。

总之，格式塔心理美学继承了实验美学的科学性，抛弃了传统的以感性印象去描述经验的联想主义，大量地引用了数理方面的科学概念，它力图使美学成为一门现代精确科学所做的尝试，是积极的和有益的。该学派的致命弱点，就是忽略社会实践在艺术创作和欣赏中所具有的决定性的作用。

现代美学与艺术流派有很多，如同“艺术的丛林”，缤纷

图4-8　背对观众的模特

而杂芜。我们在学习时，尤其是将其用于指导服装设计实践时，不可一味地死板、教条。艺术与服装艺术的关系是“马与白马”的关系。服装艺术既服从于艺术的一般规律，也有自身的其他艺术无法替代的特殊规律。这需要学习时不断总结，以丰富服装美学自身的理论体系。

思考题

1. 获取艺术创作灵感的必要条件有哪些？灵感的产生需要哪些基本条件？

2. 服装艺术中包含哪些艺术门类的内容？

3. 试用弗洛伊德的“三我”解释服装。

4. 举例说明格式塔原理在服装设计中的应用。

专业深入——

形式与形式法则

课题名称： 形式与形式法则

课题内容： 1. 服装与形式美。
2. 服装元素点线面。
3. 形式美法则。
4. 色彩形式与应用。

课题时间： 2课时。

教学目的： 认识视觉形式元素对于造型艺术的重要性，从哲学高度了解形式与内容的关系，学习点、线、面及色彩等形式元素的艺术属性，掌握基本的形式法则，熟练掌握服装元素和形式构成的一般规律，为服装设计实践奠定基础。

教学要求： 1. 教学方式——课堂讲授，图例分析。
2. 问题互动——造型元素和形式美法则是如何产生的？
3. 课堂练习——着装示例分析。

教学准备： 准备时装图片。

第五章　形式与形式法则

第一节　服装与形式美

一、形式与形式美

1. 形式美的定义

形式美是指客观事物外观形式的美，是指艺术中各种形式要素及其按照美的规律构成组合所具有的美。在美学上，有人把形式分为外形式和内形式。外形式（或称造型元素）是指客观事物的外形材料的形式因素，如点、线、面、形、体、色、质、光、声、动等，包括这些因素的物理参数，如线的长短、粗细、曲直、虚实等，色彩的明度、纯度与色相等，质感的滑与粗、厚重与轻薄，服装成衣的长短、宽窄，轮廓和局部结构的形状等。内形式是指将上述这些因素按照一定规律组合起来，完美地表现内容的组织结构，如对称、平衡、对比、衬托、点缀、主次、参差、节奏、和谐、多样统一、呼应、配搭、穿着方式等。内形式又称为造型艺术的形式美法则。

2. 形式美的发现

人类在创造美的长期实践活动中，逐步形成了对各种形式因素的敏感与把握。例如，在日常生活中，红色常常使人联想到红红的朝阳、燃烧的火苗、节日的彩灯、红润的笑脸等。久而久之，人们就认为红色象征着热烈、喜庆、青春等，而具有普遍形式美的意义。

图5-1　唐代元稹《行宫》图　华三川绘

形式美的特征并不是凝固不变的，而是随着它的存在条件而变化的，如红色有时也表达警示、危险、暴力、原始和粗俗。唐代元稹在《行宫》中写道："寥落古行宫，宫花寂寞红，白头宫女在，闲坐说玄宗。"诗中的红色变成了寂寞的代名词，而象征纯洁的白色也平添了几分的凄凉和无奈。如图5-1所示为华三川绘的唐代元稹《行宫》图。

形式美及其法则是人们长期以来在艺术实践中总结出来的。但西方一些现代派艺术有意打破传统的形式美法则，他们颠倒艺术中的时空关系，通过混乱的线条、不规则的图形、杂乱无章的色彩和荒诞无稽的寓意，来传达、超越、脱离或背叛现实的审美思想。他们有的流于形式，有的则畸形怪诞表现出颓废的情绪。他们的积极意义在于从纯粹形式的角度出发，探讨具有独立意义的形式美。如图5-2所示为蒙德里安的冷抽象，如图5-3所示为康定斯基的热抽象。

图5-2　蒙德里安的冷抽象

形式美对服装设计具有重要作用，在审美欣赏中也有着不可忽视的意义。对形式美的研究与探索，是学习服装设计的重要内容。

二、形式与内容的辩证关系

1. 一对双胞胎

艺术形式是指艺术作品中内容诸多要素及组织结构的存在方式，其审美价值是作品艺术性高低的重要标志。艺术形式和艺术内容是一件艺术作品的两个方面，从理论上可以分析，在现实作品中也是结合在一起的。例如，一款服装造型，必须具有审美主题方面的内涵，或华丽或典雅、或正统或随意等，但它同时又不可能没有色彩等造型亚元素及其组合配搭的方式。

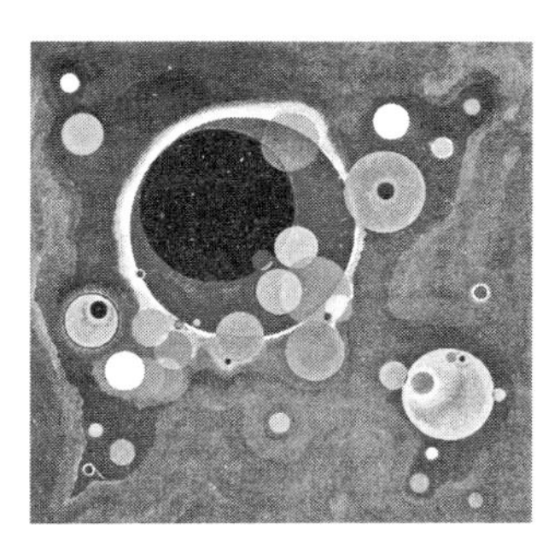
图5-3　康定斯基的热抽象

2. 形式是内容的物质外壳

就服装艺术而言，款式、配色、比例就是它的外在形式，主题情调就是服装艺术所表现的内容。形式与内容统一，才能构成完整的服装美。衡量一部艺术作品，不仅要看内容美，还要看其形式美，更要看内容与形式的完美统一。在任何一件艺术作品中，没有不表现内容的形式，也没有缺乏形式的内容。内容决定形式，形式表现内容，同时它们又都有相对的独立性以及自身的继承性和创造性。形式能够反作用于内容，它既可以加强，也可以破坏艺术内容的美。同一种形式可以表现多种内容，同一个内容也可以采用多种形式来表现。艺术作品应该是丰富的主题内容和尽可能完美的艺术形式的统一。

优秀的艺术家善于支配各种艺术要素，创作出具有形式美的艺术品。艺术形式是引起美感的重要方面。例如，色彩对比能使人产生鲜明的印象，人体变化的姿态能产生活泼之感等。

第二节　服装元素点线面

在服装设计与服装审美中，点的美、线条美和块面形状的美，是其形式美的表现形态之一。它们是设计师在长期创作实践中对客观事物（主要是服装的构成规律）外形特征美的一种抽象表达。这种抽象表达积淀了丰富的感情和观念，使点、线、面成为人们在服装上的审美对象。

一、服装上点的美

1. 作为审美对象的“点”

作为形式美的点，与几何学里的点不同。在视觉审美上可视的点，一般是指分割面上相对细小的形象，如服装上的点是相对服装外轮廓而言的。

点在服装中的不同位置及形态以及聚散变化都会引起人的不同视觉感受。通常情况下，位于服装中心位置的点，可产生重量、扩张、集中及紧张感；点在空间的一侧时，具有浮动和不安定感；点在服装的上下左右等距离排列时，具有均衡的平静感；点在服装上向某一方向倾斜排列时，则有线的特点，有方向性和运动感。一定数量的、大小不同的点做有秩序的排列时，可产生节奏感或韵律感；三点按一定的位置排列时，具有三角形面积的联系感；大小不等的点做渐变排列时，具有立体感和空间感。如图5-4所示是点状图案。

图5-4　点状图案

在服装中小到纽扣、面料的圆点图案，大到装饰品都可视为一个可被感知的点。我们了解了点的一些特性后，在服装设计中恰当地运用点的功能，富有创意地改变点的位置、数量、排列形式、色彩以及材质的特征，就会产生出奇妙的艺术效果。

2. **点的“性格”**

格式塔心理学用张力的概念，对世界中的点做了系统的解释。如大点显得活泼、跳跃，有扩张之感；小点有收缩、文雅、恬静之感。唐朝大诗人柳宗元在诗中写道：“千山鸟飞绝，万径人踪灭。孤舟蓑笠翁，独钓寒江雪。”在空旷无迹的背景下，孤舟就是一个小点，它点得万籁寂静，点得世事空灵，点出了一个境界美。

点的构成作用与点的大小、位置、色彩、排列及主观感受有密切的联系。服装上的点可以打破呆板和沉闷，给服装以画龙点睛之妙，也可吸引观众的视线，对视觉审美产生诱导作用。

图5-5　点的排列

在服装上，单点可以集中目光，具有向心性。例如，一个小口袋、领结或蝴蝶结、一朵绣花或一个图案都能吸引人的目光。两点所产生的视觉效果丰富，两点之间不同的位置表现出对称、平衡，上下、左右、前后，间距对称时具有静感。多点给人以系列感、层次感、次序感，横向排列时具有稳定感，斜向排列时具有动感，呈弧线排列时具有圆润感，多点呈有序或无序分散排列时，给人以整齐和活泼的感觉，产生的层次效果也不一样。如图5-5所示为点的排列。

点的大小不同产生的效果也有很大的区别，大小点有序排列时，可表现出有节奏、有韵律的效果；无序不定排列时，呈现出跃动、随意的效果；大小点呈渐变式并有一定形状排列时，具有立体感，并具有视错的功能。较大面积的点会让人感觉刚硬，面积较小的点让人感觉柔和。在服装设计中，通过对点的大小、疏密、虚实、面积、形状、厚度的改变，再搭配不同材质、不同色彩的变化和反差来提升服装整体的视觉感和造型感。如图5-6所示为点的有序排列。

参与构成的点具有轻重感。在色彩方面，红色看上去要比蓝色重得多，如图5-7所示为傅抱石和关山月的绘画作品《江山如此多娇》，远处的点状红日，在画面中起着重要的重量平衡作用。需要说明的是，在艺术造型的构图中，所谓轻重之感，是指心理上的而不是物理上的，是人在欣赏作品时的直觉感受，人们在这种感受中发现其审美价值。

图5-6　点的有序排列

图5-7　傅抱石、关山月《江山如此多娇》

3. 服装上美丽的"点"

点通常被安排在人体的头部或服装领部、肩部、胸部等上半部，容易被视线锁定的重点部位。当然，也有设计点放在腰部、下摆等部位的。无论放在哪个部位都是服装的视觉中心，起到强调服装的焦点。

服饰打扮的审美中存在着大量的点的概念，如各部位的扣子、耳饰、发饰、发卡、打襻、扎结、装饰品、面料的图案、刺绣图案、分割线的交叉点、肩线两端、皮带扣、领角、背带交叉处等。甚至人体上的某些点也参与服饰造型的构成，如嘴唇、颈窝、双乳、关节、臀大肌等，都是在构成上点的运用。如图5-8所示为迪奥高定服装的点状花结。

图5-8　迪奥高定服装的点状花结

4. 服装上点的形式

点虽然是服装造型设计中最小的元素，但在服装中的应用是比较集中或是在面积上较为凸显的。服装上的点可分为：点类图案印花面料、辅料类、工艺类和服饰品类四大类。

（1）点类图案印花面料。经过印染或刺绣等工艺形成的有点状纹样的面料，点的造型多样，可以呈现出二维到三维的不同的视觉效果，在服装设计中运用也非常广泛。如图5-9所示为波尔卡圆点在服装中的应用，欧普风格的点状排列，更常见的是散点小花形四方连续图案的面料。小点的图案显得朴素，适合于同类色或对比色的色彩搭配。大点的图案有流动、醒目、活泼的感觉，适宜设计下摆宽大、有动感的式样。此外，面料中的花卉、人物、动物或风景纹样的装饰也可视为点，面料上凸出的浮雕纹也给人点的印象。

（2）辅料类的点。在服装中主要表现为纽扣、珠片、线迹等。这类点既有功能性又有装饰性。纽扣的形式或圆或扁、或长或方、或抽象或生动等，都表现出一种点的状态。服装上使用纽扣、珠片的大小、数目及位置不同，其作为点的效果也不同。与服装材质、色彩、款式相适应的纽扣或珠片，放在服装上适当的位置，就能作为服装的装饰点，可起到突出夸张的作用，成为视觉中心。纽扣按一定方式排列的大量使用，可以增加服装的动感，并表现变化和动态，产生节奏感。

图5-9　波尔卡圆点在服装中的应用

（3）工艺类的点。主要表现为服装上通过刺绣、印染、镶嵌、花纹等加工的纹样图案，按一定的规律并通过一定工艺手段与服装相结合，对丰富和加强服装的外观美起着重要的作用。各种抽象或具象的图形都可以作为点形式出现在服装上，商标刺绣是其中的一种形式。通过近似于面料二次处理的工艺手法的点运用在服装上，往往会成为服装设计的重点和特色。

（4）服饰品类的点。服饰品是和服装一样在人身上穿戴或携带的东西，既为了服装整体搭配的需要，又是服装的附属物，具有实用性和装饰性。服饰品在人的整体着装效果中起着不可替代的作用，它传达佩戴者个人的信息和一个国家或民族的文化特征。服饰品主要包括围巾、头饰、首饰、丝巾扣、胸花、领花、立体花饰、包袋、鞋帽、雨伞、手表、背带、扣子、假发、腰带等。对于服装整体而言，各类饰品都可以理解为点的要素。服饰品的位置、大小、形状、色彩、材质、造型、图案、风格不同，对点的印象和着装效果也不同。服饰品通常运用在颈、肩、胸、腰、袖口等部位，起到画龙点睛的作用。如图5-10所示为首饰。

图5-10　首饰

二、服装造型线的美

线的美也称线条美。线条的美是人们在长期的社会实践过程中，尤其是艺术实践活动中形成的基本的美学特征。

1. 服装上的线

线在服装造型设计中，也是很活跃的基本形式之一。从款式的外观轮廓到不同分割面的转折，以及从细长形象中抽象出来的所谓“线条”等，都是服装造型艺术中的重要语汇。服装上存在着大量的线，包括以下几类。

基本轮廓线有肩线、领口线、腰围线、衣摆线、侧腰线、袖型线、裤管线、裙摆线等。

服装的局部结构线有前后领的轮廓线、前后育克线、袖山线、大身轮廓线、下摆轮廓线、口袋轮廓线、装饰物轮廓线、克夫轮廓线等。

服装上的装饰线有车缉线（有单缉、双缉、明缉、暗缉等）、腰褶线（有顺褶、对褶、工字褶、阴褶、阳褶、碎褶、缉褶、揽褶等）、破胸线、接缝线、间色线、捆条线、镶边线等。

服装结构线有开刀分割线、接缝缝合线、省缝线等。

在服装结构形态上有直线、折线、曲线（包括几何曲线，如抛物线、圆弧线、双曲线、波浪线等；自由曲线，如荷叶边线、木耳边线等）。从线的方向上分，有垂直分割线、水平分割线、斜向分割线等。

这些线在服装上的运用通常呈现组合状态，如横向折形开刀线等。在设计服装时，巧妙地改变线的长度、粗细、浓淡等比例关系，会产生丰富多彩的构成形态和奇妙无比的效果。

2. 线的“性格”

线又分为直线和曲线两大类，它具有长度、粗细、位置以及方向上的变化。服装上各种各样的线具有不同的“性格”。直线具有单纯、理性的特征，水平线使人感到宽阔、宁静、平稳、静穆、舒展、横向延伸等。垂直线有上升、严肃、高大、苗条、挺拔等性格特征。斜线给人以运动、轻盈、兴奋、骚乱、不稳定的感觉，斜线还给人以危机和空间变化的感觉。另外，较长的直线延伸给人以快速流动的感觉；短而碎的直线能产生力量、阻挡和停顿的感觉；一些短直线的水平排列能产生急促跳跃的节奏感。曲线是点在空间逐渐变换方向所产生的运动轨迹。

按照一定规律流动的曲线，与直线相比更能体现多样统一的形式美法则，其特征是优雅、流动、柔和、和谐、轻巧、优美、丰满，而自由曲线有活泼、奔放、丰富、自由之感。例如，在商代后母戊大方鼎上可以看到表现刚劲和权贵的直线，在永乐宫壁画中仙女的衣纹上可以看到曲线的柔和与流畅。

美学家们对曲线情有独钟。古希腊人的服装，通过柔软的自由褶裥曲线产生优雅秀美的分割。中国敦煌壁画上的飞天女，衣褶的曲线若行云流水，传达出美的神奇力量。在服装设计中，也有很多通过柔软而有弹性的面料来传达人体线条的作品，使人体显得修长、优雅、婀娜、苗条。曲线是女装的重要表现手段。如图5-11所示为服装上的线。

图5-11 服装上的线

图5-12 吴道子《八十七神仙图》

三、服装的面

1. 面的形成

线呈封闭状态时，就形成了视觉上的面。它可以看作是线的动迹或点的集合，具有一定的面积，形成一定的形状。从设计技巧上看，可以把服装的各个侧面看作是平面和几何曲面的组合，但最后的穿着效果则是由具体的、生动的、复杂的，甚至是在运动中体现出来、难以界定的自由曲面所组成。例如，我国古代的宽衣博带，或吴带当风，或曹衣出水，如图5-12所示为吴道子所画的《八十七神仙图》中人物着装。虽然裁剪结构属于二维的平面裁剪，但着装在人体上却显示了丰富的自由曲面形态。

图5-13 圆形裙摆

2. 面在服装上的应用

面所形成的形，在服装上的运用很多。例如，方形的设计在男装中广泛采用，西装、中山装、夹克衫等款式，从外形轮廓到局部结构，多以直线与方形的面组合构成，给人以平稳、庄重、可信赖之感。圆形的面在女装中较多采用，古典式的泡泡袖、裙子的圆下摆、吊钟型裙子轮廓、领口线、衣带与侧缝开衩等，圆形使服装更加强调女性的娇美与柔和。在现代服装设计中，三角形常常受到重视，前卫派的设计大师们，把建筑上的构成特点运用于服装之中，尖锐的角度和强烈的几何拼块，给人以强烈、鲜明的外观印象。图5-13所示为圆形裙摆。

综上所述，在服装造型设计中，点、线、面构成了服装设计的基本造型要素。如何将点、线、面巧妙搭配，构成完美的服装造型，熟练掌握点线面这三种元素并恰当地运用，使之赋予服装设计作品以完美的视觉审美和永恒的生命力，是每个服装设计师孜孜以求的。

第三节 形式美法则

服装设计师们在创造服饰美的活动中，不仅熟悉了各种形式要素的特性，并能根据各种形式要素的“性格”因材施用，而且对各种形式要素之间的构成关系不断探索和研究，从而总结出各种形式因素的构成规律，这些规律被称为形式美法则。所谓“法则”，并不是可以套用的公式，它是人们对元素构成形式的一种总结。

一、比例

1. 比例的概念来源于数学

在数学中，比例表示数量之间的倍数关系。比例是体现各事物间长度与面积、部分与部分、部分与整体间的数量比值。在艺术创作和审美活动中，比例实质上是指形式对象内部各要素间的数量关系。服装的比例就是服装各部分尺寸之间的对比关系。例如，裙长与整体服装长度的关系，贴袋装饰的面积大小与整件服装大小的对比关系等。例如，上身服装的肩宽为40cm、衣长为60cm，那么，这件服装的长宽比例就为60∶40或3∶2。处理好服装的整体、局部与各种装饰品的比例关系，对服装整体造型产生和谐、平衡、调和的美感是十分重要的。

在艺术形式中，给人以美感的数量关系称为比例适度，或称比例美；反之称为比例失调，或比例丑。例如，我们通常用大眼、小嘴、高鼻梁来形容姑娘的漂亮容貌，但如果眼睛大到一定程度，鼻梁高到一定程度，嘴巴小到一定程度，那么她还会美吗？古人宋玉所说的“增之一分则太长，减之一分则太短”，就是比例恰到好处，已达到了比例美的标准。晚唐书画理论家张彦远（815—907）在他的《历代名画记》中讲述了一个故事：“宋太子铸丈六金像于瓦棺寺，像成而恨面瘦，工人不能理，及迎禺问之。曰：‘非面瘦，乃臂胛肥。’即铝减臂胛，像乃相称，时人服其精思。”故事里所说的形象的肥瘦，就是指人体的宽窄比例。为什么面部本来不显得瘦，穿了臂胛之后就显得瘦了呢？通过把臂胛的宽度缩减，各部分的比例就显得恰到好处。由此可见，人体各部位之间的比例关系，直接影响到整体的形象，而且局部与局部之间的比例也相互影响。比例失调过度就是畸形。鲁迅曾批评一位画家说：“我认为画普罗列塔利亚应该是写实的，照工人原来的面貌，并不需画那拳头比脑袋还要大。”鲁迅批评画家犯了比例上的错误，使人感到形象不真实。

2. 艺术中的黄金比

西方人提出的“黄金比”，又称黄金律。这是一种特殊的比例，即把一个整体一分为二，其中较大部分与较小部分的比等于较大部分与较小部分的和与较大部分的比，用数学公式可以表示为：$A : B = (A+B) : A$，其计算结果是1∶1.618，大约相当于2/3、3/5、5/8等。一些美学家认为，按照这种黄金比例关系所组成的任何对象都表现出了“变化的统一”，所以它是和谐的比例美。黄金比之所以成为审美对象中的重要因素，是因为这种比例在人类的长期实践活动中与人的认识心理结构相协调。

黄金比的发现对形式美的深入探索和艺术创造与设计非常有价值，对人们掌握形式美和审美活动规律、指导艺术实践有一定的积极意义。但绝对不是在任何情况下都唯此比例最美。我国古建筑上的花形窗格、建筑及服饰上所描绘的云纹图案，无不包含着中国古代哲学中的“天圆地方”即1∶1的比例，这种比例虽然其本身有些呆板，但通过其他形式因素的配合，却能显示出朴实、博大、深厚的文化意蕴和精美的艺术风格。在我国古代山水画中，有画论说“丈山、尺树、寸马、分人”，人物姿态绘画所谓的“立七、坐五、盘三半”，也体现了景物和人物绘画中合理的比例安排。

二、对称

1. 有序排列的对称

对称又称为对等，是形式美法则之一。对称是指事物中相同或相似的形式要素之间，相称的组合关系所构成的绝对平衡。对称是均衡法则的特殊形式。例如，在人体的正中线上，其左右两边人体结构要素，眼、鼻、耳、手、足、乳等，它们在视觉上是绝对平衡的，所以说，人体是左右对称的。

人们把对称视为形式美法则，是因为在大自然中存在着许多对称的现象。对称首先来自我们自身的人体，人们在对自然及审美对象的长期关照中，发现了对称中所具有的美。古希腊的美学家们早就指出："人体美确实在于各部分之间的比例对称。"不仅如此，还有很多动物的生命状态也是对称的，如老虎、大象、猫、狗、羊等，这些对称的生命体形象长期作用于人类的视觉感官，形成了人们对对称的认识和理解。在平面造型艺术中，对称是一种构成方法，通过直线把画面空间分为两个相同的部分，不仅处于对称关系中的质量相同，而且与分割线的距离相等。

因为在对称的形式中，要素排列的差异性较小，所以一般缺乏活力，比较宜于表现静态的稳重和沉静，对称使人感到整齐、庄重、安静，对称可以突出中心。例如，文艺复兴时期艺术巨匠达·芬奇的绘画作品《最后的晚餐》中，达·芬奇通过大量的草图比较，最终选定了以对称的方式构图，突出了耶稣的中心地位。

当人们从天安门广场上的人民英雄纪念碑开始，沿着故宫的中轴线信步行走时，可以看到很多对称的景象，如金水河桥、故宫建筑、庭院布局等，一切都显示了古代帝王的尊严和中国文化的雄厚，中轴线上的建筑也被作为重要的对象被突显出来。

2. 服装的对称形式

在服装款式设计中人体造型方面，对称具有稳定、朴实、理性、严肃、大方、传统等美学特征。对称一般有三种形式。

（1）左右对称。也称单轴对称，它以一根轴线为基准，在轴线的两侧进行造型要素的对称构成。由于人体就属于单轴对称，因此，作为人体的附着物，衣服的基本形态也多采用这种对称形式，如中山装、西装等款式的设计造型。有时左右对称在视觉上因过于统一而显得呆板，所以在局部做些小的变化，可以弥补这一缺点，也可以通过其他造型要素（如色彩、不同的面料质感、相拼等）的变化，使服装款式在稳定的基础上增添几分生机与创意。

（2）多轴对称。在服装的轮廓平面上，以两根或两根以上的轴线为基准，分别进行对称配制造型要素的情况。例如，双排扣西装，纽扣的配制就属于双轴对称。这种横平竖直的对称更增添了服装的正规感。

（3）回转对称。在服装轮廓的平面上，以某一点为基准，把造型要素按照相反方向做对称配置，给人以旋转的感觉。回转对称也可以理解为在服装的轮廓平面内以某一斜线为对称轴安排造型要素。这种回转对称一般是利用服装的结构处理、面料图案或装饰点缀等来实现。回转对称的造型意义，已大大超越了单轴的横向对称，彻底打破了横向对称的呆板情调，加之人体的运动，整体的服装印象动感很强，常传达出活泼、休闲、舒适、生活化等意味。

三、均衡

1. 均衡的概念

均衡也称为平衡，是指在造型艺术作品的画面上，不同部分和造型要素之间既对立又统一的空间关系。在某些服装上虽然左右两边的造型要素不对称，但在视觉上却不会产生失去平衡的感觉。人们在现实社会生活实践中，根据心理经验对不同的造型要素能产生不同的重量感。例如，大的图案比小的图案感觉重一些，圆形的几何图案比具象的自然花卉图案显得重一些，较深、较鲜艳的色彩比较浅、较灰暗的色彩显得更重一些，表面肌理粗糙的面料比表面光滑细腻精致的面料显得更厚重一些，较大的结构要素比较小的结构要素显得更重一些。这些服装造型要素的力学性质在服装平面造型时有着重要的构成意义。在服装平面轮廓中，要在整体上得到轻重平衡的效果，就必须按照力矩平衡原理设定一个平衡支点。由于人体本身是对称的，这个平衡支点大多选在中轴线上。对于门襟不对称的款式，门襟上的某一点常常被选作支点。

2. 均衡的特点

均衡的最大特点是在支点两侧的造型要素不必相等或相同，它富有变化、形式自由。均衡可以看作是对称的变体，对称也可以看作是均衡的特例，均衡和对称都应该属于平衡的概念。均衡的造型方式，彻底打破了对称所产生的呆板之感，而具有活泼、跳跃、运动、丰富的造型意味。均衡的造型手法常用于童装、运动服和休闲服等的设计中，而对称的造型常用于标志服、工装、校服、礼仪服等的设计中。均衡常通过门襟、纽扣、口袋、图案及其他装饰要素来实现，均衡通常能产生更为强烈的艺术效果。

艺术是多彩多姿的，在实际设计时，需要根据设计的要求来确定采用哪种形式法则，对称与均衡的概念在使用时最好不要截然分开，使对称或均衡满足变化与统一的总则，只不过是偏于对称的平衡或是偏于均衡的平衡而已。

四、节奏

1. 视觉上的节奏感

节奏原本是音乐方面的术语。在音乐中，节奏是由音乐运动的轻重缓急而形成音乐的形式要素，它包括时间长短和力度强弱两个方面，是指声音要素经过艺术构思而形成的一种组织形式。节奏的概念被借鉴应用到造型艺术中，有其新的专业意义。

视觉心理学的研究认为，人类的视觉具有一定的感受节奏的能力。在视觉造型艺术中，节奏主要是通过点的排列、线条的流动与转折、结构要素排列的疏密关系、色块质感的相拼、光影明暗的体现等因素，反复重叠或重复体现出来的。虽然造型艺术中的构成要素，在客观上是处在静止状态的，而节奏感又是在时间的流动中表现出来的，但是当人的视觉观察静止状态的线条或形体时，却需要一个时间段，从而表现出一个生理感受方面的运动过程，甚至在文学作品中，我们读到了“一波三折”时，也能感觉到相应的节奏感。

2. 服装造型的节奏

在服装造型中，利用既连续又呈现出规律性变化的线条，或交替重复相似的要素，以引导视觉运动方向，控制视觉感受的主点，并产生一定的情感活动。例如，在旗袍合体的线条里，我们通过人体的起伏，体验到了人体上优美的节奏。节奏在服装上是客观存在的，对于这类节奏感强烈的构成，可称为服装的节奏设计。

服装整体效果中的节奏感是其表现艺术性的重要因素之一，它的基本特征是能在造型作品中表现并传达人的心理情感，与其他形式要素及形式法则一样，能够传达出高兴的或颓废的、高雅的或纯朴的、浪漫的或文静的主题与情调。所以，艺术作品中的节奏感首先是建立在人的生理和心理基础上的。在服装款式造型中，运用造型要素形成节奏性变化，能够引起与之对应的生理感受，同时引起相应的感情活动。

可以把节奏抽象为三种形式，即有规律的节奏、无规律的节奏和等阶梯渐变的节奏。

3. 节奏源于生活

在自然和社会生活中存在着大量的节奏，这是形成节奏感的社会原因。郭沫若在他的《文艺论集》中曾说："本来宇宙间的事物没有一样是没有节奏的。例如，寒往则暑来，暑往则寒来，寒暑相推，四时代序，这便是时令上的节奏。又如，高而为山陵，低而为溪谷，溪谷相间，岭脉蜿蜒，这便是地壳的节奏。宇宙间的东西没有一样是死的，就因为都有一种节奏（可以说就是生命）在里面流贯着。做艺术家的人就要在一切死的东西里面看出生命来，在一切平板的东西里看出节奏来。"当然，服装设计师们更应该在运动中的服装构成中看出节奏，甚至听出节奏，看服装时就像听到一首歌曲在耳边回响，就像体验到了大自然的节奏在眼前晃动。郭沫若曾详细分析过节奏的两种情况：一种是令人鼓舞的节奏，它先抑后扬，如同"立在海边上听着一种轰轰烈烈的怒涛卷地吼来的时候，我们便不禁要血跳腕鸣，我们的精神便要生出一种勇于进取的气象"。另一种是令人沉静的节奏，它先扬后抑，如寺院的暮鼓晨钟，初敲响时音量很强，余音渐渐微弱，给人以沉静的感受。宗教上的赞美歌和月下吹箫，都具有这种节奏的特点。

在艺术作品中，艺术家们大量地使用节奏来表达其艺术思想。音乐通过音响运动形成节奏。如冼星海的《黄河船夫曲》、贺绿汀的《游击队之歌》、贝多芬的《英雄交响曲》等都给人以鲜明的节奏感。绘画作品《清明上河图》的构图布局，由动到静，由疏到密，在观察者的视觉流动中体现节奏感。服装表演中的台步与身段造型等都具有强烈的节奏表现。

五、主次

1. 主次即有主有辅

主次是服装设计中重要的形式美法则之一，又被称为"主从"或"宾主"。在一套服装设计的造型或组合中，为了表达突出的艺术主题，通常在色彩、块面及装饰上采用有主有辅的构成方法，例如，一种主色、一个主点、一个主要装饰部位、一种主要质感的面料等。根据造型要素的视觉作用，可以将其分为主要素、辅助要素及点缀要素。如一套红色调的服装配搭中，以大面积的浅粉红为主要色彩，以白色为次面积的辅助色，再以翠绿的小耳坠作补色点缀，就构成了主、辅、点的和谐统一主题。

图5-14　服装上的主次

2. 主次的重要性

一般情况下，如果在一个事物的系统中，没有主次关系，各要素都是对等并列，则整体上会显得杂乱，缺乏章法和明确的主题。主次这一形式美法则，要求在艺术作品中，各部分之间的关系不能平均等同，要素系统中必须有主要部分和次要部分。主要部分在整体上具有一种内在的统领性，它往往会影响次要部分的有无和取舍。用这种方法进行艺术创作时，往往是根据主题的要求，先确定主要素的安排，如主要的色块、面料等，然后根据主要素的安排，考虑次要素及点缀要素的取舍，从而进一步使作品深化，表现出丰富多样和富于变化的内涵。在服装设计作品中，只有使主次关系恰到好处，才能使欣赏者感受到更完美的艺术表现力。如图5-14所示为服装上的主次。

3. **点缀是主次的特例**

点缀应该是主次关系的一种特例，在服装服饰配搭中运用得也比较广泛。在点缀的形式构成中，点占据了统领地位，而在数量和面积上占主要优势的部分，却起了辅助的作用。俗话说的“众星捧月”“鹤立鸡群”“锦上添花”及“画蛇添足”等，都是指主次要素之间的关系。一套平淡无奇的套装，在领口打个蝴蝶结，能使视觉主点引向面部，并使整体增加生气。穿连衣裙时扎上一条腰带，闪亮的皮带扣创造的视觉焦点，有利于强调腰部的婀娜动态，这也是点缀的效果。

六、对比

1. **对比的概念**

对比是指造型要素之间相反属性的一种组合关系。对比又包括形式对比和内容对比。事物的要素在对比中相反相成，艺术作品的形象，无不在对立的矛盾比较中显示出其艺术价值的审美意义。例如，设计休闲服、少女装时经常采用造型对比的方法。服装上的零部件、装饰品都可以适当地与服装整体形成对比，如造型简洁的女装搭配极具夸张的大包作为饰品，庞大的裙摆可配穿紧身裤袜来装饰等，与服装的整体造型形成强烈的对比，既突出了服饰品的运用，也强调了服装的造型。对比既是任何艺术作品中的一种客观存在，又是古今中外的艺术家们喜欢运用的一种艺术表现手法。

2. **内容与形式对比**

在艺术作品中，内容的对比包括善与恶、真与假、美与丑、崇高与低劣、勇敢与怯弱、忠诚与虚伪、欢乐与痛苦、爱与憎、悲与喜、生与死、新与旧等。在服装造型与表现方面也有内容的对比，如华贵与质朴、典雅与粗俗、文静与匪气、成熟与幼稚、甜美与酷辣、职业与休闲、浪漫与保守、超越与传统等。

形式的对比具有一定的抽象性，如空间虚实、形体大小、色彩浓淡冷暖、光线明暗、线条曲直长短、形态动静、质感粗细、重量轻量、节奏强弱、形态方圆等。如图5-15所示为服装中的形式对比。

图5-15 服装中的形式对比

艺术表现手法的对比种类也是丰富多彩的，例如，藏与露、松与紧、虚与实、淡色与浓墨、写真与写意、清晰与模糊、自然与雕饰、抽象与具象、再现与表现、凝固与流动、深刻与肤浅、优美与壮美、雄健与轻弱、简洁与丰富、朴实与豪华、开门见山与曲折迂回、一览无余与曲径通幽等。

对比作为艺术作品的表现手法，它是艺术品审美创造的重要手段，其主要特征是，使具有明显差异、矛盾和对立的双方或多方，在一定条件下共处于一个完整的艺术统一体中，形成相辅相成的构成关系。对比手法的运用，便于显示和突出被表现事物的本质特征，强调艺术效果和艺术感染力。同时，通过对比可以把观赏者的注意力吸引到所要表现的主要部分，并使这个部分成为压倒其他部分的趣味中心。

七、和谐

1. 和谐与统一

和谐是指审美对象各组成要素及部分之间处于矛盾统一、相互协调的一种状态。在美学史上，最早提出和谐概念的是古希腊人，毕达哥拉斯学派用数的和谐来解释宇宙的和谐，提出了“美是和谐与比例”的观点。他们认为人体是世界构造的反映，人的灵魂也是数与和谐。毕达哥拉斯学派用大宇宙与小宇宙的内外相应，来解释人天相应所产生的美的本质，对后世产生了深远而重大的影响。亚里士多德把和谐建立在有机整体的概念基础上，他认为，不仅对象中的各部分安排要体现出秩序，形成融洽的整体，而且体积的大小，也要与人的心理相应才能表现出和谐。莱布尼茨把神作为审美的原动力，提出了“预定和谐”的概念。被称为美学之父的德国人鲍姆嘉通，通过“美在完善”来解释和谐。而德国古典哲学家、美学大师黑格尔则用“对立统一规律”来解释和谐，如整齐等都是构成和谐的重要因素。

2. 和谐是一种审美属性

和谐是人类最早认定的一种审美属性。审美对象中各个部分之间相互协调、相互呼应、相互平衡、相互近似等就会产生一种美感，使人得到审美享受。然而古希腊人把美的概念与和谐的概念等同起来，以和谐来解释美的本质，具有一定的片面性。随着人类社会生活的发展和美学研究的逐步深化，人们发现在崇高、悲剧、喜剧中并不以和谐为主要审美特征，才又进一步丰富了美的内涵。

服装的和谐常表现为服饰造型要素的相对统一，如色彩相近、面料的厚薄滑糙相近、结构形状上的相同与相近等。和谐并不意味着不存在对比。也有人认为它是与对比并列的一个概念，对比中有和谐，和谐中也必然存在着对比，它们是同一事物的两个方面。和谐的概念也因时代而变化，过去被认为不和谐的事物，经过一定时期的演变可能会变成新的和谐，穿着时髦华贵大礼服的女郎站在游乐场的木马转盘上，可以理解为新婚蜜月旅游的纪念照。

八、空间感与质量感

1. 服装艺术的空间感

空间感是指人们在欣赏某些在平面上表达的艺术作品时，所获得的与现实空间相似的艺术空间感受，即直接在现实空间中所得到的空间感受。服装艺术在形式上属于立体的空间艺术，立体感与空间感是服装的基本形式特征。例如，在效果图绘画及时装摄影照片中，尽管服装艺术是在二维平面上，但人们在欣赏中会感受到立体感甚至是动感的存在。

在平面造型艺术中，艺术作品的空间是根据透视原理，通过构图等造型手段在平面空间创造出来的立体空间效果。例如，绘画作品中具有运动特征的线条，画面上各个物体的大小、前后和远近关系，造型物体附着的光线明暗，以及画面影调层次的变化等。在服装效果图上，有时需要具有平面绘画中所表现的空间感，但作为设计构思记录的服装效果图，有时也用平面的装饰性绘画来表现，而它的空间感则需要欣赏者与实际生活的联想来实现。这种联想也是非常容易实现的，因为服装艺术与人们的生活朝夕相处并十分密切，人们对效果图的平面性要比写实性绘画宽容得多。立体裁剪与时装表演是直接通过三维空间来完成的服饰造型艺术，其本身的立体感与现实的空间融为一体，它们的艺术效果与其他环境物的立体感形成构成关系，使人们在空间感中感受立体的造型艺术。

2. 服装具有质量感

质量感即质感与量感，是指人们在欣赏造型艺术作品时，对造型物表面的质地与量度所达到的逼真程度的感受。

服装材料的质感是服装造型及穿着配搭的重要因素。丝绸类柔软光滑光亮，显出富丽而高贵；粗花呢质地厚实，朴实无华，使人感到稳重而保暖；皮革质地坚实硬挺，可表达出阳刚之美；狐裘毛皮的质感能传达出雍容高贵的气质，是贵妇、明星的衣橱必备之物。人体的皮肤表面，或细腻光滑白里透红，或粗糙彪悍，前者显出内秀的女性化，后者传达出英雄豪杰的特质。在服饰造型中，人体皮肤的质感与服装材料的质感是一种构成关系，组合得当则能烘托皮肤的美感，反之则不利于对人体肌肤的表现。例如，皮肤粗糙的人，在领部设计上不宜采用过于光滑柔软和细腻的面料，这样会反衬和强调出皮肤更加粗糙。

服装的量感就是视觉或触觉对各种材料的大小、多少、长短、粗细、方圆、厚薄、轻重、松紧等量态的感性认识。借助明暗、色彩、线条等造型因素，表达出服装材料的轻重、厚薄、大小、多少等感觉，它是服装设计艺术中非常重要的因素。

亮度感有时也指质地感的程度。如光滑的程度，有机玻璃扣的光滑与金属扣的光滑是不相同的。绸缎表面的细腻与精纺毛织物表面的细腻也有量的不同。

服装设计师将具有各种质量感的面料、服饰材料，通过各种艺术手段创造作品中的质量感，使服装具有整体艺术魅力。质量感的获得，取决于设计师们对物质材料属性的了解和运用，也有赖于对造型技巧和对比构成的驾驭。

第四节　色彩形式与应用

马克思说过："色彩的感觉在一般美感中是最大众化的形式。"歌德也说过："一切生命都向往色彩。"

一、色彩的属性

1. 色彩是一门科学

人们一出生就伴随着色彩，生活在色彩的世界里。世界因为有了色彩，才变得如此美丽。赤、橙、黄、绿、青、蓝、紫，谁持彩练当空舞？五彩缤纷令人眼花缭乱。但在科学家的眼里，它们却是一个井然有序的大家庭。它们长幼有序、各有性格、各司其职、互为增色。

原色是指能组合成所有色彩的基本色。色光的三原色是红、绿、蓝，颜料的三原色是红、黄、蓝。间色是指由任意两种原色组合而成的色，如橙色由红、黄两色相混而成。凡是颜色中含有三种原色时，称为复色，复色最为丰富。通过不同比例的原色组合，形成了现实生活中最为多彩多姿的世界。科学家把所有的色彩排成一个绝妙的大坐标，这就是色立体。原色、间色和复色也被包含其中。色立体的坐标轴分别是色相、明度和纯度。色立体因流派不同而有蒙塞尔色彩体系、奥斯特瓦德色彩体系和日本工业色彩体系等。色立体通常被用来构思服装的配色方案。

2．色彩是服饰美的重要因素

色彩是最大众化的一种审美形式，它是服装造型艺术的重要表现手段之一。色彩通过艺术家的艺术处理，并与其他造型手段相结合，引起观赏者的生理和心理感应，触动其情绪，从而获得美感享受。

俗话说："远看颜色近看花。"说明在远处首先看到服装的颜色，到了近处才能看到花纹图样和款式结构。因此，服装设计学中认为，服装色彩是服装设计审美效果的第一视觉要素。也就是说，在考虑服装的造型美时，服装的色彩美对于最终的主题美起着首要的作用。例如，要表达"欢快、活泼、浪漫而又秀丽"的主题时，首先要考虑色彩的表达魅力。可选用高明度的粉色调相拼或搭配，再加上个人气质，就能表现出这种主题的审美意向。

色彩美属于形式美的范畴。不同的颜色可以引起不同的心理反应。赤橙黄绿青蓝紫，黑白金银灰都有自己独特的性格，传达出不同的美感。即使是同一种色相，因明度和纯度上的差别有不同的更为深层次的性格。例如，红色使人联想到火和太阳，给人以兴奋、热烈、喜悦、忠诚之感。但高明度的粉红色却显出甜美与温和，带有冷色调的玫瑰红却是成熟女性的专用色，而深枣红色在寒冷的冬季却能传达出浓浓的春意。另外，同一色彩在与不同的色彩相配搭时，也会显示出新的美学特征。例如，红色与黑色搭配，会显得浓艳、庄重与豪华，是"木炭与火"的搭配。红色与白色相搭配则是"雪中红梅"的搭配，这时红色会表现出俊秀、亮丽的审美属性。

民间俗语说"要想俏一身孝""要想俏满身皂"，"孝"是指白色，"皂"是指黑色。也就是说服装的色彩美不一定就是大红大绿、大黄大紫。"清水出芙蓉，天然去雕饰""淡极始知花更艳"，服装色彩清秀和谐，会产生一种淡雅的朴素之美。色彩的美需要在色彩之间的搭配对比中表现出来。同类色或邻近色相配，如红色与粉红色或深红色相配，能产生"相辅相成"的形式美。对比色之间的搭配，如黑色与白色、红色与绿色、黄色与紫色、蓝色与红色等，能产生相反相成的形式美效果。例如，一件红色的裙子，配一件白色衬衣，再打一个红色领结，给人以活泼、纯真、自然而充满活力的感觉。在对比色配搭时，一方面要注意面积大小，不要对等；另一方面要注意使用中性色（如黑白灰）来缓和对比色之间的冲突。在一般的着装配搭中，一套衣服上的颜色组合不宜超过三种，多则零乱，而且要区分为主色、辅色和点缀色。至关重要的是，色彩及搭配要根据设计的美学主题来确定。

二、色彩的物理与心理感受

1．冷色和暖色

根据人们的心理感受，色彩学上把颜色分为暖色调、冷色调和中性色调。人们通过视觉在色彩中感觉冷暖物理温度的变化。其中冷色使人产生寒冷、沉静、稀薄、软弱、缩小、距离之感，常带有消极情感；暖色则与其相反，会使人产生温暖、兴奋、热情、亲密、扩大之感，属于积极的色彩。在色相中，红色、橙色、黄色等属于暖色，朱红色最暖；青色、青绿色、蓝色等属于冷色，其中蓝色最冷。无彩色的黑色、白色、灰色中，白色为冷色，黑色为暖色，而灰色则为中性色，不寒不暖，带有恬静、安闲的性格。暖色和冷色没有严格的界定，它是颜色与颜色之间对比而言的。例如同是黄色，一种发红的黄色看起来是暖颜色，而偏蓝的黄色给人的感觉是冷色。

2. 轻色和重色

色彩可以给人带来“轻与重”的感觉，白色和黄色给人感觉较轻，而红色和黑色给人感觉较重。色彩的明度变化常使人产生轻重之感，如浅淡色感觉轻，深色感觉重；色彩纯度高则轻，纯度低则重；暖色感觉轻，而冷色感觉重等。穿着与搭配服装时，上轻下重能保持安定感，如明色在上、暗色在下的服装搭配；而上重下轻则多有洒脱、不安定的轻快感，如深红色的上装、下配白色裙子，显得青春而富有活力。

3. 兴奋色与沉静色

色纯度和明度都较高的色彩为兴奋色，纯度和明度较低的色彩为沉静色。色彩的兴奋与沉静感取决于刺激视觉的强弱。偏暖的色系容易使人兴奋，如红色、橙色、黄色系列常给人以兴奋感，多用于童装和运动服。偏冷的色系容易使人沉静，如蓝色和蓝绿色系列则给人以沉静感，多用于校服和男士礼服。而白色、黑色有紧张感，灰色有舒适感等。

兴奋色具有生命力和进取性，沉静的色彩是表现平安、温柔、向往的色彩。据说国外有体育教练为了充分发挥运动员的体力潜能，曾尝试将运动员的休息室、更衣室刷成蓝色，以便创造一种放松的气氛。当运动员进入赛场时，要求先进入红色的房间，以便创造一种强烈的紧张气氛、鼓动士气，使运动员提前进入最佳的竞技状态。

4. 华丽色与朴素色

色彩有使人感到雍容富贵的华丽色和优雅别致的朴素色之分。一般来说，纯度高的、明色、暖色华丽，如红色、黄色等暖色具有华丽感。纯度低的、暗色、冷色朴素，如青色、蓝色等冷色和浑浊而灰暗的色彩具有朴素感。而纯度低的色彩，相互配合时会感到朴素。色彩的华丽与朴素感也与色彩组合有关，运用色相对比的配色具有华丽感，其中以补色组合为最华丽。为了增加色彩的华丽感，金色、银色的运用最为常见，所谓穿金戴银，昂贵的金、银装饰是必不可少的。此外，白色、金色和银色中掺入黑色时，可由华丽变为朴素。

5. 前进色与后退色

一般暖色系列的红色、橙色、黄色是前进色，冷色系列的蓝色、紫色、绿色是后退色。如在观看红色和蓝色时，明显地感到红色好像近在面前，产生向前的感觉；而蓝色好像远在其后，产生退缩之感。从明度上来说，明色有前进感，尤其是白色特别具有前进的感觉；暗色有后退感，如黑色使人产生后退的感觉。所以前进色是属于积极、温暖、刺激的颜色；后退色则表现出平息、沉静、消沉的特征。前进色的自我表现欲较强，而后退色的自我保护意识较强。

6. 膨胀色与收缩色

颜色不同的两个相同物体，其面积相等，但所产生的大小感觉不同。例如，法国国旗的图案是红色、白色、蓝色三色条纹，从左至右分别为蓝色、白色、红色三色。蓝色、白色、红色三色的宽度其实并不是相等的。长宽之比为3∶2。据说最初设计时，三条色带宽度完全相等，当国旗升空后，人们觉得这三种颜色所占的分量不相等，似乎白色的面积最大，蓝色的最小。为此，设计者们与色彩专家进行分析，发现这与色彩的膨胀感和收缩感有关。当把这三色的真实面积比例调整为蓝∶白∶红=30∶33∶37时，看上去反而相等了。

如一件大小相同的服装款式，在同一个人身上穿着时，由于颜色的不同，会使穿着者有胖瘦不同的感觉。一般来说，明色、暖色、前进色都有膨胀感，而暗色、冷色、后退色则有收缩感。

所以，瘦体型者宜穿有膨胀感色彩的服装，而胖体型者适宜穿着有收缩感色彩的服装，从而达到瘦者显胖、胖者显瘦的视错效果。

7. 活泼色与忧郁色

色彩的活泼与忧郁感主要与明度与纯度有关，明度较高的鲜艳之色具有活泼感，灰暗浑浊之色具有忧郁感。红色、橙色、黄色系列的纯色和明色显得活泼。蓝色、蓝绿色等冷色系列的暗浊色就显得忧郁。无彩色中的白色与其他色组合时，给人以活泼、跳跃之感。而黑色的组合总是显得凝重忧郁。例如，光线充沛的房间有活泼舒适的情调，光线暗淡的房间有苦闷忧郁的气氛。

8. 软色与硬色

任何颜色中调配了白灰色和明浊色都会显得柔软，调配了黑色会显得坚硬。柔软和坚硬与色彩的明度和纯度有关系。明度高而纯度低的色彩感觉柔软，纯度高而暗色调的色彩感觉坚硬。无彩色的白色和黑色是坚硬色，灰色是柔软色。

在服装设计中，可利用色彩的软硬感来创造舒适宜人的色调。一般来说软色调给我们明快、柔和、亲切的感觉，硬色调给人厚重、坚硬、冷漠的感觉。明度越高感觉越软，明度越低感觉越硬。在选择服装颜色时，要根据色彩的物理和心理属性，结合穿着者的具体情况来选择，从而达到满意的效果。

9. 舒适色与疲劳色

色彩的舒适与疲劳感实际上是色彩刺激视觉生理和心理的综合反应。科学家们通过人的脑电波随颜色视觉而有所变化的实验发现，脑电波对红色的反应是警觉，对蓝色是放松。绿色是视觉中最舒适的颜色，因为它能吸收对眼睛刺激性强的紫外线。红色刺激性最大，容易使人产生兴奋，也容易使人产生疲劳，不利于情绪的放松。通常人在感到压抑、失落时，视觉上接触暖色调，例如红色、黄色、橙色可使人心情舒畅，产生兴奋感。所以一些娱乐场所常用粉红色、橙黄色等暖色调，并配以灯光效果，使房间显得活泼、热烈，可帮助人们缓解和释放内心的郁闷。凡是视觉刺激强烈的颜色都容易使人产生疲劳，一般来讲，纯度过强，色相过多，明度反差过大的对比色组容易使人疲劳。

通常情况下，不同明度、色相和纯度的色彩，其色彩感情和联想也有一定的规律，如形式构成元素与性格特性、不同色性与心理感觉和不同色性的感情意义。面积比例和配色方法也是非常重要的因素，希望大家在学习中认真体会和实践。

思考题

1. 用图例分析服装上的各种比例。
2. 对称与均衡各有什么美的意义？
3. 形式与内容的辩证关系是什么？
4. 试列举点、线、面在服装上的应用。
5. 试述不同色彩的情感联想。

专业深入——

艺术鉴赏与批评

课题名称：艺术鉴赏与批评

课题内容：1．艺术家与艺术创作。

2．艺术欣赏与鉴赏。

3．艺术批评的社会价值。

课题时间：2课时。

教学目的：掌握艺术家的定义，了解艺术创作的基本规律。熟悉艺术创作的基本过程。了解艺术欣赏和艺术鉴赏的区别，熟悉艺术鉴赏的社会影响因素。了解艺术批评的基本内容和基本方法。大致了解数字艺术及批评的未来趋势。

教学要求：1．教学方式——理论讲解与精美图片相结合，边讲解边讨论。

2．问题互动——同学可结合已学专业课程的练习作业，分小组汇集对同一问题的见解。

3．课堂练习——针对艺术市场化的问题发表意见。

教学准备：准备课件和图片。

第六章　艺术鉴赏与批评

第一节　艺术家与艺术创作

一、艺术家

1. 定义

艺术家是指具有较高审美能力和娴熟创造技巧，并从事艺术创作劳动，而有一定成就的艺术工作者。具体来说，艺术家通常指在写作、绘画、摄影、表演、雕塑、音乐、书法及舞蹈等艺术领域有比较高的成就，具备较高美学修养和造诣的人。艺术家既包括在艺术领域以艺术创作作为专门职业的人，也包括在自己职业之外从事艺术创作的人。艺术家必须具有艺术修养、文化修养和专门的艺术技能，熟悉并掌握某一具体艺术种类的艺术语言和专业技巧。并且具有敏锐的感受、丰富的情感和生动的想象能力，具有卓越的创造能力、创新意识和鲜明的创作个性，真正的艺术家往往具有为艺术而献身的精神和炽热情怀。

2. 艺术家与社会环境

社会环境对艺术家的地位与价值有着直接的影响。艺术家生活环境的优劣，直接影响着其地位与价值。艺术家所处的时代或国度这个大环境不同，所创作的艺术作品表现的内容和寓意也有很大的区别，他们需要顺应时代的潮流，创作出具有时代特征的艺术作品。在不同的生活环境所创作的作品就反映出不同的情感、思想或人生观。

3. 艺术家的经济基础

经济基础决定上层建筑，上层建筑要靠经济基础作为保障。艺术家需要依赖较好的经济基础，才能有实力投入艺术创作中，才能有更饱满的热情，创作出高品质的艺术作品。艺术家如果经济拮据，生活没有依靠，连基本的生存条件都不具备，通常情况下很难潜下心来进行艺术创作，更不易创作出高尚的精神产品。《向日葵》的作者梵高，具有对艺术如醉如痴的执着追求精神，但最终因艺术作品不能变为财富，导致一生穷困潦倒、痛苦不堪，不得已用自杀结束了自己的生命。

艺术家的经济基础好，给艺术创作带来更好的条件，地位与价值也能得到充分的体现。当然，也有一些艺术家无论生活环境和经济条件如何艰苦，毅然初衷不改，在艺术的道路上跋涉前进。

4. 艺术家的追求

艺术家以良好的天资和优秀的品质为艺术探索创造坚实的基础，运用各种材料和方式创造出具有美学价值和其他社会功能的艺术品，记录下每个时代人们的思想、情感、愿望、理想以及生活方式。艺术作品可以满足人们的精神文化需求，并以潜移默化、寓教于乐的方式对人们的思想感情进行审美教育，对人们的精神世界给予净化和丰富，增强人们的精神力量。艺术家创造出了大量具有较高艺术价值和极富寓意的优秀艺术作品，并不断地激荡着人们的内在心灵，丰富和充实着人类的精神生活。艺术作品对社会发展所起的实际推动作用越大、积极性越高、先进性越强，对人类精神文化活动的贡献越大，艺术家的存在价值和地位也就越重要，这是艺术家们孜孜追求的。

二、艺术创作

1. 艺术创作的定义

艺术创作是艺术家运用自己的经验、观念以及审美体验，通过一定的媒介和艺术语言，把特定的内容、形式转化为艺术形象、艺术作品和艺术文本的自由创造性活动。艺术创作是艺术家以一定的世界观、价值观、人生观为指导，运用一定的创作方法，通过对现实生活的观察、体验、研究和分析，并选择、加工、提炼生活素材，塑造艺术形象，创作艺术作品的创造性劳动。艺术创作是人类为自身审美需要而进行的精神生产活动，是一种独立、纯粹、高级形态的审美创造活动。

艺术创作的本质是艺术家把客观世界的视觉表象，进行分析和解体，根据艺术家本人的理解以及修养标准，确定为有意义或无意义的部分，再按照一定的规则，将这些精神领域的“物质”再重新组合、装配，形成给人类带来丰富多彩的艺术作品。艺术家进行艺术创作是以社会生活为源泉，但并不是简单地复制生活现象，而是一种特殊的审美创造。艺术创作是一种把复杂的精神活动，用可视的形象化的形式来进行提炼和升华的制作活动，情感将伴随创作的整个过程，并始终起着重要的作用。

2. 艺术生产的创造者

艺术家是对专门从事艺术生产的创造者的总称。由于艺术种类的多样性和逐渐细化，创作目的和具体使命不同，就有了各类艺术家，如画家、设计家、音乐家、文学家、表演家等。艺术家应当具备艺术的天赋和艺术的才能，熟悉并掌握某一具体艺术种类的艺术语言和专业技巧。具有丰富的情感和艺术的修养，能够通过自己的创造性劳动来满足人们的审美需要。真正的艺术家往往具有为艺术献身的精神。艺术家具有卓越的创造能力和鲜明的创作个性，具有强烈的创新意识。

艺术生产是一种包含着情感、能动、充满活力的创造性劳动，而从事这种创造性活动的艺术家必定是具有丰富情感的人。艺术家的阶级意识、时代印记，民族精神，以及个人情感和审美趣味都会渗透于创作活动中，使创作变得复杂多样。一些作品顺应时代要求，弘扬民族精神，满足审美需要，成为传世之作，如米开朗琪罗的《大卫》、安格尔的《泉》、徐悲鸿的《八骏图》（图6–1）、贝多芬的《第九交响曲》等；而有些作品则被历史淘汰、被人们遗忘。因此，艺术家应该是人类精神产品的积极创造者，他们的崇高使命就是不断创造出新的作品。艺术家应该具有社会层面的正能量。

三、艺术创作过程

艺术创作过程是人类的高级精神生产，是一种审美创造活动。艺术创作过程可分为艺术体验、艺术构思和艺术传达三个阶段。在具体的创作过程中，这三个阶段又相互交织，融为一体。

图6–1　徐悲鸿《八骏图》

1. 艺术体验

艺术体验是指一种活跃的、丰富的、深刻的内心活动，它伴随着强烈的情感情绪，把艺术家长期对于生活的感受、观察和思考，形成艺术创作的基础和前提。艺术体验是艺术创作的准备阶段，也是艺术创作的基础，可以是一个相当长的过程。好的艺术作品不是凭空想象出来的，是经过艺术家对艺术的审美经验积累的，也是通过生活体验引发的。

艺术史上许多事例表明，艺术体验是艺术创作的关键。没有艺术体验就不可能创作出成功的艺术作品。艺术体验是一种审美体验，而不是随意的日常生活经验。艺术体验是艺术家和自然的精神遇合，是生活溶解在心灵里的秘密。它不是对自然和生活表象的简单认识，而是深入自然和生活的深层精神架构，从而获得心灵的沟通与交流，达到精神层次的对话。艺术源于生活，但又高于生活。

图6-2　齐白石《蛙声十里出山泉》

2. 艺术构思

艺术构思是艺术创作的重要部分，是艺术家在艺术体验的基础上，对生活素材进行选择、加工、提炼、组合，并融合艺术家的想象、情感等多种因素，形成主客体统一的审美意象。艺术构思是复杂的精神活动，艺术构思的过程就是艺术形象的形成过程。艺术形象不是生活的陈列和照搬，而是通过提炼与概括，是从生活真实到艺术真实的转化。艺术构思有简化、夸张、变形、综合等方法，鲁迅曾说自己的小说形象是“往往嘴在浙江，脸在北京，衣服在山西，是一个拼凑起来的角色”。现代艺术常运用变形与夸张，突出艺术家对生活的强烈感受。

艺术构思是否巧妙、具有创造性，直接关系到艺术作品的成败。成功的艺术构思相当于艺术创作完成了一半，巧妙的艺术构思常常流传千古。如图6-2所示为作家老舍先生以诗句“蛙声十里出山泉”为题，请齐白石创作的画作。齐白石经过几天的认真思考，凭借几十年的艺术修养以及对艺术的真知灼见，经过深思熟虑，画成了《蛙声十里出山泉》。白石老人画了一幅四尺长的立轴，他用焦墨画了两壁山涧，中间是湍湍急流，远方用石青点了几个山头，水中画了六只小蝌蚪自由嬉戏，顺流而下。青蛙妈妈在山的另一头，蛙声顺着山涧飘出了十里。虽然画面上不见一只青蛙，却使人隐隐如闻远处的蛙声正和着奔腾的泉水声，演奏出一首悦耳的乐章，连成蛙声一片的效果。真是画中有画、画外有画，诗中有画、画中有诗，声情并茂，惜墨如金，使人产生无尽联想！

3. 艺术传达

艺术传达是指艺术家借助一定的物质材料和艺术语言，运用艺术方法和艺术技巧，将构思成熟的艺术形象转化为艺术作品。艺术传达是艺术体验、艺术构思的质的飞跃。艺术传达是艺术创作过程的最后完成阶段，是艺术家实践性的艺术能力的表现。

艺术传达需要艺术技巧。每一种艺术样式都有独特的艺术技巧，只有熟练而准确地使用艺术语言和艺术技巧，才能饱满地完成艺术作品的传达。艺术传达需要艺术家调动自己的联想、想象、情感等多种心理功能，融入创作主体的生命和心灵，寻找到独特的艺术传达方式，才能创造出可以放置于世界艺术宝库的作品来。艺术传达活动离不开精湛熟练的技巧与手法，更离不开艺术家的主题情感和全部心灵。古今中外，许多杰出艺术家为了掌握艺术技巧而发奋学习、终生追求。

四、艺术市场的影响

1. 艺术市场化

艺术的市场化有益于文化的传播和艺术市场的繁荣，改善中国艺术的发展环境，给中国艺术的发展带来新的契机，给艺术家带来一定的经济收益。艺术市场的繁荣，推动了文化与经济的繁荣，对提高国民及整个社会的文化素质起到了不可估量的作用。艺术创作队伍中高端人群逐渐增加，这些艺术家受过良好的教育，拥有较高的艺术造诣、文化水平和学历，他们的艺术行为无形中带动了文化发展。

当代中国经济处于较发达阶段，促进了当代社会文化消费、艺术消费的发展。从近年看，中国艺术品升值的空间与速度是空前的，在当代成为更具投资价值的商品，不少收藏家、企业等把注意力转向艺术品市场，使得艺术市场异常火热，因此艺术品欠理性消费的因素左右了市场。良性的市场化能够促进艺术品的文化价值广泛传播，推动文化的发展与繁荣。过度的市场化将导致艺术家在追求市场价值时降低艺术品的品质与内蕴，导致市场在追求价值时通过不正当手段抬高价格。在市场的遴选下，艺术的文化价值与艺术价值只有保持统一性时才是理想中的市场状态。

西方艺术市场催生了以画廊、拍卖行、博览会为代表的市场制度设计。而国内消费市场在崛起的同时伴随着大量的资本进场和互联网运用。在艺术市场化的过程中，如平价艺术品电商、文化产权交易所等新兴的中间渠道和平台有可能占据重要位置，成为我国艺术市场独有的制度创新，为世界的艺术市场提供经验。

2. 负面影响

马克思在“艺术生产论”中指出，在资本发展时期，一切艺术生产是为资本创造价值，一切艺术品都具有商品的属性。在物质与精神双重利益的引诱下，不是每位艺术家都能“耐得住寂寞、守得住清贫”，不少艺术家为了生存、提高名誉和收入等，改变自己以适应繁荣的市场，其中一些人甚至完全被市场所操控，失去自我，失去原则。

（1）利益诱惑。利益的诱惑成为一些当代艺术家创作的原动力，这使得一些艺术家失去了潜心研究和艰苦探索的精神，使得艺术创作水平停滞不前。艺术创作与市场经营有着一定的矛盾性，有些艺术家的作品风格一旦被市场认可，艺术家就很难放弃可观的收入与市场的厚爱而主动探索，进一步研究、尝试、保持自己的风格面貌，而是把金钱作为唯一的追逐目标，生产大量低俗、应市性的产品。

（2）高产量缺乏内涵。高度繁荣的艺术市场让不少艺术家的年产量剧增，使艺术创作缺乏真挚的情感寄托与内涵。这种现象主要体现在当代的画家中，这就是当代书画创作极度繁荣却没有经典作品出现的根本原因。

（3）利益驱使迷失自我。艺术品价格定位标准的混乱使得不少当代艺术家迷失自我，通过寻求各种关系与人情，实现价格上涨。艺术市场不规范带来艺术品价格定位标准的紊乱，价格的高低与艺术家的身份、社会职务等存在一定的关系。因此，一些艺术家不是潜心研究艺术，而是终日研究关系网来提升社会地位，达到相应的职务，提高作品的价格，这些都是在市场化利益诱导下出现的乱象。

艺术生产是一种特殊形态的生产，必然受到生产的普遍规律的支配。但是艺术生产作为满足人民群众审美需要的精神生产，又与物质生产有本质的不同。因此，在市场环境下，艺术生产既要适应建设市场经济体制的需要，又要符合精神文明建设和文艺自身发展规律的要求。

3. 艺术生产

当艺术品成为商品，艺术创作就更多地去适应商品生产的一般规律了。现在有些艺术家不断重复地画同一幅作品，甚至聘用一些工人帮助其进行“艺术生产”。此时艺术家的身份已经发生了变化，从艺术家变成了生产者，从社会文化的创造者变成了物质产品的制造者。当然，凭着自己的劳动获取报酬也无可厚非，但艺术创作的目的发生了根本的变化。在艺术品形式中的独创性、美学的个性化、情感的感染性，及其思想的深刻性等方面大幅削弱。

优秀作品的创作是一个艰巨的过程，绝不能像工厂生产产品那样，以追求剩余价值为目的。只有潜心创作，才有可能创作出好作品。“文艺不能在市场经济大潮中迷失方向，否则艺术就没有生命力。艺术创作有自己的规律性，尊重艺术创作规律，自觉疏离物质主义、拜金主义，以克服艺术品的生产化倾向，让艺术回归到创作的轨道。这是当前艺术界所面临的紧迫而重要的任务。”

4. 应对市场化的艺术

面对繁荣的艺术市场，艺术家要集中精力进行艺术创作，尽量避免成为纯粹的商人。

（1）潜心进行艺术创作，暂时忘却市场。艺术市场化带来的经济收益不是艺术家追求的终极目的，艺术家不是单纯地为了利益，而在于精神的愉悦与享受。如果艺术家不能暂时忘却市场，创作的时候心里惦记着市场带来的回报，就不可能保持平稳的心态，也不可能静下心来、潜心苦练，更不可能创作出优秀的作品。潜心创作要加强自身文化和素质的修养，提高艺术水平，才能使创作进一步提升。

（2）找准时机进入市场。当艺术家的艺术创作逐渐成熟、风格形成，水平得到不断提高时就需要进入艺术市场。艺术市场让艺术家的劳动得到价值回报，改善艺术家的物质生活条件，给艺术家提供更加优越的创作环境。这是艺术家对社会贡献的重要方式，它推动了文化艺术水平的发展，丰富了人们的精神生活，同时也确立了艺术家的社会认可度。

（3）塑造良好的市场形象。艺术家进入市场后，必须了解市场，把握艺术市场运行的规律，在艺术市场中树立起良好的形象与品格。艺术家必须要注重艺术作品的质量，当代著名画家吴冠中先生曾多次提醒画家“不要在卖画过程中将人格也卖掉”。艺术家要有独立的艺术发展方向，继承传统优秀的绘画技法技巧，突破传统艺术形式与风格的束缚，勇于创新，保持鲜明、个性的艺术风格和时代气息，这样才能创作出既源于传统又有鲜明时代风格的优秀作品。

面对艺术市场的繁荣带给艺术创作的负面影响，艺术家应加强自身的修养与素质，端正心态，勤学钻研，尽心创作出优秀的艺术作品。另外，艺术市场应建立规范的艺术作品价值评测机构与体系，以促进市场的理性发展，为文化的发展与繁荣铺设良性轨道。

第二节　艺术欣赏与鉴赏

一、艺术欣赏

1. 艺术欣赏的定义

艺术欣赏是人们的感官接触到艺术作品所产生的审美愉悦，是人们以艺术形象为对象的审美活动，是人类精神生活的重要内容，是实现艺术的美育社会功能的必要环节。艺术欣赏是一种审美活动，是在审美需要和审美意识的驱动下，调动审美感知、想象、情感、理解等多种心理功能，遵循的是一种情感逻辑，更突出情感和理解。

艺术欣赏是以艺术形象为对象的、通过艺术作品获得精神满足和情感愉悦的审美活动，其中既有感性的直观体验，又有理性的逻辑思维。据报道：美国国家艺术慈善基金会曾做了一项艺术对人脑血液流量影响的调查，通过对大脑进行扫描，每隔10秒给他们展示一系列绘画作品，然后测量并记录大脑某个部分的血流量变化。结果发现当人们看到自认为最美的一些作品时，他们大脑某个部位的血流量上升10%。相反，当受调查者欣赏到自认为最丑作品时，他们产生了最小的血液上升量。这种现象就像人们看到喜欢的人一样，顿时热血澎湃，所以，科学家认为艺术能诱发一种指向大脑的良好感知。

在艺术欣赏过程中，欣赏者的欣赏能力和知识素养直接影响到欣赏活动的质量，而掌握艺术理论知识能有效地提高欣赏质量。艺术欣赏既是对艺术作品中的美的一种发现，又是欣赏者的一种再创造。

2. 对美的发现

艺术欣赏是运用感知、经验对艺术作品进行感受、体验、联想、分析和判断，获得审美享受，并理解艺术作品与艺术现象的活动。艺术欣赏是对艺术家所创造的美的发现，艺术本身的美不仅包含了生活美、自然美的精粹，而且凝聚着艺术家的心灵美和精湛的技艺。欣赏者面对一件精美艺术品时拍案叫绝，既是对艺术家创造性劳动的肯定，也是对欣赏者自身审美能力的肯定。对艺术作品的欣赏将人们带入艺术的殿堂，感受艺术家眼中不一样的世界。在现实生活中到处可以感受到艺术的气息，广告海报、商店橱窗陈列的衣服等，这些随处可见。人们有了对美的欣赏眼光，对生活粗略的观察也会变得细心起来。艺术欣赏的过程就是感受美的过程，是让人们从不了解艺术，到懂得欣赏艺术，从无视美的存在，到学会发现美。

3. 欣赏者的再创造

欣赏者在艺术外在形象的基础上，通过结合自身的生活经验，深入感受、体验、领悟，进而注入自己独特的想象，对艺术形象展开“再创造”，从而丰富艺术形象的精神内涵。欣赏者总是以自己的兴趣和爱好去感受艺术形象，理解作品的含义，而不遵循艺术形象规定的感觉、想象、体验、理解等认识活动的基本倾向和范围。艺术欣赏不仅是一种创造的接受，也是艺术创造的延续和扩展，它使艺术家个人创造的艺术品产生普遍的社会效应，成为社会的精神财富。欣赏者在艺术形象的诱导下，结合自身的生活经验去展开想象，深化情感体验，使艺术形象的生命在欣赏过程中更加丰富多彩，好像欣赏者与艺术家共同创造的。因此，我们认为艺术欣赏本身也是一种创造。

在艺术欣赏活动中，欣赏者所产生的审美愉悦来自对艺术家所创造的意义的发现，对艺术形象的再创造。聪明的艺术家以艺术形象为诱导，为欣赏者的再创造提供广阔的空间。艺术欣赏不仅仅停留在发现美的阶段，而是进入再创造的新天地。由于欣赏者的想象各不相同，在再创造的过程中比作品更具有广阔的社会内容，甚至可以用艺术的审美眼光去观察自然、观察生活和体验人生。

人类审美文化的发展从来就不是各地区、各民族间独自封闭进行的，而是在相互交流中发展的，并随着这种交流的扩大而不断深入。长期的文化交往使得各民族的文化和心理相互交融、消化、理解，并且不断积淀在民族共同心理素质和思想意识上，为不同民族间产生共同美感提供了条件和基础。如波斯锦的花纹中常饰以飞天、翔凤、翼狮等神兽和人物形象，而这些形象在我国隋唐时期的敦煌壁画中早已比比皆是，这说明这些艺术形象早已成为多民族共同的审美欣赏对象。历史上一切优秀的艺术形象、艺术作品不仅能为本民族人民所喜爱，通过交流还能为世界各民族人民所欣赏。

二、艺术欣赏的作用

1. 提高审美能力

审美能力是艺术修养的重要因素之一。审美能力的提高和艺术作品格调的高低有很大的联系。高雅的艺术作品具有很高的审美价值，而低俗的作品则会给人带来不良的影响。因此在欣赏时，除了要多听多看多比较之外，还需注意质量，要欣赏优秀的艺术作品。欣赏能力的提高不是靠欣赏中等作品，而是要欣赏高品质的艺术作品。如果整天沉浸在普通的服装设计作品中，欣赏水平是很难提高的，更谈不上服装艺术修养的提高。在艺术作品中包含的客观因素，已不同于自然形态的生活原型，它集中了生活形象中的精粹，越是优秀的作品其艺术形象的审美特征越鲜明。因此欣赏优秀的艺术作品有助于审美能力的快速提高。

2. 提高审美趣味

审美趣味是在人的实践经验、思维能力、艺术素养的基础上形成和发展，是以主观爱好的形式表现出来的对客观的美的认识和评价。既有个性特征，又具社会性、时代性和民族性。审美趣味是个体在审美活动中表现出来的一种偏爱，它直接体现为欣赏者的审美选择和评价。欣赏者的审美趣味虽然表现为直感的个别的选择方式，却包含着某些审美观念的因素，它是欣赏者自发审美需要和自觉审美意识的结合。

审美趣味是以欣赏者的主观爱好的形式表现对事物的客观评价和认识。提高审美趣味的最有效的方式，就是利用能引起审美愉快的艺术欣赏。不同时期艺术风格的变化，最为集中地反映着各个不同时期审美趣味的变化。而反映在艺术作品中的这种变化，通过艺术欣赏活动而作用于欣赏者的审美趣味的变化，促进着文艺作品中审美趣味的变化。当人们欣赏艺术作品时感到愉快，提高了自己的思想感情以及审美能力和审美趣味。

3. 提高艺术修养

艺术修养是指一个人对艺术的感知、体验、理解、想象、评价和创造的能力。艺术修养是人们素质的重要体现，它会对人的情操、品格、气质以及审美眼光产生重大影响。艺术修养的培养和提高，可以通过阅读、聆听、观看艺术作品或直接参与各种艺术实践，加深对艺术的认知和理解，培养审美能力和生活情趣。可以说，个人素质与艺术修养之间存在着一定的正比关系，在政治信念、思想意识、品德修养、工作作风、生活情趣等方面所反映的综合素养，直接或间接地影响着人们的精神面貌与道德风范。

通过欣赏优秀的艺术作品，可以给人带来美的享受，培养艺术精神，了解相关的艺术知识，从而提高自身的艺术修养水平。从艺术作品对人生的影响来看，欣赏高尚的艺术作品能对人潜移默化，养成健全的人格。欣赏优秀的艺术作品，能够净化心灵，培养人们对崇高理想的追求。要培养和提高艺术修养，不是一朝一夕的事情。不仅要认识艺术，还要体会到艺术美给人带来的享受。学会欣赏艺术，才有可能进行艺术创造活动，才能使艺术修养得到深层次的提高。

三、艺术鉴赏

1. 艺术鉴赏的定义

欣赏与鉴赏的最大区别在于专业性。鉴赏能够更为理性地从艺术形式判断来进行更充分的欣赏。鉴赏一定包含欣赏，而欣赏通常是非专业性的，不一定有更多的鉴赏元素。

艺术鉴赏是指人们凭借艺术作品而展开的一种积极的、主动的审美再创造活动。艺术鉴赏是人们在欣赏艺术作品时的一种认识活动和精神活动，是人们在接触艺术作品过程中，产生的审美评价和审美享受活动，也是人们通过艺术形象去认识客观世界的一种思维活动。在艺术鉴赏过程中，感觉、知觉、表象、思维、情感、联想和想象等心理因素都异常活跃。

狭义的鉴赏，是指人们在鉴赏艺术作品的过程中，通过情感、想象和理解等各种心理因素的复杂作用进行艺术再创造，并获得审美享受的精神活动。

广义的鉴赏，是指人们在多种心理因素的综合作用下，接受、理解并把握艺术作品的内涵，并从思想上得到某种启迪和艺术上的享受。艺术鉴赏以具有美的属性的艺术作品为对象，并伴随复杂的情感活动，实际上是人类一种高级、特殊的审美活动。

2. 艺术鉴赏的特点

艺术鉴赏是感性认识与理性认识、教育与娱乐、享受与判断、制约性与能动性、共同性与差异性、审美经验与再创造等元素的统一，是欣赏基础上的更高层次。在艺术鉴赏中，鉴赏者从自身的生活阅历、人生经验、世界观及艺术修养等出发，能动、积极地调动自己的思想认识、生活经验、艺术修养，通过联想、想象和理解，去补充和丰富艺术形象，从而对艺术形象和艺术作品进行再创造，对形象和作品的意义进行再评价。艺术鉴赏活动是人们对艺术作品做出创造性的感悟和理解，在欣赏过程中得到一次对话、倾吐和升华。艺术鉴赏的过程是由浅入深的，大致上经历感官的审美愉悦、情感的审美体验到理性的审美超越这些层次。

3. 艺术鉴赏的条件和地位

艺术鉴赏是艺术创作乃至艺术传播的最终目的。绝大多数艺术作品的产生，最终目的都是为了供人观赏和寻求思想情感的交流。只有通过这种观赏和交流，艺术作品的潜在价值才能实现，完成其社会化进程。艺术鉴赏者需要具备对艺术作品感受能力和理解能力的艺术素养，这种艺术素养是后天大量艺术实践活动中有意识训练和培养出来的，并在艺术活动中不断地丰富和提高。艺术鉴赏者需要具备一定的文化修养，只有了解艺术品当中所蕴含的丰富的时代精神和文化内涵，才能对作品创作的意图有所了解与体会，也就不会导致对作品的创作意图不明白乃至形成误解和偏见。任何艺术品都是在一定的时代氛围中产生的，完全不了解作者的时代和精神世界就会导致对作品的认识不明确。艺术品必须要有艺术上的魅力和审美上的内涵，审美价值越高的艺术品就越能唤起欣赏者的美感和兴趣。艺术创作是艺术活动的起点，艺术鉴赏是艺术活动的终点。艺术创作是艺术鉴赏的动力。艺术生产创造了艺术鉴赏的对象，规定了艺术消费的方式。以艺术鉴赏为代表的艺术消费实现了艺术生产的目的，表现了艺术生产的价值，最终完成了艺术生产的任务。

四、艺术鉴赏的心理现象

艺术鉴赏是人类一种高级、复杂的审美再创造活动，艺术鉴赏中蕴藏着奥妙的心理现象和心理规律。

1. 多样性与一致性

（1）多样性。艺术鉴赏中的多样性是客观存在的。艺术鉴赏的多样性是一种审美再创造活动，鉴赏者根据自己的年龄、文化、职业、环境、兴趣、爱好等因素选择艺术题材、艺术层次和艺术风格等。艺术包括文学、戏剧、电影、音乐、舞蹈、美术等门类，每一个艺术门类中，又有许多不同的体裁和样式。艺术作品的多样性，正是为了满足艺术鉴赏多样性的需要。

（2）一致性。艺术世界是多姿多彩的，人们的鉴赏需要和审美趣味也是多种多样的。同一时代、同一民族的鉴赏者，常表现出某种共同的或一致的审美倾向。从艺术鉴赏时代性来看，由于各个时代在社会实践、物质文化与精神文化等方面具有自己的特征，从而使得这个时期的艺术风尚产生某种共同性或一致性。

2. 保守性与变异性

艺术鉴赏中的保守性和变异性都是客观存在的现象，表现为鉴赏主体审美经验定向期待与创新期待的对立统一。要求艺术家既要具有探索创新的精神，又要尊重广大群众的欣赏习惯和接受水平，使艺术创作真正满足鉴赏的需要，并在艺术鉴赏的推动下不断发展。

（1）保守性。艺术鉴赏心理的保守性，是指人们的鉴赏趣味习惯于按照某种传统的趋向进行，具体表现为鉴赏活动中，人们的种种偏好与选择，以及各种不同的欣赏方式与欣赏习惯，常常具有某种定势或趋向。这些不同的倾向和方式往往与观众的文化层次和美学修养有关，也经常带有时代与民族的共同特色。

（2）变异性。艺术鉴赏心理的变异性是指随着时代的前进和社会生活的变化，科学技术日新月异的高速发展，国际文化频繁的交流交融和大众审美水平的提高，人们的欣赏习惯与审美情趣等都随之发生变化。事实上，追求多样性和变化性是人类最基本的心理趋向之一。鉴赏者的好奇心和求知欲催发了审美心理的变异，而各种艺术思潮的快速更迭变化和社会生活的飞速发展，不断改变着人们的审美态度和审美理想。

第三节　艺术批评的社会价值

随着艺术生产的发展，人们为了探究艺术作品的成败得失，总结艺术创作的经验教训，提高艺术鉴赏的能力水平，便形成和发展了艺术批评。

一、艺术批评的定义

1. 什么是艺术批评

艺术批评是指艺术批评家在艺术欣赏的基础上，运用一定的理论观点和批评标准，对艺术现象所做的科学分析和评价。艺术批评是艺术活动的一种重要形式，艺术批评家根据一定的思想立场和美学原则，以艺术理论为指导，运用一定的批评方法，并依据一定的批评标准对艺术现象特别是艺术作品所做的理论上的鉴别、分析和评判活动。艺术批评涉及所有的艺术门类，包括文学、戏剧、舞蹈、音乐、绘画、摄影、雕塑、建筑、电影、录像和新媒体艺术等。艺术批评的对象包括一切艺术现象，如艺术作品、艺术运动、艺术思潮、艺术流派、艺术风格、艺术家的创作以及艺术批评本身等，其核心是艺术作品。

2. 艺术批评的特点

艺术批评是以理性活动为特征的科学分析、论断活动。艺术批评是“百花齐放，百家争鸣”方针在艺术活动中的具体体现，是艺术界的主要互动方法之一。由于艺术批评者总是根据一定的世界观、审美观和艺术观对艺术现象做出分析和评价，因而带有很强的主观意识成分。因此，开展正确的艺术批评，可以帮助艺术家总结创作经验，提高创作水平；可以帮助艺术鉴赏者提高鉴赏能力，正确地鉴赏艺术作品；还可以使各种艺术思想、创作主张、艺术流派、艺术风格相互交流和争论。

3. 艺术批评与评论

批评在汉语中有评论、评判的意思，是以质疑、否定、批判为核心主体，其目的在于矫枉纠偏，做出梳理。评论则是一种阐释、肯定的主体模式，也是一种常见的传统批评，目的在于品鉴和普及审美。

现代艺术批评是从传统的文艺评论发展而来，广义上隶属于评论范畴，批评是一种特殊形态的评论。艺术发展对理论学术的要求越来越高，使批评必须永无止境地处于自我完善进行时，成为艺术学理论体系中不可缺少的重要一环。艺术批评与常规的艺术评论以及史论研究，它们之间在经验知识上具有共性，只是批评通过否定、质疑、批判作为功能模式，同时对阐释性评论加以批判性论证。其中批判最为极端，其主体是抨击性谴责。

批评的要义不在于表达出个人对某个作品和视觉艺术现象的某种个人化体验或感悟，而是在于通过体验揭示出引发这种体验的深层次的东西，如构成要素、相关生发机制等，这常常与审美联系在一起。真正的艺术批评具有独立思考、有判断评价的一种写作活动，主观大于客观，体现了强烈的个性和态度。艺术评论则重在体验情感状态的描绘，是诗化的，或随笔性的。艺术评论具有“感性认识、理性分析”的特点。艺术批评应尽可能运用正确的立场、观点和方法，遵循实事求是的原则，对艺术现象做出合乎实际、恰如其分的分析和阐释，从而推动艺术的更健康发展。

二、艺术批评的作用

1. 提高艺术素质

艺术批评可以帮助人们更好地鉴赏艺术作品，不断提高鉴赏群体的艺术素质和鉴赏能力。

艺术作品深刻的思想内涵和真正的艺术魅力，常常不是一下子就能领悟和把握的，这就需要艺术批评来发现和评价优秀的艺术作品，指导和帮助广大群众进行艺术鉴赏。艺术批评的功能是对艺术作品能够做出深入的分析和判断，指出其艺术特色，揭示其审美意义，评价其审美价值，使其审美潜能得以充分释放。

2. 艺术创作的反馈

艺术创作是一种复杂的精神生产，艺术家需要广大读者、观众、听众和批评家的帮助，才能深刻地认识自己，不断地提高自己。通过对艺术作品的评价，形成对艺术创作的反馈。

艺术批评有助于充分发挥在艺术生产流通过程中的信息反馈和正向调节作用。对于艺术创作，艺术批评能够通过有效的信息反馈，予以积极的推进。艺术批评是艺术传播信息反馈的重要途径之一。艺术批评能够通过对艺术作品的理性分析评价，帮助艺术家更深刻地认识艺术规律和深刻地认识自己。艺术批评可以实现对艺术作品的深层透视，将人们难以达到的审美层面挖掘出来。艺术批评的理性深度可为人们的鉴赏活动带来宝贵的启示和实际的帮助。

3. 丰富发展艺术理论

艺术批评的主要任务是对艺术作品的分析和评价，同时也包括对于各种艺术现象的考察和探讨。艺术批评的理论价值，存在于批评的理论建构和精深的内涵之中。艺术批评以其鲜明的理论建树和旗帜显现其独特的价值。艺术批评的理论价值在于能够根据艺术史和文化史来探索艺术活动的规律，检视艺术创作原理或方法论的形成，对艺术创作等艺术活动各个环节具有指导性意义。艺术批评必须以一定的艺术理论为指导，利用艺术史研究提供的成果。艺术批评总是通过分析新作品，评论新作家，发现新问题，总结新经验，从而不断丰富和发展艺术理论和艺术史的研究成果，使艺术理论和艺术史从现实的艺术实践中不断获取新的资料和素材，推动艺术科学的繁荣发展。艺术批评逐渐确立了自身的理论体系，在人文学科中具有独特的学科意义，综合了人文科学与社会科学部分领域的知识体系，形成了综合性与交叉性的理论体系特征。

三、艺术批评的特征

1. 艺术批评的科学性

艺术批评家需要在艺术鉴赏的基础上，运用一定的哲学、美学和艺术学理论，对艺术作品和艺术现象进行分析与研究，并且做出判断与评价，为人们提供具有理论性和系统性的知识。随着现代科学的不断发展，艺术批评从心理学、语言学、社会学、文化人类学、民俗学等诸多学科中吸取观点、理论和方法，形成了多种多样的批评方法和流派。其中影响较大的包括心理批评、原型批评、社会批判、语义学派、结构主义、现象学批评、分解主义、阐释学等。各种各样的批评方法与流派，呈现多元化和综合化，使艺术批评成为一门独立的学科。

艺术批评是以理性活动为特征的科学分析、论断活动，运用正确的立场、观点和方法，遵循实事求是的原则，对艺术现象做出合乎实际、恰如其分的分析和阐释，以推动社会主义艺术的繁荣和发展。

2. 艺术批评的艺术性

艺术批评的艺术性是指艺术作品在艺术构思、艺术语言、艺术表现手法等方面所达到的水平，从整体上达到完美的艺术境界，具有独创的艺术风格。凡是优秀的艺术作品，都要达到思想与艺术、内容与形式的完美统一，艺术批评也应当从这种统一的角度去评价艺术作品。

艺术批评作为一门特殊的学科，与其他学科不同，艺术批评家既需要冷静的头脑，也需要强烈的感情；既离不开理性的分析，也离不开艺术的感受。优秀的批评家具有敏锐的感知力、丰富的想象力和强烈的情感体验，才能真正认识和把握作品的雅俗高下。艺术批评也是一种艺术体裁，艺术批评的文章应具有艺术的感染力，才能真正打动读者，发挥批评的作用。优秀的艺术批评文章不仅应当逻辑清晰、论证严谨，而且应当文字优美、生动感人，给人们一种特殊的美感享受。

艺术批评作为艺术鉴赏的深化和发展，在艺术生产中发挥着重要的作用。

3. 艺术批评的要素

艺术批评在形式上具有描述、分析、解释和判断的基本要素。

（1）描述。是指在作品中发现的各种细节尽可能给出详细的讲解。描述的对象是艺术特性和审美特性，欣赏者可以直接感觉到的因素都可以成为描述的对象。在复制技术尚不发达的时代，人们很难借助复制品来直接感受作品，描述就成了批评的重要组成部分。今天人们很容易获得作品的复制品，可以看到语言文字无法描述的各种细节，任何关于艺术作品的描述似乎都是多余的。但是，描述不能直接与作品的在场等同起来，描述的对象不完全是作品客观的物质形态，也包含了描述者对作品的感受、思考和解释。

（2）分析。是根据形式美的规律来分析作品的结构，把描述的因素组织起来，让它们看上去显得合理。有关作品形式因素的分析，可以合并到描述或解释之中。描述和分析也可以涉及作品的题材和主题，但它们通常被归入解释的领域。

（3）解释。艺术批评的目的是要提供关于作品的意义的解释。为了做出更丰富、更精彩的解释，应该集中在作品的分析上，抛弃作者的意图。批评家在解释艺术作品的意义时都会采用美学、心理学、社会学等领域的理论，或者将艺术作品放在更复杂的历史语境中去解释。

（4）判断。艺术批评不仅要有关于艺术作品信息的描述，关于作品的意义的解释，还要有关于艺术作品价值的评判。从20世纪下半叶以来，对艺术作品不从审美价值、认识价值和道德价值的角度来评价，而是从艺术作品的艺术价值角度来评价，这种艺术批评方式成为较受推崇的一种新趋势。

描述、分析、解释和判断只是艺术批评的基本要素。在实际的艺术批评中，不仅有不同的侧重、交叉重叠、次序颠倒，而且在内容上会更加丰富。艺术批评不只是美术批评，也包括文学批评、音乐批评、舞蹈批评、戏剧批评、电影批评等在内，无论是哪个门类的艺术作品的批评都应具备这些要素。

四、数字艺术与批评

1. 数字艺术

数字艺术是指以数字科技的发展和全新的传媒技术为基础，将人类理性思维和艺术感觉巧妙融合一体的艺术。数字艺术是运用数字技术和计算机程序等手段对图片、影音文件进行的分析、编辑等应用，最终得到完美的升级作品。数字艺术作品在实现过程中全部或部分使用了数字技术。数字艺术是艺术和科技高度融合的多学科的交叉领域，涵盖了艺术、科技、文化、教育、现代经营管理等多方面的内容。数字艺术作品主要包括录像及互动装置、虚拟现实、多媒体、电子游戏、卡通动漫、网络游戏、网络艺术、数字设计、计算机插画、计算机动画、3D动画、数字特效、数字摄影、数字音乐以及音乐影像等，一切由计算机技术制作的媒体文化，都可归属于数字艺术的

图6–3　数字式艺术绘画

范畴。

数字艺术是纯粹由计算机生成、既可通过互联网传播又可在实体空间展示、能够无限复制并具有互动功能的虚拟影像和实体艺术，广泛应用于平面设计、三维技术的教学和商业设计等用途，并随科技进步被大众接受和认可，受到越来越多从业人员的喜爱。如图6–3所示为数字式艺术绘画。

2. 数字艺术批评

数字艺术与传统艺术的不同在于，艺术作品已不再需要借助传统的媒介和中间环节来传播，而是数字技术本身就能够形成有效和广泛的传播，并且能够不断地生成新的更加丰富的视觉图像。这种技术、媒体与艺术的三位一体，突破了以往艺术在创作、传播和接受方面各自的屏障，实现了艺术自媒体的全新存在方式。

数字技术所开掘的艺术表现的领域有待艺术批评和理论研究的更多关注，数字技术似乎正在改变媒介变革中的特权，成为普罗大众的工具。数字艺术批评包括对数字技术创作的作品的批评，对数字技术作为传播媒介对艺术创作的影响的批评，对数字技术传播并生成的艺术作品的批评，这就对传统的艺术批评提出了全新的文化逻辑。

3. 数字艺术批评的特点

数字艺术是建立在计算机科学技术基础上的，评论家在评判时需要具有一定的数学和计算机知识。艺术评论家不一定要掌握程序设计，也可以不知道计算机术语的意义，但如果不具备基本的知识，缺乏一般的计算机使用技能，对数字艺术只可能是“知其然不知其所以然”，也将无从对数字艺术进行批评。

针对数字影像艺术的时间性、空间性和多觉感受性的特点，对它的评判必须是在现场进行体验和感受，而不能只通过图片进行看图说话式的解读，也就是“在场”是评判数字艺术的前提条件。

数字艺术作品之间存在着技术上的优劣、高下，并不是所有使用了数字技术的艺术创作都比非数字艺术作品优良。无论是什么艺术作品，技术和手段只是艺术价值构成要素的次要部分，评价艺术的最终标准是作品所表达内涵的深度和高度以及对社会和人类的影响。

数字艺术在我国已经迅猛发展，各大院校艺术专业纷纷成立相关教学机构，政府也大力支持将数字艺术作为重要文化产业，“互联网+”在艺术领域的应用和推广异常迅速，我国的数字艺术及产业化将具有广阔的发展前景。

思考题

1．艺术家是一群什么样的工作者？

2．举例说明艺术欣赏与艺术鉴赏的区别。

3．艺术批评的基本内容是什么？

服装与社会文化——

服装与社会文化

课题名称： 服装与社会文化

课题内容： 1. 服装的文化内涵。

2. 服装与性别。

3. 服装三属性。

课题时间： 2课时。

教学目的： 认识服装与社会文化的关系，了解服装文化的内涵，熟悉服装与人体及性别的关联。熟悉服装三属性及其应用。

教学要求： 1. 教学方式——讲解为主，课堂讨论为辅。

2. 问题互动——服装作为社会文化的物质载体具有哪些特征？

3. 课堂练习——时尚服装评析及相关的文化背景介绍。

教学准备： 阅读关于社会文化方面的书籍及资料。

第七章　服装与社会文化

第一节　服装的文化内涵

一、服装与文化

1. 文化的本质

英国人类学家泰勒说："文化是一个复合的整体，其中包括知识、信仰、艺术、道德、法律、风俗以及人作为社会成员而获得的任何其他的能力和习惯。"泰勒虽然没有对文化的特质进行提升，但他列举了文化的内容。

20世纪60年代，美国学者克鲁克洪提出："文化是历史上所创造的生存式样的系统，既包含显性式样又包含隐性式样。它具有为整个群体共享的倾向，或是在一定时期中为群体的特定部分所共享。"这个概念强调了文化是一个历史的范畴，它是一定时期个体与社会共有的生存样式，是物质与精神的统一。

文化形态通常被划分为器物文化、行为文化和观念文化。器物文化是物质层面的，它是人类在物质生产实践中创造的；行为文化是制度层面的，它反映了人与人的社会关系以及社会的生产、生活方式；观念文化是精神层面的，它是价值体系整体，存在于社会文化心理及历史传统中。

文化是一个不断整合的过程，人类社会是在不断进步的，物质生产方式和精神生产方式都在不断发生着改变。文化在历史的积淀过程中变得更加深厚，在全球化的发展过程中变得更加广博，不同的文化形态相互影响、相互渗透，由此带来了文化体系的重新整合。

文化几乎是一个被滥用了的词汇，随时、随地、随意，甚至人们在呼吸中都能感受到文化的温度和气氛。文化几乎无处不在，它存在于我们的生活方式、行为习性、心理惯式、思维特征、情感表达、价值定位、审美情趣等诸多方面，并打上自己的烙印。

2. 文化的心理结构

人既是自然的存在，也是社会的存在，处于地理、政治、经济、历史、风俗、宗教、科学、伦理、道德等自然要素和文化要素形成的特定生活情境中。随着文化的不断发展，特定的情境也跟着不断变化。当这种历史进程在人的心里凝结、积淀下来，便形成了人的文化心理结构。每个人的文化心理结构都由其生活的特定环境所决定，扩展至一个地域、一个民族、一个国家，它们也都有其相对固定的文化心理结构。个体的文化心理结构是由生理上的自然禀赋及通过学习和实践"习得"的文化性经验两大因素构成，形成一个动态结构。个体的认知方式、思维方式、情感倾向、理想建构等意识活动都是由文化心理结构所决定。

特定时代背景下产生、流行的价值标准、审美趣味、道德观念等会通过选择机制，或抑制，或调动和改造人的先天自然倾向。与人本能的知觉倾向、能力、个性等直接有关的东西，一旦进入特定的社会文化氛围中，便会立即按照这种社会文化的特殊需要做出适应性变化。这种可塑性不是无限自由的，由于它是在主体的心理中完成，所以必须合乎心理活动的一般规律，如平衡、节奏、重复、多样统一等。人类的造物活动虽然受制于社会文化，但可升华到另一个境界，即可以突破日常言论和行为的普遍模式，创造出合乎内在心理规律的、想象的境界，即一个审美的领域。真正决定某一事物趣味和审美因素的，既是设计师个人，也是接受者以及他们所共有的社会文化心理结构。

3. 服装与文化的相互作用

日常生活中的行为和事物往往看起来非常简单、普通，并无深意，但从文化的角度对之进行深入的分析和批评，往往就是意义的展现和表达。美国的乔治·巴萨拉曾说："一件人造物并非仅仅是一件仓促赶制出来以满足需求的无生命物，它是一种构想出来的人类心灵的、活的遗留物。"英国著名学者约翰·汤林森在《文化帝国主义》中指出："所谓文化，就是在特定的'语境'中，从人们的种种行动和经验中汲取种种意义的创造性过程。这个过程是发现、阐明、理解和创造意义的展开。"

服装是承载、诠释、创造文化的符号体系，它的这一特性使它与文化所包蕴的族群政治、阶级象征、身份角色等诸多社会问题产生了日益密切的内在关系，它也越来越成为人们寻求自我理解、获得族群认同、进行身份诉求、表达社会情感的一种最为感性和直接的途径。服装是一种感性的、形象化的文化载体，通过对这一文化现象的解释和评价，我们可以进一步探讨人的本性及其存在方式的具体样态。可以看出，人、服装、文化是一种相互生成的关系。服装是与人类丰富的精神世界、特定历史时期和地域的社会生活的风尚、民俗、政治和经济制度形成密切相关的一个整体。

二、服装的文化语言

服装是一种物化的符号，以遮蔽的形式敞开身体自身存在的意义。

1. 被物化的符号

服装标志着人类文明进化的程度，表明了人类已经脱离原始的、自然的蒙昧状态，并是对已经实现了的"自然的人化"这一重要自我本质力量的确认。人的着装形象的风格及其流变，就是人的文化身份的形成。除了具有实用功能与美化功能，服装还具有更为深刻的符号功能，与人的存在方式密切相关，如罗兰·巴特所言："符号是能指和所指、服装和世事、服装和流行的统一。"从服装的起源看，文化一开始就意味着与自然状态的分离。作为文化形态之一的服装同样标志着人自身与自然状态的区分，并逐步将其提升到审美的状态。人的身体与人自身不仅是自然的，更是文化的，人是在自然与文化的互动中生成并始终在这两者的张力中生存着。从符号学的角度看，服装的解释、象征和创造意义的功能与实用和美化功能具有同样重要的意义。服装不再只是以表面的实体性的方式存在，它在符号中被文本化。

服装不仅选择、改造着人的身体，而且也在文化心理层面上改造着人们的意识观念。人们相信，包装与修饰身体的服装是他们个性与理念的释放与表达。服装与人、文化的交互性表明了彼此之间的相互渗透与相互生成，它们之间相互吸收、相互转换，在差异中形成各自的价值。

2. 编码与解码

服装作为符号，它不仅关联到服装的制作者、设计者，还与着装者和欣赏者密切相关。因此，对服装文化的理解，必然涉及符号的编码与解码。编码是把要传播的信息转变为合乎逻辑的信号，而解码是将收到的信号重新转变为有意义的内容，以便理解信息的内涵。因此，服装的编码与解码主要涉及服装与其意义之间的关系，是一个有着丰富美学和社会学意义的系统。服装的设计与制作过程就是将身体的信息转换为服装的信号，将身体在服装中符号化。与编码活动相反，服装对信息以及其象征意味的传达即解码，从根本上来说是非言语的物化活动，如学生的校服、警察的制服与医生的白大褂等，不同的衣着表明了不同的身份角色。服装的编码与解码并不一定具有先后顺序，它们也可能是同时发生并相互生成的。

3. 服装意义的生成

服装是一种语言，可以呈现一种或多种意义。日常生活中的服装从表面上看只是实用的、可消耗的用品，但从服装的历史或者服装表演的T台秀看，我们又会由衷地感受到服装所承载的多种意义。服装包含了设计师的精神面貌、审美意识、艺术素养，包含了一定时代的民族、阶级和群体的思想感情和审美理想，甚至包含了全社会范围的意识形态。服装的用途、色彩、款式、廓型以及搭配的外部形式和技术的变迁，都可以作为一种文化显现出来。

三、服装文化的社会视角

1. 服装的社会背景

通过对服装起源的探究，可以了解服装的功能及其本质特征。

（1）环境适应说。人类为了适应气候环境设计出了服装，保温御寒成了服装主要的功能，这是基于人类的生理需要。

（2）保护身体说。在同外部自然界交往的劳动实践中，人类学会了直立行走，原本藏在身体下面的性器官暴露出来。为了防止昆虫或外界其他事物伤害性器官，原始人用树叶、树皮、兽皮、羽毛做成条带围在腰部起到保护作用，这是最早的服装。如果将服装的保护功能深化，它还有另一层防止道德危险的功能，如修女的服装就是内在抵抗力的一种象征符号，穿戴者品格坚定、纯洁，道德标准严峻。随着社会的发展，服装保护的意义也变得越来越多元化，如武士的盔甲、足球运动员的护膝和护垫、剑客佩戴的防护面罩、消防队员的特制服装等。

（3）遮羞说。异性相吸是自古以来就存在的现象，两性差异导致人们需要用穿服装来遮盖身体。羞耻在原始社会是不存在的，只有人类学会穿衣之后，再脱掉衣服才会感到羞耻，因此服装起源于遮羞说有些牵强。

（4）护符说。原始社会生产力低下，人们总想借助精神的力量来对付强大的自然界，因此就会产生灵魂和肉体分离的想象。原始人不了解自己身体的生理结构，分不清梦境和现实，持有一种神秘的泛神观念，这种万物有灵的信仰改变了原始人的知觉。为了取得善灵的保佑，他们佩戴足蹄、尖角、贝壳、羽毛等用来辟邪。他们相信佩戴这些护符，就会拥有肉眼看不见的超自然力量，有了这种力量就能得到保护。这些护符发展到最后就成为人类佩戴在身体上的装饰品。因此，服装一开始并非带有装饰的目的，而是为了辟邪在巫术活动中使用的道具。

（5）审美说。服装起源于一种美化自我的愿望，是人类追求情感的表现。人们通过外观的装饰及自我吸引力的表现以达到自我肯定的目的。就服装的样式而言，其装饰性能更加突出，如增加人的高度，扩大或缩小人体体积，利用圆形装饰引起对身体线条的注意或对某一部分的注意，存在“纵向扩张”和“横向扩张”的手法变化等，形式美的要素在服装中似乎是天生存在的。

（6）象征说。原始人用兽皮等饰物象征自己的英武，现代军人将勋章挂在制服上向人们展示功绩。我国自古以来崇尚服装制度，借助服装的形制、色彩、服章等以区别阶级、维系伦常。服装是社会发展的产物，是人类文明和文化进步的标志。

上述关于服装起源的说法涉及考古学、自然人类学、文化人类学、心理学、美学、哲学等多个领域。美的着装和主张个性的心理要素使得服装越来越向着多样化方向发展。无论在何种情况下，对于服装的思考都离不开人的社会化的日常生活情境。

2. **大众文化与时尚**

服装虽被归入通俗的、流行的大众文化范畴，但是它也开始扮演表达高雅艺术趣味、显现社会深层结构的角色，并且这种发展趋势越来越明显。服装在大众文化领域中具有显著的特征。

（1）服装具有最广泛和最普遍的受众，随时可买，人人可穿，并且每个人都是自己的着装专家。

（2）服装逐渐按照商业机制的要求来制作，具备了现代文化的一般特征。如大规模的批量化、机械化生产，从技术和设计角度根本影响了服装的样态。

（3）服装如同一套标签语言，对着装者的阶层、性别、种族、地域等身份进行了深入的说明，具有强烈的意识形态色彩。

（4）服装是设计师和普通受众的审美情趣和观念的交汇，这一交汇取消了传统艺术领域中高雅和通俗的划分，主要呈现出消费品的特色，帮助商家最大限度地获取商业利益。

（5）服装追求非和谐的审美风尚，是后现代主义文化反整体和谐原则的体现。

（6）借助现代传媒创造服装品牌，衍生与服装相关的时尚产品，影响、干涉并塑造公众的审美情趣和观念。

（7）服装具有模式化、类型化和流行化的特点。借助现代传媒和新技术，服装迅速吸收了高雅文化或民间文化的特点，并创造出新的模式，通过批量生产得到复制，继而成为流行。

（8）服装的公共特性。服装不仅是一种艺术形式，出现于艺术学院、高级服装定制发布会、沙龙甚至博物馆，更重要的是它从开始就是一种社会性的存在。从根本上来说，服装不是在象牙塔中沉思得到的产物，而是十字街头孕育的波普艺术。借助服装可对民族性和地域性的文化进行一系列深入的探讨，这也是服装公共特性的深层内涵。

（9）流行与时尚。服装的流行包括款式、色彩、质地、图案、装饰或穿着方式等。流行受社会、政治、经济、文化的影响。在如今的商品化社会里，更多的流行不是偶然的，而是一种精心预设的结果。服装企业、影视娱乐传媒、平面广告、模特T台秀、服装评论等各种力量成为流行的推动力。对流行的追慕在服装中表现得最普遍，服装的文化价值在流行中也体现得最为充分。

3. **全球化视野**

服装设计及品牌如何在全球商业一体化的潮流中保持自身的特色，是服装发展的趋向性问题。

影响服装艺术发生和发展的关键因素包括了服装的民族性和地域性特征，如黑格尔所言，“真正不朽的艺术品是一切时代和民族所共赏的”。旗袍是中国传统服装艺术的重要代表，同时也受到其他国家和民族的赞赏。“少数民族风貌”曾在20世纪60年代的西方盛行，服装的民族性特征并不会在全球化的浪潮中淹没和消失。

商业化是服装艺术的生存需要。陈列于繁华商业街雅致橱窗中明码标价的服装与展示于艺术博物馆中的服装艺术品，它们之间唯一的不同在于前者拥有更广泛或更普通的受众，表达和传递着更快捷的生活信息，折射出更真实的普通人的生活方式和生存境遇，而后者却是曲高和寡的文化产物，在高端市场辗转的奢侈品。现代社会的商业化资本运作推动了成衣的机械化批量生产，以标准尺码满足了最广泛的大众需求，分工日益细化也使得服装设计被独立出来，服装不仅是实用的，而且越来越具备美和文化的特性。

四、服装文化与审美

1. 服装文化的构成原理

服装设计作为产品设计的一个分支，是人类有目的、有意识的实践活动，它本身从属于器物文化。但是服装设计又不只是单纯的器物文化的创造活动，它受到设计观念的指引，以一定价值观基础上的观念文化为导向，并且最终通过物质化的服装设计产品反过来影响人们的生活方式。

服装设计是推动服装文化发展的重要力量。进入工业时代以后，服装设计师取代了裁缝，成为掌控人类衣着形态的主要力量，服装开始向时装化发展，进入形态快速更新、流行风格不断变化的现代服装文化发展进程中。从西方过去一百年精彩纷呈的女性时装变化中可以看到，从最初保罗·布瓦列特的身体解放口号、香奈儿的女性叛逆之风，到迪奥的温柔典雅，再到玛丽·奎恩特的波普风潮、卡斯特巴捷克的反时装风格、汤姆·福特的时尚奢华，服装文化因设计理念的推陈出新而不断发展。

作为一种文化构成活动，服装设计是一个知识整合的过程，它的最终目标是要满足人的多层次的物质和精神需要，这就要求运用综合知识来实现结构设计和造型的一体化以及服装设计与市场营销的统一。服装设计是感性和理性思维的融合过程。设计师的概括能力来自严密的逻辑思维、抽象思维，是科学的判断和推理过程，而他们的创新能力则在很大程度上是借助直觉、灵感、想象、情感等形象思维和感性思维的力量。这两种思维的融合是设计师的创新思维的基本特征。服装设计对不同时代、不同民族的设计元素的灵活运用，实现了不同文化形态的相互交融，推动了新型服装文化的发展。

2. 服装设计的内在推动力

服装设计在当前的市场运作模式主要是创建品牌，以品牌的力量来引领时尚。早在20世纪初西方人就意识到，在批量生产和大规模消费的工业时代背景下，不需要每一件服装都与众不同，只需要创建品牌，通过品牌来推动流行。一旦某一件服装设计作品成为流行，变成人们争相追逐的时髦，那么它就可以批量生产，带来利润。市场运营模式的转变使服装设计作为一种文化构成活动，站在时尚的最前方，是社会流行风尚的背后操控者和领导者。

审美情趣的引导是服装设计能够影响社会流行倾向的关键原因。徐恒醇在《设计美学》中写道："某一时尚往往是通过一定形式的审美激发作用而兴起的，它具有一定的新异性和趋时性，适应于人们的某种潜在的需求。时尚的流行，说明它具有一种社会的普遍性，成为众多人群的一种自发性的追求。作为一种社会的流行事物，它有一个从产生到发展和消退的过程。一种习俗的产生往往由某些始作俑者的带头和示范，他们的某种衣着、爱好、生活方式引起他人的模仿和效法，形成一种链式正反应而在社会上扩散开来。如某一电影或电视中女主角的服饰或发型，表现出一种鲜明的性格或形象特征，给人一种强烈的审美感受，就会引起许多观众的仿效。一种新产品投放市场引起良好的反应，接着会有许多类似的产品出现，这也是时尚作用的结果。"时装流行的特征具有明显的周期性，它在不断的变化中维持新鲜感和吸引力。

审美情趣的引导推动了社会审美心理的形成，它依赖于对人们生活方式的时代性理解。国际上知名的设计师都是立足于对当下生活方式的综合判断和理解，提出超前的设计理念，从而获得设计上的成功。如图7-1所示为三宅一生设计的服装，褶皱的韵律、雕塑感的造型以及对身体的隐藏，表达出东方人的审美心理特征，吸引了世界的目光，成为引领国际审美时尚的时装。

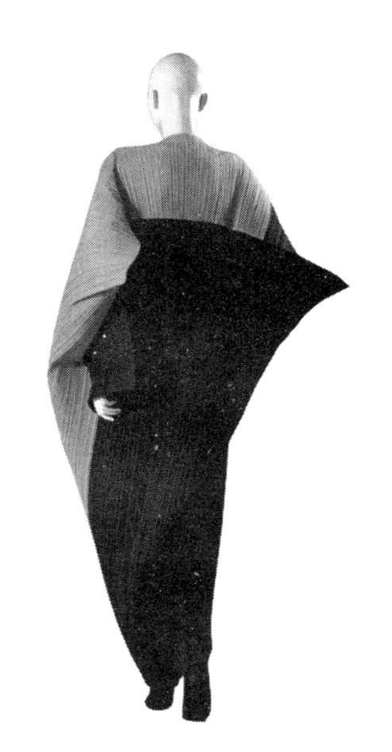

图7-1　三宅一生的设计

3. *服装审美的价值*

服装设计与其他设计一样，依赖于市场，它在整合时代新型文化的过程中，直接创造出具有经济价值的时装。服装美的属性对于它在市场上的流通和交换也起到了重要的作用。

罗兰巴特在对时装流行杂志的语言结构分析中提醒人们，流行杂志为什么要使用很多花哨的词来描述服装，把一种纯属想象的内容强加在服装之上。他说："原因当然是经济上的。精于计算的工业社会必须孕育出不懂得计算的消费者。如果消费者和服装生产者具有了同样的意识，衣服将只能在其损耗率极低的情况下购买（及生产）。流行时装和所有流行事物一样，靠的就是这两种意识的落差。为了钝化购买者的计算意识，必须给事物罩上一层面纱——意象的、理性的并且有意义的面纱，要精心炮制出一种中介物质。总之，要创造出一种真实物体的虚像，来代替穿着消费的缓慢周期。"他对流行时装的分析说明，服装的商品美是目前推动服装市场的关键，它可以增加消费者对服装商品的需求，企业的品牌特色和市场竞争力也可以由此形成。当品牌优势形成后，就可以在同类商品中形成审美价值的垄断，带来更多的资本和利润。

服装不仅利用审美的感性思维弥补抽象思维和理性思维形成知识体系的整合、文化形态的交融，它还通过对大众审美心理的影响作用于当代人的生活方式，并且最终将文化的整合置于市场的大环境之上，实现服装商品的审美价值。

第二节　服装与性别

一、身体的服装审美

1. *身体美的文化内涵*

身体是人类自古以来最经久不衰的审美对象。对人体的欣赏是人类的一种自我欣赏。车尔尼雪夫斯基说："人体是地球上最美的。"古希腊人对自己身体的美深信不疑，妩媚的优美和壮硕的健美都可以在一尊裸体的石雕中显现出来。米隆的《掷铁饼者》是最为著名的关于男运动员的石雕，古希腊艺术家将注重数学和比例的毕达哥拉斯学派的美学观运用到人体艺术上，获得了无与伦比的完美。人的身体包括身材、相貌、肤色、姿态、气质等一系列的自然形式要素，蕴含着智慧、力量、情感、意志、技能等丰富的内涵。柏拉图认为身体的优美与心灵的优美和谐一致是最美的境界。

2. 身体与服装

服装与身体的性别和社会阶层息息相关，服装设计是围绕人的身体展开的。对人体的美好的展露和修饰，是服装艺术作品的重要内容。无论是以人体为核心的雕塑风，还是将人和周边环境要素放在一起整体考虑的建筑风，服装均依附于人体而使其外部物质形态受到人体体型的限制。穿着者和服装一起组成了审美对象，着装表明了服装是一种主客体合一的生活艺术化的实践方式。

服装与着装者的身体，无论是在心理暗示还是行为表现上都存在着相互生成的关系。身体始终是服装所要涉及的，服装的面料、款式和色彩与着装人所处的情境是相互映射和生成的。服装通过新奇与时尚的样式，引起人们对穿着者及其身体的关注，在不同的服装文化环境中，身体以不同的方式显现自身。人的身体兼具自然性和社会性，它有自身的、自足的存在意义。表面上，服装不断地重新划定着装的规范，事实上它对身体也在不断地重新规定。人体具有黄金分割比例，符合黄金分割比例的形体是最美的，但人体的这一规则并不能忽视不同文化中的艺术及其独特的表达。在服装审美中，审美的人否定了理性的人，彻底成了感性的人。尽管各种文化包含着不同的时装技术，但身体时装化是所有文化的特点。

3. 裙与裤的文化差异

裙与裤的差异并非表面看起来那样微不足道，这种差异深刻和全面地影响了人的思想和身体行为。裙装限制或规定了女性的身体，虽然现代女性穿裤装的频率和人数已远超过从前，但女性在就座时仍会下意识地双腿相对并拢、手臂交叉于身前。在简单地站立和倚靠的时候，男性两脚分开的距离往往比女性大，女性则习惯性地保持手臂紧挨或遮蔽身体。在步态和步幅方面，女性也不像男性那样喜欢舒展身体，典型的、有男子气概的男性行走方式是以舒展和松散的方式甩动手臂，步伐上下有节奏。这些身体及行为差异的根源就是裙与裤的差异，服装是一种实体化了的文化规范，无孔不入、坚不可摧。

二、服装的性别文化

1. 服装源于性别特征

男性积极、紧张、专注、强壮，偏重逻辑，善于抽象；女性消极、服从、软弱和松弛，偏于感性，重于具象。女性和感性审美的关联较之男性更为普遍和突出。著名的法兰克福学派哲学家马尔库塞将审美的解放与性别联系起来思考，将女性的感性存在上升到人类自由和解放的高度，认为那是一场真正的、无声的对男性化理性专制的革命。服装最充分地体现出女性感性的审美诉求，设计者正是从性别意识切入服装的主题、风格、观念等文化层面，在服装的每一个细节中我们都可以感受到性别的活跃气息。

从服装性别出发，同时将人的生理、心理、情感、政治倾向、地域和种族等文化因素视为一个有机的整体，这就形成了一种开放和多元的理论格局。我们可以将服装视为性别意识的物化产物，任何社会和阶层的服装和其功能都被贴上了性别的标签。

人类性别的差异首先是从外表直观显现出来，服装设计师在构思作品时常常有意夸张两性的区别，追求视觉形象的强烈反差。美国设计师哈利霍德曾为世界级影星玛丽莲·梦露设计了极具性感风格的服装，紧胸、包臀、低开领等。这一装束曾使梦露在时装潮流的引领方面红极一时。据说迪奥十分讨厌这种性感装束，他企图把垫胸从流行中消除，但即使是他也未能力挽狂澜。

2. 服装设计中的性别主题

服装将式样表达、工业结构、材质面料、色彩亮度等因素进行有效的选择与重组，通过暗示或强调人体的某一部位，如颈、肩、胸、腰、臀、腹、踝等，有意或无意地突出两性区别，造成形象强烈的对比与视觉冲击，加上穿着者肢体、情态的渲染，从而唤起人们对人体特征的想象。男性的阳刚美、女性的阴柔美成了服装追求的旨趣。一般来说，男装趋向简洁、整肃、风度、阳刚和力量，女装则被赋予母性、感性。20世纪60年代以前，用来显示女子丰胸、细腰、肥臀的紧身胸衣和裙撑是一种时尚，60年代以后，女装设计更关注女性身体的美，性感多表现于“透”和“露”的设计处理上。服装的性别差异也并非一成不变，会受到大的社会环境的影响。60年代“孔雀革命”之后，男装开始变得花哨；70年代流行中性风貌，女装设计中借用男装设计因素的趋势十分明显。20世纪以前，中性或异性穿戴是一种意趣化的身份游戏，并非要刻意隐瞒自己本身的性别身份，无论是中国唐代的男扮女装，还是西方巴洛克时期追求类似女性形态矫饰的男装，均是如此。20世纪以后，随着科学进步和要求妇女解放的政治女权主义的兴起，服装的中性化与女性对男性服装的模仿相伴相生，这反映了女性追求自身解放的要求，这种要求在社会分工的趋同导致的男女差异弱化的历史条件下逐渐得到了一定程度的实现。

借助服装的表意和象征性，对人体特征的注意和迷恋转变为对美与魅力的追求。服装设计往往是对身体性别信息该如何遮蔽或显现的一种选择和强调，服装中的性别主题反映了一种社会普遍认可的对男女两性差异表现的期望。

三、自由与个性

1. 个性的表达

着装风格的方式有效缓解了个体自我确认在现代理性压力下的焦虑感，在很多场合成为有效的补足方式。现代文化在着装风格的个性表达上，呈现出高度的个人主义特点，使自己“成为”“看起来”是与众不同的人。着装风格不仅是自我表达的工具，还是摆脱理性化规范压力的方法。

2. 个体与群体的适度原则

与众不同在现代社会依然是有限度的，着装风格还面临着适度的问题。风格不仅关乎个人特质，也关乎一般性，关乎与某个风格相关的特定类型群体中的人们共同分享。对于追求着装风格的人来说，那些需要完全和独立创造自我的工作已经由一个商业化包装的群体做到了。要想成为哥特摇滚乐人中的一员，只需要购买现成的、个性化的相应行头就行了。极端地说，根本不存在未被商业化及商品化浸染的个性。可以将刻意追求的着装风格视为多样化的文化小环境或者亚文化，人们不必完全依赖自己去创造个性，一种确定的、已经构建好的个性以商品的形式陈列在橱窗里，人们只需通过购买去选择就行了。着装风格的选择既使我们“看上去”与众不同，又能使我们从群体成员身上获得某种归属的安全感。

第三节　服装三属性

自服装产生以来，就被染上了美的色彩，美变成了服装的一个重要属性。服装具有美的属性和特点，但服装的美不同于纯粹艺术的美。服装的美融会贯穿在其“三属性”之中。全部的服装美学概念，也应该是传统美学三大课题与服装三属性的交织。

一、文化艺术装饰性

服装除了满足人们实用的需要之外，其装饰美化作用越来越受到人们的重视。

1. 美化人体的艺术

衣服本身的物质美，能折射人体的光辉。

据有关专家统计，世界上有5%的人无须刻意打扮，就拥有天然的靓丽美；有5%的人无论如何打扮，也难以给人美感；而90%的人都并非十全十美，或多或少有一些生理上的遗憾，这部分人通过不同程度的打扮，体现着不同的服饰文化修养。追求完美是人类可贵的品质。当服装穿着者对自己的体型、比例、肤色等不甚满意时，就可以通过服装或多或少进行弥补。

2. 人生舞台的道具

就人体本身而言，具有自然和社会双重性。身高、体型、脸型、三围、肤色等是人的自然属性；而人们的职业、地位、身份、爱好与气质等则是在社会中打下的烙印。人们会通过服装去渲染和美化这些社会属性，如法国作家莫泊桑（1850—1893）于1884年所著小说《项链》中，不幸的玛蒂尔德为了一条项链付出了高昂的代价，似乎一条装饰性的项链就使她有资格参加上流社会的舞会，这其实是人对美的期盼超越了极限。除了对档次的追求，追逐流行也是表现社会属性的一个方面。新潮一族的身上总会被投射一束羡慕的眼光，时髦的装扮者自然是美在其中。

3. 丰富文化生活

人们的生活离不开文化，在文化活动领域也离不开服装，服装为各种艺术形象增光添彩，例如，在电影、电视、音乐表演、舞蹈、杂技、戏剧、曲艺等文化活动中，演员们的着装都是经过专业人员精心设计的，这不仅能增加艺术的感染力，还能提高观众的欣赏情趣。对于服装爱好者来说，欣赏一款时装作品，就如同在听服装设计师讲课，其中的乐趣妙不可言。

4. 审美价值观

在实用价值向审美价值的过渡中，人类的观念形态起着中介作用。例如，我国苗族的银饰，在民族服饰中占有重要的地位。据说它曾是避邪和保平安的象征，后来变成了富贵与美的标志，银饰越多，就代表越富越美。有的银饰重达8kg，种类繁多，图案精美。头上的羽毛装饰被赋予了勇敢的含意，使“勇敢”这一观念在服饰美中起了重要作用。原始的图腾崇拜本来没有美的意思，由于宗教迷信而成为本民族强大的象征，进而具有了装饰作用，并逐步发展成为具有独立审美意义的形象。

二、科研技术功能性

1. 服装起源于实用

服装的美首先取决于它的实用性。在远古时期，因为气候因素和生存环境的需要而产生了服装。服装保护人体不被蚊虫叮咬，不被荆棘刺伤，夏天可以抵御高温对人体的损害，冬天可以用来保暖御寒。这些都是早期的实用服装。

现代中国美学认为，人类首先用自己的劳动创造了实用价值，而后才创造了美，事物的实用价值先于审美价值。在原始社会，人们的劳动首先是为了解决对物质生活的迫切需要，这是人类生存的基础。《墨子》中说："食必常饱，然后求美；衣必常暖，然后求丽。"恩格斯曾说："人们首先必须吃、喝、住、穿，然后才能从事政治、科学、艺术、宗教等。"他从历史唯物主义的高度指出物质生活需要与精神生活需要（包括审美需要）的关系。我国学者认为服装是在劳动和对物质需要的基础上产生的，西方"亚当与夏娃"的故事则说明遮体物（服装的萌芽）是由羞耻心理产生的。

2. **服装的基本功能**

除了保护人体、调节体温、防御外界伤害之外，服装的实用性还表现在其他很多方面。例如，服装穿着与年龄、职业、体型及季节相符合的要求；与穿着场合和民族习惯相符合的要求。例如，由于儿童的生理特点，服装要求面料柔软、穿脱方便，以便适应其活泼好动和生长发育的特点。老年人的服装则宜款式宽松，并随气候变化，方便穿脱、随时增减。工矿企业工作者所穿着的职业服，则要求在特殊劳动环境下，能够防护身体、活动自如，便于提高劳动效率。从地区来看，北方大部分地区的外衣设计，要考虑因季节变化方便在里面增减衣服的问题；而南方人的穿着层数相对较少。从季节上讲，夏天的服装款式，面料选择上要求透气性好、吸湿性强、凉爽适体，款式以开门领和短袖为主。此外，白色的自行车披肩对骑车上班族来说也是一种实用设计。

3. **实用是穿着的需要**

从企业经营角度看，服装设计应以满足消费者的实用需要为基本原则，充分考虑产品消费群的活动方便，例如，休闲服、运动服、老年服装等要有足够的放松量、袖山设计不能太高、袖肥不能太小、裤子的立裆不能太大或太小。总之，设计服装的规格尺寸时要充分考虑穿着的实用性。如图7-2所示为漫画《从审美到实用》。

4. **科学与技术的参与**

服装必须经过裁剪、缝纫等加工生产。面料、设备、技术、管理等共同生产了美的服装。例如，制作精良、工艺高档、袖山饱满圆顺、袋盖窝势内扣、缉线平整、针码均实等都能表达出着装的艺术美。

当看到"3D打印""激光切割"等词时，很多人都无法和"时尚"两个字联系起来，但就是这些带着强烈工业感的技术正在改变着时装工艺。"3D数码印花"解决了在毛料、呢料或皮革等厚重面料上进行打印，该技术让面料变得更加深不可测，赋予立体视觉效果，随廓型而变幻，随着穿着者行走的自然摆动而变幻。如图7-3所示为伊里斯·凡·赫本3D打印的时装。

从2013春夏的秀场开始，时装与高科技完美结合的激光切割皮革被大面积运用，让厚重硬朗的皮革呈现出轻盈面料的质感，使其在数码印花以外找到了另一种制作纹样的可能性。激光切割最特别的地方在于有着无法预知的细腻度，伦敦的新生代设计师贾尔

图7-2　漫画《从审美到实用》

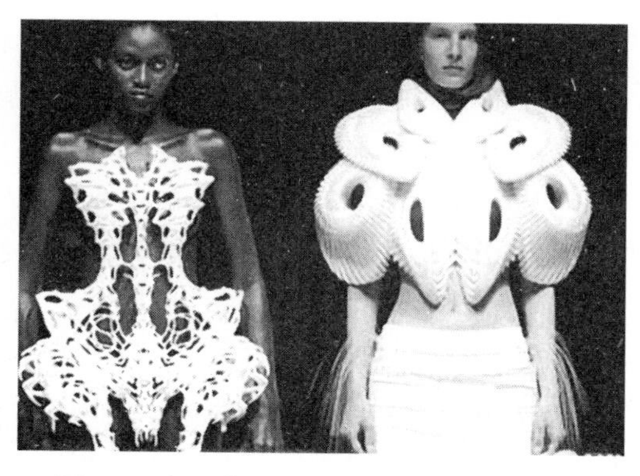

图7-3　伊里斯·凡·赫本3D打印的时装

图7-4　贾尔斯·迪肯的服装作品

图7-5　北京冬季奥运会运动员

斯·迪肯（Giles Deacon）和约翰森·桑德斯（Jonathan Saunders）等使用激光切割技术，表达了镂空技艺的繁复与精巧之时，也赋予了皮革新的生命意义。如图7-4所示为贾尔斯·迪肯的服装作品。

2022年北京冬季奥运会，中国运动员服装设计与制作将“自主创新”的主题贯穿始终。比赛服装除了好看之外，还要注意轻量化和保暖性，因此使用了大量的“黑科技”。研究团队由国内6所高校、4家企业、100多名科研工作者组成，他们利用三维扫描仪、风洞实验室、人类功效学热舒适实验室等多项跨领域前沿技术手段，团结合作、共克难关，为中国冰雪健儿研发出炽热科技服装（超强羽绒、聚热棉、石墨烯），轻量性、保暖性极佳，触感细腻柔软，-20℃超轻保暖，并加入抗静电科技，轻松对应寒冷气候。该团队设计出一系列自主创新、走在世界前端的冰雪运动服装，展现了中国服装行业的原创能力、科研能力和品牌魅力，中国设计师向世界展示了当下中国的文化自信。如图7-5所示是北京冬季奥运会中国男女混合2000米接力比赛中身穿比赛服的运动员。

三、经济价值商业性

服装不是纯粹的艺术品，实现服装的实用价值依赖于它的经济性。服装作为消费品与社会经济的发展、人们的生活水平密切相关。

1. 物美价廉的消费

服装的“档次”概念，就包含了经济的意思。

人们在购买衣服时，不会忽视价格因素。所谓高档、低档等都是服装的经济要素，人们在追求美和实用的同时，会根据自己的经济条件，认真组织自己的衣柜。理性消费占有一定的主导地位，讲究物美价廉、经济实惠是一种朴实的社会风尚。

经济消费是一个相对概念，在价值工程中，“价值＝功能 ÷ 价格”。有时虽然价格较贵，但物有所值，虽贵尤廉。例如，男士购买高级西服套装、女士购买裘皮大衣或结婚礼服，虽然价格较高，实用场合也较少，但因“千年等一回”而慷慨解囊。另外，对于某些人来说较贵的商品，对另一些经济条件较好的消费者来说可能价格一般。

2. **生产的经济性**

服装作为商品，首先是被生产出来的。要经过市场调研、开店办厂、设计造型、加工生产、企业管理、广告投放、运输销售等环节，每一个环节都需要经济作为后盾和基本条件，因此尽量降低成本、提高设计水平是服装企业管理的首要任务之一。例如，设计师在选择面料时，要考虑消费者可接受的价位，款式造型要方便生产加工；开店办厂时考虑投入与产生的比例及投资回报；在商店销售产品时，要考虑装修与广告的投入，要精心研究定价技巧和降低成本的策略等。经济性原则是企业运作的基本原则。如图7-6所示的漫画讽刺了生产企业过分强调利润的行为。

图7-6　商业漫画

3. **品牌定位原则**

服装品牌的定位要显示竞争优势。无论是服装风格的别致、款式的新颖、色彩的协调、面料的独特，还是企业独有的品牌文化和品牌营销等，都有可能形成优势，而这些优势就是该品牌占领市场的制胜法宝。

通常加工型企业的产品线相对较窄，受设备条件的限制，品牌定位也相对容易。销售型企业的产品线一般较宽，可以经销多家生产企业的产品。这时就要考虑经营的品种和风格问题，注意既要满足特定市场的需要，又要考虑效益最大化的问题。服装品牌的定位设计要以服装产品的优点为基础，这是企业能力所反映出来的真正品牌力量。服装产品是品牌的依托，是品牌的竞争优势。

思考题

1. 如何理解“服装是文化的物质载体”？
2. 举例说明服装在社会层面的起源。
3. 举例说明服装与人的身体以及性别的关联。
4. 举例阐述服装三属性。

服装与社会文化——

服装审美教育

课题名称： 服装审美教育

课题内容： 1. 什么是审美教育。

2. 服饰审美教育。

课题时间： 2课时。

教学目的： 服装审美教育是以服装为媒介对大众进行教育的活动。在日常生活审美化的今天，服装审美教育是审美教育的重要组成部分和全面推进素质教育的重要内容，是对人们日常着装审美实践的具体指导，也是审美教育在服装领域中的一次有益探讨。

教学要求： 1. 教学方式——以服饰艺术设计图片为例的示范讲解为主。

2. 问题互动——举例说明服饰审美教育的功能是什么。

3. 课堂练习——结合实际谈谈服饰审美的教育功能有哪些。

教学准备： 准备具有设计感的时装图片。

第八章　服装审美教育

目前，我国学校教育的规模在不断地扩大。从学前到大学，其规模、设备、教学质量等都在以惊人的速度增长和提升。随着中国基础教育的基本普及，识文断字基本成为社会生活的必备技能。而如何培养具有健全人格又富有创新精神的综合型人才，是当今学校的首要任务。服装审美教育是其中的一个重要方面，更亟待加强和落实。

第一节　什么是审美教育

审美教育简称美育，是以艺术和各种美好的形态作为媒介手段，作用于受教育者的情感世界，潜移默化地塑造完美人性的一种有组织、有目的的定向教育方式。在学校，审美教育的实质，就是以自然之美滋润学生自然成长，以艺术之美促进学生自由成长，以生活之美启迪学生自我成长，以崇高之美引领学生自觉成长。

一、审美教育的内涵与功能

1. 审美教育的内涵

审美教育主要包括审美主体、审美客体和审美对象三个部分。通过审美实践活动，运用审美形象的感染作用，培养大众正确的审美观念、健康的审美趣味和稳固的审美情操，并激发其丰富的审美创造力，目的是实现人的全面发展。

在我国历史上，最早重视审美教育的记载见于《论语》:“兴于诗，立于礼，成于乐。”其中诗、礼、乐都属于审美教育的范畴。审美教育的内涵有狭义与广义之分。我国著名美学家李泽厚先生认为:“狭义的审美教育主要是指艺术教育。而广义的审美教育是指一个人在追求人生境界中所达到的最高水准，也就是关系到每个人怎样去追求和建立自己的人生观，不仅追求灵魂的完美，而且是超越这种完美的‘天人合一’，因此，我们有必要把它和艺术教育区分开来。”

审美教育的主要形式是艺术教育，但它并不等同于艺术教育。审美教育和艺术教育是两个不同的概念，两者虽有十分密切的联系，但又有明显的区别，既不能把它们割裂、对立，也不能将其混淆。在美的世界中，美的事物多种多样，美的形态多姿多彩，审美内容极其丰富，审美领域无限广阔。不同形态的美具有不同的审美特征，同时会产生不同的审美教育效果。即使在同一艺术领域内部，它们也是各具特色，各有其独特的审美特征和审美教育功能。所以，艺术作为人类审美活动的最高形式虽然是美的集中体现，但它并不是审美教育的全部内容。如果把审美教育仅仅看成是艺术教育，又把艺术教育局限于音乐、美术的范畴，这样势必会缩小审美教育的范围，减少审美教育的内容，削弱审美教育的功能，限制审美教育的发展。

审美教育不是艺术知识和技能的简单传授，而是作为一种多元化的终身教育的理念贯穿于整个教育过程，是渗透于人一生的教育。正如蔡元培在《以美育代宗教》一文中所说："我所以不用美术而用审美教育者，因范围不同，欧洲人所设之美术学校往往只有建筑、雕刻、图画等科，而音乐、文学亦未列入；而所谓审美教育，则自上列五种之外，美术馆的设置，剧场与影戏院的管理，园林的点缀，公墓的经营，市乡的布置，个人的谈话与举止，社会的组织与演进，凡有美化的程度者，均在所包；而自然之美，尤供利用，都不是美术二字所能包举的；二因作用不同，凡年龄的长幼，习惯的差别，受教育程度的深浅，都令人审美观念互不相同。"（原载《现代学生》第1卷第3期，1930年12月出版）

2. 审美教育的功能

随着改革开放的深入，我国教育观念和教育体制也发生了重大的变化，人们逐渐意识到审美教育在整个国民教育中的重要地位和作用。特别是在素质教育的全面推进过程中，相比较德育、智育和体育而言，审美教育因其具有生动可感的形象、寓教于乐的方式、丰富多彩的内容，所以更易于为不同文化层次和不同行业领域的人们所理解和接受，从而达到陶冶和教育人的目的。

（1）健康人格的完善。审美教育是实现人的全面发展，以审美的方式实现人格自我完善的重要途径。美的形象往往包含着丰富的人格教育信息，通过生动、具体、感人的形象，激发和净化人的感情，以美导真，以美导善，潜移默化地影响着人们健康人格的完善。在健康人格的建构过程中，审美教育具有两个特点。一是审美教育具有完整性与和谐性的特点，它的这种综合、协调作用对于陶冶性情和培育完整的现代人格至关重要。审美教育是一种作用于知、情、意的能力教育，其关注的重点是人的有机协调发展，而非某方面能力的单一性提高。从这方面看，如果缺少审美教育就不能实现人的自由和谐发展和综合素质的全面提高。二是审美教育具有情感与理智相融的特点。审美作为一种精神活动，虽然不等于认知活动和道德意志活动，却往往包含着对真理与道德的评价。通过感性、直观的形式，体会其中蕴涵的意味，进而将其融入自身的价值取向、意志抉择和行为动机的取舍之中，这是人格完善过程中从感性通往理性所不可或缺的桥梁。西方近代审美教育思想先驱席勒早就指出："要使感性的人成为理性的人，除了首先使他成为审美的人，没有其他途径。"

（2）审美能力的培养。审美能力是指在审美活动中个体对美的审美感知力、审美理解力和审美想象力，以及在这个基础上产生的审美创造力。简单来说，审美能力就是个体以审美的方式把握世界的能力。个体间的审美能力是有差异的，但审美教育可以使人的审美能力得到提高。增强审美感知力，是为了培养受教育者在把握审美对象的色彩、造型、比例等外在形式方面所具有的敏锐选择力和认同力。培养审美理解力不是指培养简单的认识，而是培养一种审美的认知能力，是使受教育者突破抽象思维习惯的束缚，运用形象思维对审美对象的整体及其内涵的领悟和把握能力。培养审美想象力，是指在既有的审美经验基础上，审美主体通过发挥联想等心理活动的作用，丰富和提高原有的审美感知力和审美理解力。培养审美创造力，表现为增强审美主体按照美的规律驾驭和创造物质美和精神美的能力，这是一种更为重要、更为高级的能力。

（3）审美理想的建构。审美理想是指审美活动中对于完美的审美价值的想象。审美教育总是在一定的审美理想前提下展开的，它也是确立并构建审美理想的关键方式。所以，确立良好的审美理想，对各种类型的美好形象进行审美解读，这对于培养人们良好的审美趣味、提高其审美判断力和鉴赏力有着重要的意义。这一点对于青少年群体尤为重要，他们由于生活阅历浅、审美经验不足，正处于人生观、价值观的形成时期，尚未形成完整而准确的审美判断力，心理不成熟，容易产生浪漫化、理想化和形式化的情结。青少年总是盲目追求时尚潮流，但流行文化有良莠之分，庸俗、肤浅的欣赏趣味以及即时性消费中以修身养性为主旨的审美欣赏变为以消遣、解闷、寻求刺激为主的消费享乐，这些反复强调的世俗观念通过狂轰滥炸的信息，严重误导了青少年对美的认知。如果对此不加以正确的引导，会使青少年极易走向不顾艺术文化的内涵和思想价值、盲目追求感官享受和刺激的极端。

（4）创造性智力的开发。里德曾说："人的个体意识，尤其是智力和判断力是以审美教育——各种感受力的教育为基础的。"审美教育开启了由抽象思维能力走向直觉思维能力、由认识真理走向创造发明的道路和渠道。审美教育有助于创造性智力的开发，它能够激发人们无意识的创造冲动。在审美过程中，审美的想象并不拘泥于日常生活的经验，而是思维具有广阔性、灵活性和飞跃性的特点。同样，对事物进行审美的理解和创造，也绝非是在日常经验的基础上进行，而是既符合常识，又要违背或者超越它，呈现出一种创造性的智慧。审美教育特别是其中的艺术教育，是开发、培养儿童和青少年创造性能力的最佳教育形态。艺术教育的绝大部分都是通过动手实践来实现的，作画、设计的过程本身就是一个创造性的过程，一个点、一条线有无数的画法，不同的画法又给人以不同的想象，同时还有不同的组合方式。在这个过程中，学生完全摒弃了条条框框，自由发挥，大胆想象，这不能不说是一种开发人的创造力的极佳方式。

（5）丰富生命体验。生命体验是审美教育的起点。生命是审美的本源，审美来源于人的生命活动，来源于人的实际生活中的感受、体会和领悟。艺术来源于生活，然而生活本身并不能自发上升为艺术，生命体验作为中间部分连接着审美和艺术。审美主体需要发挥主观能动性去体验去感悟生命，而不能灌输和强迫。

课堂上，教师不能用自身或教科书的主人翁的经历和体验来代替学生的生命体验和感悟，要引导学生了解如何获得美的途径和方法，由学生自己去体验。美的传递过程也是生命体验的过程，生命体验贯穿审美教育的整个过程，能够推动审美教育走向超越和提升人的精神境界，审美教育也能唤醒和提升个体的生命体验。

3. 审美教育的特点

审美教育是一种情感教育，它的任务是要塑造和形成人们优美、高尚、丰富的感情、趣味、心灵和精神境界。审美教育的这种职能需要人们持久的关注。审美教育具有以下特点：

（1）形象性。形象性是审美教育的显著特点。审美教育是从观赏美的形象开始，并且始终离不开美的形象，让受教育者通过美的形象来领悟美的内蕴。无论是自然美、艺术美，还是社会美，它们首要的特征是形象性。审美教育的形象性是和智育的抽象性相对而言，也是由美的形象性所决定。美是直接的感知，是对那种浮现在眼前的形象的直觉把握。例如，大自然中的高山流水、苍松翠柏，文学中的唐诗宋词，绘画中徐悲鸿的万马奔腾、齐白石的虾、达·芬奇的蒙娜丽莎，米洛斯的维纳斯等，都是以生动、多姿多彩美的形象唤起人们的审美情感，使人们获得审美愉悦和审美享受，从而实现审美教育的目的。

（2）情感性。审美教育的情感性也是以审美形象传递到人的感官，从而激起人的情感体验与感悟，以陶冶情操和涵养，从而完成健全人格的构建，提升人生境界。审美教育的形象性以情感的形象化来表现与体悟。审美对象在本质上是情感生命的形式，它直接作用于人们的审美创造力和欣赏力。

（3）娱乐性。娱乐性是审美教育的鲜明特点。早在古罗马时期，诗人贺拉斯（Horatius，前65—前8）就提出了“寓教于乐”的主张，强调通过艺术欣赏活动，不仅可以使人们满足精神上的审美需要，身心得到积极的休息，而且可以从中受到教育和启迪。

（4）精神性。在审美教育中，虽然以审美形象诉诸人的感官，以情感体验感染激发人的心灵，但是审美教育的最终目的却是人的精神世界，而不是停留在感官享受上，更不是引向物质欲望追求，当人们面对让人沉醉的美时，人们感受到的是精神的震撼，得到的是灵魂的陶冶与净化。审美教育从感性出发而大于理性，从形象感知开始而终于精神自由，正是其超越性和精神性的体验。

（5）自由性。自由性是审美教育的重要特点。一般来讲，智育、德育等教育方式，都或多或少要采用灌输的方式来进行。智育、德育基本上是在课堂上进行，大多采用老师讲授和学生听讲的形式。而审美教育的特点，恰恰是采取自觉自愿的自由方式进行。

（6）趣味性。审美教育的趣味性是指审美教育的进程对受教育者应具有的吸引力，使他们始终对审美的创作与欣赏保持浓厚的兴趣。审美教育的趣味性来源于美对于个性差异的充分尊重，满足每一个受教育者的个性情感生活需要，鼓励他们个性和独创性的充分发展。审美教育的趣味性来自审美教育的感性、形象性，审美教育进程始终伴随着生动可感的形象，始终伴随着对生动形象的体验。

（7）普遍性。美是无时不在，无处不在的。美的普遍性，决定了审美教育的普遍性。尤其是随着科学技术的发展和人民物质文化水平的提高，审美教育在人类生活中占据着越来越重要的位置，它不只是在学校的课堂或校园中进行，而是进入人类生活的各个领域，包括自然美、社会美、艺术美，以及日常生活中的美容美发、形象设计、服饰打扮、家居装饰等，都离不开审美和审美教育。在当今社会的生活化趋势，使人们在日常生活中也随时可以受到美的熏陶和教育，审美教育正在成为一种生活教育或整个人生的教育。

（8）全面性。审美教育的全面性并不是指审美教育可以独立承担起促进人们个性全面发展的任务，而是指在促进个性审美的发展过程中，对人们的心理功能与意识的全面开发，并使它们处于相互协调平衡的状态。其实审美本身就是一种高度复杂而综合的活动，它包括了生理和心理领域。席勒提出审美教育的全面性，认为在审美教育的过程中，个性、人格的分裂可以消除，以恢复到人性整体的心境。因此，审美教育充分体现了促进个体全面发展的素质教育理想。

二、培养审美心理

审美心理过程是多种心理要素和谐运动的过程，美感是审美感知、审美想象、审美情感和审美理解多种心理要素综合在一起的矛盾统一体，它们既有自己独特的心理功能，又彼此依赖、相互诱发、相互渗透。

1. 审美感知的熏陶

对于审美反应的完整过程而言，审美感知是美感的出发点和归宿。审美感知是审美感觉和审美知觉的统称。审美感受和其他形式的认识活动一样，必须以审美对象的感知为基础，只有通过对审美对象各种属性和外在特征的感知，才能由感觉进入知觉，进一步感受审美客体内部所蕴含的情感、气质和灵魂。这反映了美感运动的初步深入和发展。正如黑格尔所说："遇到一件艺术作品，我们首先见到的是它直接呈现给我们的东西，然后再追究它的意蕴或内容。"

审美感知不仅具有一般的感觉和知觉的共性，又有自己独特的个性。

（1）审美感知具有整体性的特点。与美关系最密切的感官是视觉和听觉。虽然视听器官具有比较广阔的感知领域，但在实际感受中，耳、眼、鼻、舌等各感官绝非孤立地工作，人们总是发挥各器官的协调作用，将对象作为整体来知觉的。在感知过程中，知觉并不是对事物个别属性的感知，也不是各种感觉要素的机械相加，而是融进了特定的想法和情绪，包含审美主体已有的经验、知识、情感、兴趣和态度。

（2）审美感知具有敏锐的选择力。审美主体的选择和审美主体内在的心理结构有关，当主体专注于某一对象时，审美主体能够凭借敏锐的选择力，迅速捕捉到其中的微妙变化。在感知过程中，这种选择通常带有专业倾向，表现为专业的敏感。另外，必要的生活经验也是影响审美主体进行选择的重要因素，正如鲁迅先生所言："看别人的作品，也很有难处，就是经验不同，即不能心心相印。所以常有极要紧、极精彩处，而读者不能感到，后来自己经验了类似的事，这才了然起来。"在我国流传了两千多年的"曲高和寡"的典故也说明了这个道理。

2. 审美想象的启发

审美想象是按审美需要、审美理想展开的想象，它是一种创造性的心理形式。在具体的审美活动中，审美想象是在多种心理因素（欲望、感觉、想象、理解等）的综合作用下产生的一种特殊的意识行为，是审美活动顺利开展并实现主体审美理想的必要条件。审美想象是艺术创造的源泉，在审美过程中，审美想象既是审美需要和审美感知的延伸，同时也是审美创造和审美理想实现的途径和基础。通过审美想象，人类的思想可以超越时空，自由翱翔，不但可以从一个事物推想到另一个事物，也可将多种相距遥远的事物和概念甚至看似毫无关系的要素相互联结起来，在这些要素的偶遇、交合、撞击中人类会产生灵感，生发出创意并创造出新的形象。但是，不同于理性的科学想象，审美想象的动力是审美情感。除此之外，审美想象还受到审美客体特征和审美主体各方面情况的制约：一方面，审美对象的特征诱导着审美想象的方向和范围；另一方面，具有不同主观条件的审美主体对同一个审美对象所展开的想象也不尽相同。

3. 审美情感的浸染

审美情感是审美需要、审美理想的满足，给人一种精神上的愉悦。审美情感在审美活动中有着突出的地位，离开情感，审美活动就无法进行。在审美心理过程中，审美情感首先是以审美客体的存在为基础的，一个不美的对象很难激发起我们的情感。审美活动又是一种再创造的活动，在审美活动中，审美主体虽以审美对象作为基础，受它的限制和制约，但并非被动地适应，而是向其渗透着审美主体的情感体验。同时，审美情感作为人的一种高级的情感活动，与一般意义上的快感又有很大的区别：它是以人的审美认识判断为基础，其中包含了审美主体对审美对象的评价，蕴含了丰富的理性内容。

情感作为其他心理因素的诱因，也是审美过程中最活跃的因素。《列夫·托尔斯泰文集》中表明："作者所体验过的感情感染了观众和听众，这就是艺术。在自己心里唤起曾经一度体验过的感情，在唤起这种感情之后，用动作、线条、色彩、声音以及言词所表达的形象来传达这种感情，使别人也能体验到这同样的感情——这就是艺术活动。"一方面，审美情感是人进行审美实践活动的内在动力，是艺术创作的过程，本质上也是艺术家审美情感的物态化过程。另一方面，审美情感又是审美鉴赏的动力因素。正是因为情感的参与，才使我们的情感体验有了无限丰富的内容。正所谓艺术家“情动而辞发”，审美接受者则是“披文以入情”。艺术家凝聚在作品中的审美情感与接受者的情感融为一体时，便会产生强烈的共鸣。这样，作品中情感的作用才能发挥出来，艺术创造才算真正的完成。以美的形象作用于人的情感、净化人的情感、洁净人的心灵，以潜移默化而不是说教的情感方式感染受教育者，这才是审美情感体验的完整过程。

4. 审美理解的升华

不同于一般意义的理解，审美理解除了具有理解的共性特征之外，还具有独自的审美特征。对于服装艺术的审美理解而言，首先必须有明确的观赏态度，在承认服装具有基本的穿用功能的基础上对服装的审美功能进行必要的确认，这是进行服装审美的前提。其次，要有与审美对象相关的必要知识储备，包括对服装的造型方式、制作工艺、熨烫技巧等专业知识的了解，这是进行服装审美的基础。最后，审美主体要有较高的文化素养和丰富的艺术经验积累。欣赏同一件服装作品，具有丰富的服装艺术知识和较高文化修养的人，会比一般人产生更为丰富的联想和想象，这一点对于领悟审美对象的深层生命意蕴至关重要。

第二节　服饰审美教育

一、服饰的审美形态

服饰美是一个综合性的整体概念，它是许多要素协调、配合所构成的一种统一美。服饰美蕴藏着美与文化，是功能与装饰、物质与精神、形式与内容的统一。它通过功能美、视觉美、工艺美以及象征美这些元素，塑造出服装美的整体形象，表现出服装特有的审美特征，为人们带来了精神和物质的双重享受。

1. 功能美

服装的功能美是指服装产品因其功能上的特征和优势而创造出的审美价值。功能美是服装美学的基本形态之一，也是设计之美区别于一般艺术之美的重要标志。服装功能美的基本表现在于，服装具有保护肌体、舒适保健、方便活动的功能。功能美主要展现的是服装的内在美，它是服装产生、存在和发展的重要基础。为了满足日常生活中人体活动的各种需要，服装有着对应于各自目的的特定形态、结构及功能。从山顶洞人发明骨针、缝制兽皮以御严寒开始，服装就具备了最基本、最原始的使用功能，尽管那时所采用的工艺简单而陋拙，但御寒、护体的实用性远远超过了它的装饰性。随着社会的进步，在服装企业的现代化生产中，科学技术有力地推动了服装功能美的实现。采用新技术并运用高科技手段对服装产品的结构、材质和性能进行了更为合理的选择和优化，这一点在工作服、运动服、登山服、潜水服、宇航服等功能性服装上的表现极为明显。如图8-1所示为神舟十三号航天员穿着航天服。另外，服装的功能美不仅能够解决社会生活的需要，而且是产品畅销的有力保障。

图8-1　航天服

图8-2　奥黛莉·赫本身穿纪梵希设计的小黑裙

2. 视觉美

（1）造型美。造型美是服装视觉美的主要表现方式。服装的造型包括服装本身的造型和穿在人身上之后的综合造型两个方面。在服装的设计和穿用过程中，服装的造型美主要是通过对服装内、外廓型的设计以及对附件、配件等局部细节的造型表现出来的。服装造型有自己的特点，它属于立体造型，同时，结合人体的形态还具有动态变换的特点。服装造型的过程实质上是运用剪裁、拼接等整形方法，将设计意图物化表现的过程。在服装面料有机地转化为服装成品的过程中，完美的服装造型是服装功能性与装饰性的有机结合。观察香奈儿（Chanel）、迪奥（Dior）、纪梵希（Givenchy）等世界著名品牌的经典造型设计，我们可以看到服装造型美的设计不仅要结合服装的实际穿用目的，而且要运用形式美的基本法则，把对比、统一、调和、变化、平衡、比例、节奏等内容作合理安排，只有这样才能创造出或简约或奢华的造型美。如图8-2所示为奥黛莉·赫本身穿纪梵希为其设计的小黑裙，造型简约又不失高雅。

（2）色彩美。色彩在服装设计中占据着重要地位，它是服装生命与灵性的体现，也是一件服装成功与否的关键因素之一。皮尔·卡丹曾说："我创作时最重视色彩。"服装的色彩美往往能给人们的视觉带来最为直观的审美愉悦，使服装产生立竿见影的审美效果。好的色彩搭配不但可以给服装作品增添美的活力、强化人们的审美快感，同时也可以修饰人的体型、衬托人的肤色、体现人的气质并弥补其形象中的不足或缺陷。早在茹毛饮血的年代，人们为了某种目的就开始用色彩来装饰自己的身体，他们用赭石粉和花汁涂抹身体，甚至不惜刺破皮肤嵌入朱砂、青、白等颜色。进入奴隶社会、封建社会以后，服装色彩更是以其实用功能和审美功能的发挥而引起了人们的重视，并且成为区分贵贱的标志。服装色彩是服装设计师设计理念的表达，是服装设计风格的体现，同时也是众多服装品牌在残酷的市场竞争中取胜的关键所在。意大利品牌贝纳通（Benetton）就是凭借其全色彩的设计理念，成为服装界"以色取胜"的典范，其广告语"全色彩的贝纳通（United Colors of Benetton）"就标示着这个特点。

（3）材质美。服装材料作为服饰美的物质载体，主要由服装材料的外观风格和内在性能两部分组成。前者是通过材料的质感来反映的，后者主要是通过服装材料在吸湿、透气、防水、防风等内在功能方面的特点反映出来的。由于所选材质的不同和织造工艺的差异，衣料表面会产生各种不同的纹理变化，给人以不同的视觉和触觉感受，如柔姿纱的轻盈之美、水洗牛仔布的粗犷之美、真丝面料的糯滑之美以及棉麻面料的透气之美等。另外，同样款式的服装，由于使用面料的不同，还会给人带来截然不同的视觉与心理感受。真丝面料给人飘逸华丽之感，呢绒面料给人富贵高雅之感，棉麻面料给人朴素庄重之感。衣料材质的不同会直接影响到服饰美的艺术效果。如图8-3所示为阿玛尼（Armani）秋冬系列，其服装的面料质地呈现出厚重感；如图8-4所示为华伦天奴（Valentino）春夏系列，裙装的面料是呈半透明状的薄纱，质地轻盈飘逸；如图8-5所示为亚历山大·麦克奎恩（Alexander McQueen）春夏系列，其服装面料呈现出光泽感。

图8-3 阿玛尼秋季服装

3. **工艺美**

服装品质的展现除了通过选用华丽、精致的面料外，更多的是通过剪裁工艺的精巧、缝纫和熨烫工艺的巧夺天工来实现的。服装的工艺美主要指服饰制作中的传统手工艺美和机械化现代技法美两个方面。按照服装制作的步骤和过程，服装的工艺美主要包括剪裁之美、缝纫之美、熨烫之美和包装之美四个环节。服装技术的美观程度会直接影响服装整体美的实现。如果没有合理的剪裁技术和精湛的缝纫技术，服装创意将永远都只是脑海中的想象或图纸上的描绘。加强工艺美的设计是服装品质升级的必由之路。在选择好服装面料之后，服装韵味的表现很大程度上依赖于天衣无缝的制作工艺，这一点在高级定制女装上的表现尤为突出，优雅的造型加上精湛的工艺常令人惊叹不已，如图8-6所示为迪奥的高级定制女装，如图8-7所示为范思哲的高级定制女装。另外，服装的工艺美不仅是体现设计创意的技术保证，而且是服装品质升级的必经之路。

4. **象征美**

服装的象征美，一方面体现为设计师运用美感元素对服装各种隐含意味的表现，另一方面体现为欣赏者发挥主观能动性，根据社会习俗和自身的审美体验对其隐含意味的解读和联想。服装可以是个人身份和地位的象征，例如，我国古代服饰往往通过服装的色彩、纹样、品类标志着人们的身份和地位。另外，它也可以是特定环境下隐喻和暗示功能的反映。在川久保龄（Rei

图8-4 华伦天奴春夏系列

图8-5 亚历山大·麦克奎恩春夏系列

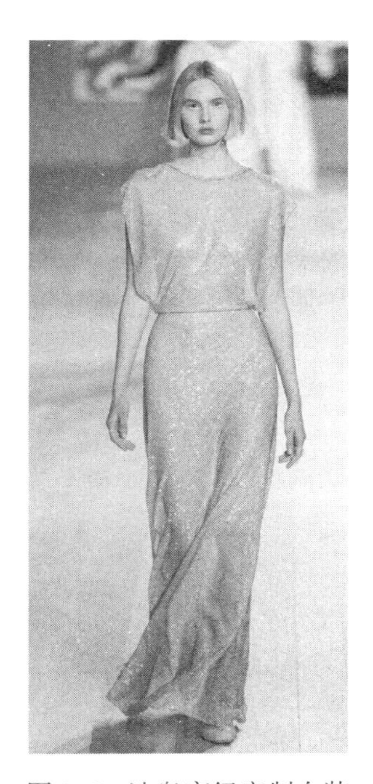
图8-6 迪奥高级定制女装

图8-7 范思哲高级定制女装

图8-8 川久保龄“白色戏剧”秀场

kawakubo）春夏时装秀现场（图8-8），设计师将该场秀概括为“白色戏剧”：出生，结婚，死亡，涅槃。依照传统，不同的仪式赋予了白色不同的意义，川久保龄的纯白色解构系列就是设计师对服装在色彩和造型方面富有象征意味的审美解读，是川久保龄对日本地震这一大灾难做出的艺术回应。

二、服饰审美教育的途径

1. 家庭审美教育

家庭中的服饰审美教育是服饰审美教育的起点。社会是由家庭组成的，家庭是社会的细胞，家庭是人生的起点，父母是孩子最早的老师。一个人最早接受审美教育，是从家庭开始的。研究结果表明，受家庭审美教育影响最大的是学龄前儿童即婴幼儿，婴幼儿时期的审美教育十分重要，因为他们所受到的教育几乎全部来自家庭。从这个角度来讲，家庭中的服装审美教育开始的最早、持续的时间最长、对人的影响最深。但是由于受年龄的制约，婴幼儿对于服装美的理解还处在一个相对朦胧模糊的状态，所以该时期的服装审美教育主要在于一种“美好观念”的传达与渗透。例如，可以通过家庭环境的美化布置、家庭和谐氛围的营造以及家庭成员恰当的穿衣打扮和言谈举止等，在孩子心中建立一个初步的美的概念。

在家庭的服饰审美教育中，父母发挥着重要作用。他们不仅是孩子们着装的启蒙老师，同时还扮演了人生各阶段自发的着装监管员的角色。父母自身日常的着装风格和审美观念，会在无形之中对孩子的服装审美观念产生极大的影响。鉴于此，父母应通过日常有关服装主题的交谈、购买一些与服装相关的图书或者欣赏一些经典的服装影视作品等多样化的方式，引导孩子认识服装美，产生服装选择与搭配的审美意识，帮助孩子建立正确的着装观念，进而辅助孩子形成良好的审美观。

2. 学校审美教育

学校是实施教育的最重要的主体，学校审美教育具有明确的目的性和周密的计划性，学校中的服饰审美教育是服饰审美教育的关键环节。学校是从家庭到社会的中间环节，它对学生施行有计划、有组织的系统教育，因此，与家庭和社会中的服饰审美教育相比，学校中的服装审美教育时间更有保证、条件更加优越、教育更加系统、效果更加明显。2002年教育部颁发的我国第一部《学校艺术教育工作规程》明确规定：“艺术教育是学校实施审美教育的重要途径和内容，是素质教育的有机组成部分。”不少学校将服饰审美教育列入教学计划，纳入学校的素质教育之中。

学校中服饰审美教育的受众是学生群体。在当今信息爆炸的时代，身处象牙塔中的学生们不再是消息闭塞、传统呆板的书呆子，而是最容易接触并接受新事物、新理念的群体。然而，各种各样的服装样式和着装方式却令他们眼花缭乱，不知所措。他们热衷于追逐时尚，他们的服装看似时髦且极具个性，但实际上却是失去了社会文化、审美价值和学生身份特征的盲目模仿。与遍布街头巷尾的服装类期刊相比，教师在配套专业教材的指导下，对学生进行服饰审美教育，无疑更具有权威性、科学性。学校系统性、针对性的服装审美教育，不仅可以使学生了解穿衣的智慧，培养学生对美的感受力、鉴赏力和创造力，同时也可以帮助学生树立正确的审美观念，抵制不良文化的影响。

学校服饰审美教育的途径主要有课堂教学和课外活动两种。课堂教学中的服装审美教育应当是学校中服饰审美教育的核心，因为学校教育主要是通过教学活动来完成的，课堂教学自然也是学校服饰审美教育的主要方式。课外活动中的服饰审美教育是课堂教学的补充，同时也是校园文化生活的重要组成部分。学校可以定期举办服饰专题讲座，也可组织服装社团、模特表演队等，让学生根据各自的兴趣爱好自由参加，丰富学生的课外生活，增强学生对服饰美的认知与判断。

课堂教学中的服饰审美教育主要包括两个方面：一方面是针对非服装专业学生开设的公共欣赏类普及性课程，如《服装色彩鉴赏》《中西服饰艺术欣赏》《服装艺术风格鉴赏》等；另一方面是针对服装专业学生开设的《服装概论》《中外服装史》等专业理论课程，以及《服装制板》《服装剪裁》《服装生产工艺与设备》等专业应用性课程。由于欣赏性教学和专业性教学针对的接受群体不同，所以在课堂教学内容的安排和选择上会形成明显的差别。教学方式既可以是教师根据讲义内容来授课，也可以是在教师的鼓励下，由学生主动地表达自己的理解和认识，或者是采用讨论的形式，就一个特定主题进行自由讨论来组织教学。

运用多媒体、投影仪等现代教学手段，图文并茂地介绍服装方面的相关知识，仍是现代服装课堂教学的一个重要方面。服装是一种视觉艺术，每件服装、每套配饰都是精美的图像。在课堂教学中，以印刷品、电子演示等形式，提供大量高质量的服装图片，可以帮助学生对服装形成清晰、直观、形象的认识，从而对学习效果产生有益的帮助。但是，如果只使用单纯的图片，其说明效果是不完善的，还须与文字相配合，这样才能达到最优的教学效果。

3. **社会审美教育**

社会审美教育是审美教育的大课堂。与家庭和学校中的服饰审美教育相比，社会中的服饰审美教育具有更加广阔的范围和更加多样化的形式。社会审美教育中的服饰审美教育具有广泛性的特点，它的目标群体的范围更大，是以全体社会成员为对象。尤其是当代社会中，随着广大人民群众物质生活水平的提高，人们对服饰美也提出了越来越高的要求。社会中服饰审美教育的方式主要是指发挥博物馆、展览馆、影剧院和文化宫等由国家和社会建立起来的一些专门的审美教育机构的作用，利用期刊、报纸、广播、影视及网络等大众传播媒介，结合日常生活中的观察、交谈和考察，多渠道地获取服饰方面的相关知识。

在生活中，个体的服饰形象千差万别，不同行业的服饰形象也迥然相异。观察对象的服饰特点，思考服饰形象背后的民族、文化和职业背景，这无疑是获得服饰审美教育机会的最为便利的方式。另外，由于服装艺术是不同时期社会、文化和艺术的最好缩影，它们往往能够体现不同时期的具有代表性的服装艺术风格或者体现服装史中著名服装设计师的某种设计理念，所以各个时代的典型服装往往成为许多博物馆收藏和展示的重要对象。通过对这些馆藏服装作品的欣赏或设计师个人服装风格的展示，我们不仅可以获得最为直观的审美享受，同时也可以弥补二维服装图

图8-9　电影《绝代艳后》剧照

图8-10　香奈儿春夏高级定制发布秀

片的不足，和因摄影技术、印刷质量给服装本来形象造成的扭曲。所以，将图片与生活中的日常观察或者到博物馆、展览馆参观的体验结合起来，必定会使人们得到更为深刻的服饰审美教育。

随着当今社会信息传递的增快，人们也可以利用杂志、报刊、广播、影视、网络等大众传播媒介，获取有关服饰文化、服饰流行、服饰制作等多方面的相关信息。如《时尚》（*VOGUE*）、《世界时装之苑》杂志，这些时尚杂志经常会介绍一些世界著名服装设计师，并刊出他们的代表作品。另外，通过欣赏影片，结合剧情了解片中人物服饰风格的特点，也可以使我们在享受视觉盛宴的同时获得服饰方面的大量知识。如图8-9所示为电影《绝代艳后》的剧照，这部电影因其美轮美奂的服装造型获得了第79届奥斯卡最佳服装设计奖。此外，通过电视、网络等媒体，观看服装设计师每季时装秀中的作品展示，也可帮助我们了解服装的设计风格，把握时尚流行的信息。如图8-10所示为香奈儿春夏高级定制发布秀。总之，社会中的服饰审美教育方式多种多样，可以是实地参观，也可以是间接欣赏，还可以是日常口语交谈，只要留心，总会或多或少地受到一定的服饰审美教育。

三、服饰审美教育的功能

讲求服饰美，是人的天性所致，也是健康人格的表现。人类通过服饰表现自我、美化自我，这种意识不仅促进了服饰的艺术创作，而且推动了整个服饰文化的发展。服饰美具有一般艺术形式无法替代的独特魅力，它具有大众化的特征，是一种有普遍影响力的审美形式，也是人人都可以参与的审美形式。人们既是高级定制发布秀审美的主体，也是审美的客体，每个人都可以成为服饰美的创造者、使用者和观察者，因此，服饰美具有广泛的社会影响力和重要的审美教育功能。

1. 树立正确的服饰审美观

（1）具有包容性的审美态度。服装艺术风格多种多样，它是作品成熟的标志，同时也是服装设计师之间相区别的独创特征。在当前这个信息化、多元化的社会中，社会宽容度加大，各种设计风格都可以自由传播，可以是克里斯汀·迪奥作品中带有古典主义意味的高雅，也可以是让娜·朗万（Jeanne Lanvin）作品中带有浪漫主义色彩的华贵，还可以是亚历山大·麦克奎恩作品中超现实主义想象的离奇。面对众多的服装艺术风格，我们需要进行冷静的分析，不能盲目地加以评价。艺术本来就是多元化的，每种风格背后都有特定的文化与艺术内涵。事实上，艺术的魅力正是源于它的不拘一格，犹如百花齐放般的灿烂。在不同时期，可以有主流与非主流之分、前卫与传统之分，但绝不会有对与错之分。艺术是多元的、丰富多彩的，既要宽容大度，又要学会用科学理论去加以分析，既要客观公正，保持冷眼旁观的从容，又要抱有一种激情。

（2）具有高雅、健康的审美品位。在日常生活审美化的今天，审美让位于消费，精神让位于肉体，理性让位于感性，大众的着装审美也开始转到如何满足眼睛、耳朵和身体的愉悦与舒适上面，更多关注的是着装形式的外观美化，而忽略了其内在精神的传达。实际上，着装作为文化、价值观和信仰的形象化表述，它的含义绝非美观、舒适、愉悦这么简单。那些教人们如何穿衣打扮的时尚杂志、媒体所进行的服饰审美教育，大都缺少对人进行着装精神教育的内容。它把人穿衣服的问题简单抽象成人体的外在形式美与服装形式之间的匹配问题，忽略了人的内心、人格、审美价值观、审美能力、社会文化等内容与着装外在形式之间的互动关系。从这个意义上说，要想了解服饰审美教育的内涵，必须进入着装审美价值的深层认识中，从着装审美心理学、着装社会学、着装文化的跨学科研究视角出发，构建健康、高雅的着装审美观。

2. **提高服饰艺术审美能力**

（1）正确认识服装的主题。服装的主题作为服装设计的中心思想，是服装作品整体结构的内在框架。服装主题对服装形式美要素有着内在的规定性影响，根据主题内容的差异，设计师可以有选择性地把握服装在造型、色彩、质地等方面的艺术处理。另外，由于设计师会对某种主题风格特别偏爱，服装主题还会影响服装风格的形成，所以服装作品的整体艺术风格可以通过对服装主题的理解来把握。

（2）正确认识服饰美的形式要素。在服装的发展变化中，服装作为一种人造物，虽然它的穿用功能一直以来并没有发生太大的改变，但是围绕着服装的穿用功能所展开的服装外在形式的研究却在不断地变化。从某种意义上说，服装史也是服装形式变化的历史。所以，正确认识服装作品中的色彩、造型、质地等形式要素，并理解各要素在对比、节奏、变化、统一等方面的形式组合方法就显得十分必要。

3. **重塑着装形象**

在服饰审美教育的功能中，服装还具有提高人的服饰搭配水平和着装品位的功能。日常生活中，大多数人凭感觉来选择着装方式，或者靠模仿来获得自身的着装经验，或者靠同事亲友的评价来调整自己的服装行为，或者像市面上所谓介绍着装的刊物一样，简单地说“什么人适合穿冷色”“什么人适合穿横条纹衫”“什么人只适合穿短裙”那样肤浅的指导，这些不免会显得过于草率，有比较大的随意性。真正的帮助和指导，应该是教会大家一种规律。所以下面将按照由局部到整体的顺序，从“服”与“装”的关系，到“服装”与“人”的关系，再到“服装”与“自然环境”的关系，层层深入地介绍怎样形成自觉的服装行为观念，这对于准确地认识个人形象特点，正确地把握服装审美潮流，从而更加恰当地选择主体的着装风格，有着非常重要的指导性意义。

（1）正确认识“服”与“装”的关系。服装并不是简单的上衣和下裳，而是由“服”和“装”两部分组成：“服”即衣服，这是服装的主体，如上衣、裤子、裙子等；“装”即装饰，包括帽子、领带、鞋子、手表、提包、扇子等配合衣服的附件装饰，以及化妆、发饰、文身等对人的身体直接进行改造的装饰。服装美的产生不是单一某方面作用的发挥，而是要依靠上述诸多因素的配合，是“装”与“饰”的内在统一。一个人的发式、妆容如果与服装的款式、色彩不统一，主体形象的整体性就会受到影响，从而使人的整体形象大打折扣。

（2）正确认识“服装”与“人”的关系。服装的美并不是靠服装的经济价值来体现的，也不是由服装的稀有度所决定的，关键是要适合自己的性格、生理、职业等方面的特点。着装既关乎身体，又指向他人，具有物质与精神的双重属性。正是因为有了人的穿戴，服装才有了生命和灵魂。随着生活品位的不断提高，人们在追求服装款式、色彩、质地、配饰之间搭配的同时，还要认识到服装与个人形象、气质的和谐统一。服饰美的实现不在于它的感性形式，而在于人，体现为它与着装者结合后的整体效果，结合得好，美感就强，结合得不好，美感就弱。所以，在服饰选择的过程中，只有以人为本，结合自身体态、职业、性格、修养等各方面的状况，才能突出穿着者的外在优势，赢得周围人的喜爱。

（3）正确认识“服装”与“自然环境”的关系。服装美在于其与环境配合的和谐自然，服装不仅要适应自然环境中的季节变化，还要适应自然环境中的空间位置变化。也正因如此，服装才有了春装、夏装、秋装和冬装的区别，形成了职业装、晚礼服、演出服、睡衣等适用于各种场合的多样化面貌。服装讲究与自然环境的搭配，大冬天穿一件夏款的薄纱裙，参加宴会时穿一件睡袍，显然是不合时宜的。只有将服装的款式、色彩有机地融入环境，形成与自然环境的和谐统一，才能使人的整体美得到更有力的烘托。

思考题

1．审美教育与艺术教育相比有哪些特点？

2．试述服装的审美形态。

3．服装艺术的审美教育功能是什么？

专业拓展——

服装与姐妹艺术

课题名称： 服装与姐妹艺术

课题内容： 1. 绘画与时装绘画。

2. 音乐与舞蹈艺术。

3. 服装与戏剧。

4. 文学艺术与服装。

5. 建筑艺术与服装造型。

6. 服装与电影艺术。

课题时间： 2课时。

教学目的： 认识姐妹艺术与服装设计创作的关系，了解姐妹艺术的基本元素与服装元素及造型的关系，学习姐妹艺术的基本原理，为专业课程的学习奠定基础。

教学要求： 1. 教学方式——结合服装类电影，了解单类艺术与综合性艺术的关系。

2. 问题互动——绘画、建筑、戏剧、诗词等与服装设计的关系。

3. 课堂练习——观看电影，互动评述。

教学准备： 让学生观看服装类电影后，课堂讨论学习体会。

第九章　服装与姐妹艺术

服装美及创作，与许多其他相关艺术有着密切的关联，并在深层次影响着服装设计及创作的过程。绘画、音乐、舞蹈、戏剧、语言、建筑、电影等艺术被称为是服装艺术的姐妹艺术。同时，在许多姐妹艺术中，同样能够领略到服装的美。

第一节　绘画与时装绘画

绘画是人类最早的艺术形式之一，大约在旧石器时代晚期就产生了原始绘画艺术。早期的绘画主要描绘当时渔猎生活中所能捕捉到的动物，从一个方面反映了远古人类的生活状况和艺术萌芽。

一、绘画与服装画

绘画与服饰伴随着人类的历史，向前可追溯到洞窟壁画，向后可寻找到中世纪的绘画、宗教画、历史画、风俗画以及19世纪印象派绘画，这些绘画作品对当时服饰的时尚性、人物地位、社会背景和创作时代等信息做了生动的记录。

1. 绘画属于瞬间艺术

绘画作品是瞬间情境的凝固，它可以使欣赏者联想到没有出现在画面上而与画面情节前后有关的事物。19世纪法国著名画家米勒曾以描绘农民的劳动为例，说明了绘画的瞬间表现问题："一个倚锄荷铲而立的人，较之一个做掘地或锄地动作的人，就表现劳动来说是更典型的。它表现出农民刚劳动过而且倦了。这就是说他正在休息，接着还要劳动。"因此，绘画所描写的一瞬间，是一个典型的侧面。通过展示它的过去和未来，从而引起欣赏者对事物前因后果的联想，这是绘画成功的标志之一，即从一幅画中能读到背后的故事。

图9-1 《冰嬉图（局部）》

《冰嬉图（局部）》（图9-1）是一幅描绘冰上运动的中国古画长卷，长563cm，宽36.5cm，绢本设色。由清代宫廷画师张为邦、姚文瀚历经两个月共同绘制而成。画中穿着不同款式、不同颜色服装的人物所表演的项目也不同。

画中的众多人物似乎都遵循着某种比赛规则，却又各自展露出不同的运动技艺，令人目不暇接。它以院体画的形式完整记录了清乾隆时期，在北京皇城太液池举行的一场“冰嬉盛典”，具有重要的历史价值和艺术价值。2022年北京冬季奥运会中的花样滑冰和短道速滑与《冰嬉图》中的转龙射球比较相似，所以中国冰上运动从古代流传至今。

2. 中西方绘画的区别

绘画艺术随着时代的发展而发展。全世界各民族文化传统的差异导致了绘画中不同风格和流派的出现。我国一般将绘画分为东方绘画和西方绘画两大体系。

传统的西方绘画以素描为基础，以油画为正宗，重视透视关系，讲究形式构图；而东方绘画则偏重于表达意蕴、写意传神，追求对象的神似。绘画的各种画种和流派，在服装画中都有所渗透，并形成不同的服装画艺术风格。

随着中西方文化的不断融合，绘画技艺相互汲取彼此的优点。无论怎样变化，中国传统绘画的基本特征和优良传统应保持并发扬光大，中国画是中华民族智慧、才能的结晶，是我们的宝贵财富。

3. 时装画

时装绘画是一门古老又时尚的艺术，最早可以追溯到16世纪，随着时尚业以及时装产业的发展，时装绘画又被赋予新的内容、形式与标准。时装画是随着服装艺术的发展，从名不见经传的次要的分支画中，逐步发展成一种服装行业的专业画种。时装画以绘画为基本手段，通过丰富的艺术处理方法来体现服装设计造型和整体效果的一种艺术形式。时装画通常以八头比例人体为基础，以着装效果为主要表现对象，以传达设计信息和方案、指导生产与消费为主要目的。时装绘画在“商业”与“艺术”之间，逐渐具有了独创性和独立性。

绘画的各种画种在时装画中都有所渗透，但以线描着色为主，并且随着设计师作品设计风格的形成，国内外大师的时装画也体现出不同的绘画艺术风格，如图9-2所示为范思哲的时装画。服装设计专业为了培养学生特定的造型能力和艺术素养，一般都要把时装绘画作为学习的基本科目之一。从艺术的角度看，它强调绘画形式自身的完满，有很多服装插图家并不十分强调设计应遵循的法则，而是力图美化设计，强调服装的审美价值。从设计的角度看，服装设计师不必画服装画也可在模特身上直接做设计，服装画只是表达设计意图的一个手段，事实上画得好与坏并不影响市场的销售，而是产品表达的一种辅助手段。随着计算机绘图技术的发展，传统的手绘技法失去了以往独有的地位，各种新技术、新材料的介入丰富了时装绘画的表现形式，也使其焕发出更加灿烂的光彩。

二、绘画与服装

随着社会文化的快速发展，艺术理念的巨大变革，使绘画与设计的界限逐渐缩小，设计即是艺术。由于消费者不再局限于服装实用功能的这一观念转变，对服装的艺术创意表现性不断提出新的需求。绘画艺术与服装设计的部分理念融会贯通，服装设计师巧妙地吸收绘画色彩语言，强化服装设计的艺术性，从而提升服装设计的创新性。绘画与服装设计是文化艺术的重要组成部分，分属不同的

图9-2 范思哲的时装画

图9-3 《簪花仕女图》（局部）

图9-4 常书鸿《姐妹俩》

学科。服装设计作为一种创作艺术与绘画艺术有着某种内在的关联，它们相互依存、相互渗透。绘画艺术为服装设计的更新变化提供了艺术参考，并赋予服装新的艺术生命力。

1. 绘画中的服装

绘画中的空间、分解、重构、抽象等表现元素，使画面在艺术理念及主题表达上具备了艺术表现力。绘画中的服饰之美，通过服装的观感可以更好地解读绘画作品，通过呈现服饰的样貌与发展，也反映出艺术与社会生活、时尚的相互影响。如图9-3所示是唐代仕女画传世孤本，著名画家周昉的《簪花仕女图》（局部）。画中仕女按照唐朝着装规制穿的是裙、衫、帔三件套。仕女穿着高腰齐胸曳地长裙，裙衫红、黄、紫、白多种颜色，婀娜多姿，裙上绘有当时流行的服饰图案：田字菱纹、团花、白鹤、云凤纹样等。妆容敷铅粉、涂胭脂、画广眉、贴花钿、发髻上簪牡丹花、荷花等当时唐朝盛行的妆容，这是贵族仕女一种时尚的打扮。画中仕女的装扮反映了当时唐朝繁荣、开放，不拘于束缚，同时也显现了仕女家族在当时的社会地位。

如图9-4所示是画家常书鸿（1904—1994）1936年创作的《姐妹俩》，他巧妙地运用身穿旗袍的东方女性形象，在西方的油画创作中表现中国的民族风格和审美意寓。这幅画作中表现的是身着不同颜色旗袍的两位女士。左边低头读书的女子穿着黑底白花的传统旗袍，是20世纪30年代的真丝面料及地长款旗袍，整体风格修长合体，上身高立领，上缀三道一字盘扣，用以美化脸型。下身高衩位及大腿中，衩边镶嵌着十分精致的蕾丝花边，呈现出端庄典雅的气质。而右边这件白色真丝旗袍为中西合璧样式，上身为高立领短袖合身旗袍款式，袍身从颈部到臀部合体贴身。下身采用西式连衣裙款式，自臀围以下为无开衩及地长袍裙。内着真丝衬裙，外虚内实、外长内短，非常时尚和雅致。

2. 绘画与服装设计融合

绘画艺术和服装设计通过各自的方式向人们展现美。绘画艺术在服装设计发展历程中影响显著。对绘画艺术和服装设计二者而言，彼此之间提供了发挥空间。绘画艺术具有独特的艺术视角，它能拓展服装设计师创作灵感、创作手法、创意思维，还能够提升服装品牌价值。服装是绘画艺术推广最好的载体，设计师通过自己的艺术品位、对绘画的理解，更好地传达设计理念。

随着多元文化和各种思潮的交融，使得绘画艺术与服装品牌跨界合作越来越频繁，不同行业之间的界限也越来越模糊。艺术家们在寻求一种新的创作突破，时装品牌可以为绘画作品提供更具实用性、功能性的独特艺术魅力的舞台，并更好地、更广泛地传播作品。绘画从大众的观赏艺术，逐步与时装品牌合作，推出联名款服装等，已成为独特的商业模式和趋势。

当下，绘画艺术和服装设计已经不可分割，绘画艺术中的立体派、未来派、超现实派、视幻艺术和波普艺术等流派都已渗入服装领域，形成相互融合、相互叠加的艺术景象。现代绘画在机能、素材和技法上均影响着服装设计。受荷兰画家蒙德里安作品集的启发，伊夫·圣·洛朗设计了以几何色块搭配、分割为原理的蒙德里安直身裙系列（图9–5），此后，时装设计与绘画艺术之间便有了合作，这是时尚界一次重大的革新和突破。现在，绘画艺术与时装的关联度越来越紧密，服装设计师不仅经常以著名的绘画作品作为服装面料的图案或设计元素，而且许多著名服装品牌也经常与当代艺术家联袂推出新的时装系列。伊夫·圣·洛朗1988年春夏系列中的作品，灵感来自文森特·梵高的著名画作《向日葵》。许多时尚品牌从克劳德·莫奈（Claude Monet）的作品，里得到启发和灵感。如图9–6所示是德尔波佐（Delpozo）2015年春夏系列设计作品，设计灵感来源莫奈的画作《睡莲》，服装面料的用色和花纹与画作有异曲同工之妙。艺术家和品牌服装合作实现双赢。

图9–5　蒙德里安裙

图9–6　德尔波佐作品

第二节　音乐与舞蹈艺术

一、传情的音响运动

1. 音乐是听的艺术

音乐艺术是通过有组织的音响运动，创造音乐形象，表现思想和情感，反映社会生活的艺术形式。音乐艺术的美学特征是以节奏和旋律等音乐语言组成的运动形式，表现作者的审美感情，间接反映产生这些感情的生活，利用欣赏者的“通感”，使欣赏者听到乐曲时，联想到有关的生活形象，从而得到陶冶、感染和审美感受。音乐是耳朵的对象，不可能有视觉艺术那样的具象性，也不可能有文学艺术那样的明确性。音乐的根本要素和基础是旋律，音乐的基本要素有旋律、节奏、节拍、和声、调式、调性、音色、速度、力度、强度，曲式则是音乐形式的综合。

2. 音乐长于传情

与文学、绘画、戏剧、雕刻相比，只有音乐和情感的联系最为直接，最能直接地表现和激发欣赏者的情感。也可以说，音乐是一种“主情”艺术。黑格尔在他的《美学》第三卷中指出：“音乐来打动的就是最深刻的主体内心生活。音乐是心情的艺术，它直接针对着心情。”在组成音乐的要素中，七个音符的排列与组合、变化与发展总是以情感的变化为依据的。在音乐艺术中可以表达深情的爱和刻骨的恨，奔放的欢乐和由衷的喜悦，深切的悲痛和淡淡的忧愁，对理想的追求和人生意义的探讨。总之，人类无比丰富的感情世界，都可以在音乐中得到淋漓尽致的表达。

3. 音乐与造型艺术

音乐与造型艺术有着千丝万缕的关系。据说古希腊的毕达哥拉斯有一次路过一个打铁作坊时，被那里和谐而有节奏的“叮叮当当，叮叮当当”打铁声所吸引。他征求铁匠的同意，开始测量铁锤与铁砧的尺寸及声音之间的节拍。经过反复研究，他发现动听的音响与物体之间有一定的比例关系，从而推测出音乐的高低与琴弦长短的比例关系。因此，他认为音乐的基本原则建立在乐器结构的数量关系上，音乐节奏的和谐，是由高低、长短、轻重各种不同的音调按照一定数量上的比例关系组成的。毕达哥拉斯从视觉线段的比例上，发现了属于听觉艺术理论，进而推广到造型艺术的比例上。所以至今西方人称道："音乐是流动的建筑。"

人体造型艺术和服装设计艺术形象的均衡与稳定、对比与调和、比例与尺度、韵律与节奏等艺术法则，构成了一种与音乐相通的美学基础。听觉的音乐在声音的高低、节奏与拍节方面，与视觉的点线面体所构成的服装的节奏感有着必然的联系。

4. 音乐是无形的艺术

音乐并没有直接描绘形象的专长，音乐形象与造型艺术中可见的形象不同。音乐是一种"无形"的艺术。音乐利用音响要素的变化造成特定的感情起伏的复杂关系，间接地表达社会生活中人的思想感情的变化。音乐与诗境有些类似，所表达的境界不是一种确定的具体形象或画面。但音乐与可视的造型艺术有着"通感"层次的交流。有时称音乐塑造的情境为"音乐画面"。所以从事造型艺术的很多人对音乐都有一定的鉴赏能力。服装设计师通过轮廓、线条、色彩、肌理等来塑造服装艺术的美，其中造型要素之间的数的关系能够与音乐构成一种默契。另外，服装的展示需要音乐的烘托与配合，选择合适的音乐对有效地表达和展示特定服装的审美有着重要作用。

二、服装与音乐

1. 服装的灵感源泉

服装与音乐有着千丝万缕、密不可分的关系。由于音乐的艺术构成与服装的艺术构成共同遵循着特定的艺术规律，服装与音乐的关系表现在许多方面。服装设计师的灵感需要音乐，服装造型与音乐主题的相互交融，音乐演唱会的服装设计等，都建立在对音乐的理解上。服装设计中的情感传递则是通过具象的款式、色彩或配饰来表达，设计师利用服装的构成形象，以恰当的形态语言充分展现其思想情感，唤醒听众的情感共鸣。

在每个时代不同的社会背景下，时装与音乐出现了不同的面貌，以不同的方式相互联系，对时尚的面貌产生了很大的影响。只要音乐存在，服装设计的音乐源头就不会枯竭。

2. 服装与音乐相辅相成

在当今的时尚艺术中，时装设计不断从音乐中汲取灵感，歌星也以时装包装自己，这不仅构成了服装与音乐的新文化现象，服装业也出现了一个非常红火的款类，即演艺时装。事实上，从20世纪60年代一直到现在，无论是迷幻、披头士、摇滚、雷鬼等音乐文化，还是众多的流行音乐一直都为许多时尚设计师所钟爱，抽象的音乐和著名歌星的形象风格，更为设计师提供了丰富的想象空间。作为高级时装设计师的忠实伙伴，也少不了知名歌星的光顾。这种时装与音乐行业之间的交融，也随着事业更为久远。例如，圣·洛朗曾得到米克杰格等音乐人士的支持，范思哲和艾顿强等摇滚歌手也有着深厚的友谊，他们的交往都使彼此在事业上获得了成功。法国设计师艾迪·斯理曼（Hedi Slimane）曾说："音乐对时装的影响至关重要，我喜欢设计舞台服装，每当我开始落笔的时候，心里想的都是那些音乐家。这件衣服适合这个人，那件衣服适合那个人。他们穿着我的服装非常舒适，只因我们使用的是同一种语言。"如图9-7所示是歌星麦当娜在舞台上大胆而新潮的着装，对当时的服装产生了深远的影响。麦当娜使内衣变成了外穿的时装，露出腹部紧裹臀部的筒裙、镂空无袖上衣、黑色齐肘的长手套、鞋跟带钉等细节，都成为人们仿效的时髦。

3．音乐与服装表演

音乐是服装表演的背景，它提供听觉环境，作用于舞台表演的视觉因素构成复合影响。服装表演配乐的目的是借助音乐的意境、表现力、想象力，引导观众欣赏的思路，启发观众对服装设计的理解与联想。利用音乐的旋律感表现服装内在的韵味，同时也使模特更准确地把握服装的内涵，表现服装动态的韵律。一台完美的服装表演离不开音乐的配合，没有音乐的参与，服装表演的节奏与情绪就失去了依托。任何一个服装秀的组织者，都非常认真地挑选适合各个系列服装表演的音乐。挑选音乐的水平和制作音乐的能力，直接关系到演出的成败与效果。

4．组合成就商业

时尚与音乐相互碰撞的火花，引起了多次服装史上重要的革命，至今仍然可以看见延续的潮流元素。

20世纪90年代以来，时装与音乐之间的交流注入了更多的商业气息，很多时候是双方在刻意联手制造一种声势。例如，麦当娜频频出席在某些时装设计师的作品发布会上，歌坛天后席琳狄翁也经常光顾迪奥的时装发布会。此时，作为时装设计师也总能收到丰盛的媒体曝光率，设计师为乐坛明星打造闪亮的形象的同时，也为自己的品牌增添了更多的价值。

在时尚圈里，服装与音乐共舞，音乐也因时装生辉。如图9-8所示为摇滚音乐背景下的时装风格。服装设计师通过异彩纷呈的时装秀表现时装，环绕在秀场的音乐与时装和谐相融，成就了时尚之美。现在的时装工业，不再是只卖衣服，它需要依靠时装秀为消费者营造一个购买“场域”。而激发人们情感的音乐，突破了衣服本身纯粹的物理表现方式，将隐藏在时装背后的价值观和文化风格表现出来，激发人们的购买欲望。

图9-7　麦当娜的新潮着装

三、舞蹈艺术

舞蹈艺术是人类文化的一个组成部分。舞蹈以动态的形式为一个国家、一个民族的传统文化和历史记载做了重要的补充，并发展成为一种技艺性很强的表演艺术。舞蹈是以经过提炼、组织和美化的人体动作姿态为表现手段，来表达审美感情和反映生活审美属性的艺术形式。

1．舞蹈起源于劳动

舞蹈起源于原古人类的生产劳动实践，是人类历史上最早产生和形成的艺术形式之一。当时舞蹈常和宗教活动结合在一起，主要作为人们庆贺丰收、社会交往、祭祀祖先、敬天拜神、文化娱乐、体育竞赛等方面的活动形式。我国在公元前6世纪就已经有了相当水平的舞蹈艺术。宋代以后，舞蹈艺术主要融合在戏曲艺术之中。如图9-9所示为广西宁明花山发现的新石器时代的岩

图9-8　摇滚时装风格

图9-9　铜鼓舞岩画

画铜鼓舞场面。

舞蹈通常分为生活舞蹈和艺术舞蹈两大类。生活舞蹈是指人们在生活中进行的舞蹈活动，如风俗、宗教、社交、体育、教育等舞蹈。艺术舞蹈是指表演性舞蹈的总称，按表演特性可分为抒情舞蹈、叙事舞蹈和戏剧舞蹈；按表现形式可分为独舞、双人舞、三人舞、集体舞和组舞等；按表现风格可分为古典舞蹈、民间舞蹈和现代舞蹈等。

2. **舞蹈的抒情性**

抒情性也是舞蹈艺术的主要本质属性。舞蹈虽然也有自己的特定语汇，但它不像语言艺术那样有准确的内涵和明确的意义，但它却有形象的动作和优美的姿态。古人说："诗言志，歌咏声，舞动容。"舞蹈的意境朦胧更能令人遐思神往，给人以更为广泛的思想天地，从而获得更大的审美享受。杨贵妃跳霓裳羽衣舞，她着绮罗旋转于翠盘，好像一朵红云在空中飘荡；霓旌回绕乱落天香，云扇徐徐展开，露出艳丽容妆，好似九天仙女驾彩云降至人间；飘来飘去，好似风动菡萏翩跹叶上；彩袖舒漫，好像飘然飞去；盘旋俯仰，好似花摇柳娜；风影鸾翔，体态娇媚；足尖轻踏，佩鸣环响；缥缈在仙，妙姿绝伦。观之令人神思荡漾。如图9-10所示是画家涂志伟所画的《霓裳羽衣舞》。

图9-10　涂志伟《霓裳羽衣舞》

3. **舞蹈是人体艺术**

舞蹈最能表现和展示人体美。舒展常春藤般的手臂，旋转杨柳柔软般的腰肢，腾跃修长健美的玉腿，顾盼一往情深的明眸，尽展比例优美的体态，显示出强大的生命活力。被称为"现代舞蹈之母"的美国天才女舞蹈家邓肯在访问雕塑大师罗丹时，跳了一个德阿克里特的牧歌舞。罗丹被她的形体美深深地打动了，竟然站起身来，走到邓肯的身边，用双手抚摸她的颈部，又慢慢地去摸胸部、臂膀、赤裸的腿和脚。雕塑大师发现了他要塑造的人体美。邓肯在她的日记里写到，她为没有完全理解雕塑大师的举动而感到终生懊悔。

4. **舞蹈的节奏与造型**

节奏是舞蹈动作的基本要素，它与音乐是同胞姐妹。舞蹈体现着生命的旋律，跳动着时代的脉搏。舞蹈的每一个动作都具有鲜明的节奏美。舞蹈的整体形式通过节奏和节拍来组织，不同的节奏或节拍形成不同的舞蹈动律和风格，表达不同的感情和情绪。如快速跳跃的节奏动作多表现舒畅和欢乐的情绪，缓慢深沉的节奏动作多表现忧郁哀伤的情绪。

造型是使舞蹈具有形象美的基本条件。舞蹈是靠人体的动作和姿态来塑造艺术形象的。人们把有节奏、有组织、有变化的人体动作和姿态称为舞蹈语言。舞蹈艺术通过流动性的、连续性的、具有节奏感和情感表现力的舞蹈语言，来塑造各种各样的舞蹈艺术形象，从而给人们带来审美享受。优秀的舞蹈作品具有绘画和雕塑的某些审美特征，所以有时舞蹈也被称为动态造型艺术。从某种意义上讲服装造型艺术也是如此。设计师需要考虑他的作品被穿着后出现在特定场合的动态效果，服装表演更具有舞蹈艺术的这一特点。另外，舞蹈服装设计就是服装设计的一个门类，因此设计师了解一些舞蹈知识是非常有益的。

5. 服装表演与舞蹈形体

现代时装舞台的表演讲究“一竖、二横、三体积、四肢、台步”等几方面。“一竖”为前后中心线的曲线韵律感；“二横”是指肩线与大转子连线之间的动态关系；“三体积”指头部、胸廓和盆骨三大人体构成之间的动态关系；“四肢”的动作设计也是表现服装的艺术效果和结构特征的重要因素；“台步”是指模特儿在台上的步型与路线，起初主要是一字形的“猫步”，现在演绎出更加生活化和随意的自由步伐。服装模特依照服装设计的意图，为表现成衣的结构特征，旨在达到服装表演的目的，导演将根据观赏者的心理规律，对服装表演的各种要素进行艺术的构成。如图9-11所示为服装表演。

图9-11 服装表演

第三节 服装与戏剧

一、戏剧是综合艺术

1. 戏剧是艺术的分枝

戏剧是艺术的一个分枝，与音乐和电影等并列。戏剧是由演员扮演角色在舞台上当众表演故事（生活情节的展开与矛盾冲突的演变）的艺术形式。它是由文学、导演、表演、美术、音乐、舞蹈、建筑等多种艺术类型有机合成的综合艺术。戏剧美学是艺术美学的一个分枝，它是研究戏剧艺术的审美特征和审美规律的学科。

戏剧按照作品展示人物感情的性质可以分为悲剧、喜剧和正剧（又称悲喜剧）三大类。按照作品的表现形式可以分为话剧、歌剧、舞剧、戏曲、哑剧和活报剧等。按戏剧的题材可分为现代剧、历史剧、神话剧、儿童剧、科幻剧等。按戏剧情节的时空结构可分为独幕剧和多幕剧。

2. 戏剧是综合艺术的体现

戏剧作为综合艺术，并不是各种艺术因素的简单组合。戏剧中包含的视觉因素，如剧本艺术、演员形象和舞台美术等，包含的听觉因素，如音乐、音响、唱腔、道白等，虽然它们具有相对独立的审美价值，但它们之间不能相互代替，也不能代替戏剧本身的审美价值。相反各种艺术成分及其有机组合，必须服从戏剧美学本身的原则，经过策划人、经纪人、剧作家、导演、演员、美工师、音响师及剧场工作者的集体创作，才能形成具有整体性的舞台形象，才具有呈现于观众面前的审美价值。戏剧与其他文学艺术相比有时间、地点、人物和事件的高度集中，尖锐的矛盾冲突、高潮与戏剧性，人物语言是剧本文学表现的三个基本特征。

3. 舞美与服装

舞台美术简称舞美，是舞台美术设计与策划的总称，是戏剧及所有舞台表演艺术必不可少的重要因素。舞美以布景、灯光、化妆、服装、服饰、道具等为手段，并使其与演员表演构成有机完整的统一体，来表现导演的整体艺术构思。布景一般有平面绘画布景和立体构成布景两个类别。现代舞台布景通常是两种类型配合使用，互补长短，灯光以光色明暗方向及其组合的变化，显示舞台时空的转换，延展或缩小舞台的表演空间，也用于渲染气氛，突出人物形象等。舞台后部的天幕或前部的纱幕，可以造成风雨雷电雪等空间幻觉效果，以增加舞美的表现力。

二、戏剧服装

1. 戏剧服装的作用

戏剧服装是指与表演相关的服装以及整个戏剧配套的附属物，包括衣服、裙子、裤子、帽子、鞋和头饰等。这些服饰以人物和剧情为中心，并与台词、戏剧动作、舞台布景、灯光、音乐等因素共同构成了戏剧的整体系统，是一种加强表现力的形式语言。中国戏曲种类繁多，细数不下百种。这些戏曲风格各异，唱腔多调，但相同的是都有戏服。

几个人穿上戏服，在舞台上，造就了天南地北、山河湖海尽收其中，才子佳人、帝王将相各呈其能，恩怨情仇在咫尺之地表现得淋漓尽致。在戏曲的舞台表演中，服装造型艺术能在很大程度上使角色的特点更加鲜明，使演员能更好地诠释角色的内涵，同时能创造很大的商业价值与艺术价值。戏曲服装和造型不受生活元素的束缚，相对完整地表达事物的本质，更注重的是对作品意境的表达，戏剧服装造型并不是对演员简单的扮相，而是通过服装造型艺术的包装，使舞台、演员与艺术作品形成一个相互促进的整体。

服装作为戏剧中审美客体最直观的外在形式，通过现实主义、浪漫主义、象征主义三种主要表现形式，强化了服装在戏剧综合因素中的主动性，更好地服务戏剧人物形象的塑造和个性的表达。服装作为塑造角色外部形象的艺术手段之一，用以体现角色的身份、年龄、性格、民族和职业特点，并显示剧中特定的时代、生活习俗和规定情境等。戏剧服装的目的在于塑造和突出典型的人物形象，加强剧中人物的个性表现，强化服装在戏剧综合因素中的主动性。

戏服种类繁多，从其造型、图案、纹样和颜色上，就可以区分剧中人物文、武、善、恶、富贵、贫贱等身份。如图9-12所示是京剧《铡美案》剧照。《铡美案》里的主要角色是包拯和秦香莲，他们的是整个戏曲中最为经典的代表服装之一。包拯穿“福字行龙蟒”服装，这种服装的特色在于前胸位置的刺绣行龙，由于易被髯口遮掩，为了突出龙纹，将它横摆到腹下，依其姿势称为“横龙”。黑色服饰作为包拯的专用服饰，表现包拯的刚正不阿。秦香莲的着装是典型的青衣，穿大坎肩，内穿在传统女青褶子的沿边上饰以如意头的改良女青褶子，从而增加美感。

图9-12 京剧《铡美案》剧照

戏曲服装鲜明的色彩以及具有意义的图案都与其代表的人物特点有着非常紧密的联系，从无声的角度将人物的性格特点以及身份等其他信息传递给观众，并展示了非常丰富的美感。戏曲服装随着戏剧的不断发展发生了很大的变化。随着高科技的不断发展，舞台美术和声光电等新技术的大量介入，传统的服装色彩已经无法适应现代舞台和观众的要求了，要使服装在戏剧舞台大放异彩，就必须对服装及色彩进行创新式的调整。

戏剧服装的未来发展，仍有待我们去全面了解戏剧历史、服饰演变、考证历史上优秀戏剧的成功经验，从而更深入地认识戏剧服装，发掘戏剧服装表现形式更新的领域。

2. 戏剧服装设计

戏剧服装的设计可以看作是一门单独的学科，在课堂上做一些模拟尝试练习，这对生活装设计水平的提高也会有很大的帮助。

服装设计师需要根据导演的意图，认真理解人物在不同情况下的角色，区分年龄、性别、身份、生活趣味等，根据剧情发生的时代、民族和地区等，分析人物的性格和外部形象特征。服装设计师参考当时的历史背景及可能的图片资料、文献记录、人文风俗和各个服饰配件的含义，力求以服装符合历史的真实性来再现生活。戏剧服装设计中有句行话："宁穿破，不穿错。"指在设计服装、化妆和随身道具时，要充分体现人物的自然属性和社会属性，满足人物形象的构成要求，充分体现时代、社会环境的特点。

现代戏曲的风格更加贴近现代人的生活，很多戏曲已经出现现代版本。伴随着演出风格的改变，服装设计也逐渐加入了现代元素，更适合观众对现代戏曲的审美。戏曲服装与现代服装的作用是相互的，很多其他形式的舞台表演服装也逐渐加入了戏曲的元素。现代服装与传统戏曲服装元素的叠加使得现代戏曲呈现出独特的风格，吸引更多年轻观众的目光，使戏曲文化得到传承和发展。

音乐艺术、舞蹈艺术与戏剧艺术同属表演艺术，主要美学特征是通过演员的表演，把各类艺术的文学脚本所提供的间接形象转化为直观的表演形象，使欣赏者通过演员绘声绘色绘形的表演，如临其境，如闻其声，如见其形，从而产生情感交流，了解作品形象所反映的社会生活和思想内容并获得审美感受。

第四节　文学艺术与服装

一、语言艺术的魅力

文学又称"语言艺术"。它是通过用语言文字来塑造艺术形象，反映生活美丑属性、表现作者审美意识的艺术。由于商业因素需要对服装产品做出文字介绍时，设计师在服装效果图上表述设计的艺术构思时，当大赛中模特儿接受采访时，当服装工作者应邀与媒体部门合作节目时，当服装推销员向客户介绍本企业服装的艺术风格及特点时，必要的文学知识和鉴赏能力，就会发挥出神秘的作用。从造型上讲，文学也与服装有着千丝万缕的联系。

文学的第一形式要素是语言。运用语言文字表达作家的审美意向，能够做到准确、鲜明和生动。文学与绘画和戏剧相比各有长短，绘画的图像与戏剧演员的生动实体更为形象化，而文学的长处在于性质的确定性，短处是缺乏具体形象的确定性，它只能通过语言作为中介，使欣赏者感受形象。文学运用文字具有更广泛的和深刻的表现性，天上地下，古往今来，亦叙亦议，夹评夹说，自由度更大一些。

文学语言广泛运用于诗歌、散文、小说、戏剧、电影等艺术形式中。文学语言的特点是形象性、丰富性、音乐性和感情色彩。文学的魅力表现在，它不是抽象的说理，而是把事物的性质、情状通过形象鲜明具体地显示出来，使欣赏者通过阅读能够如临其境、如视其貌、如闻其声。文学语言的音乐性表现在诗歌中的鲜明节奏、小说的丰富多变及戏剧中的悦耳动听。

二、小说与服装

小说是文学题材中最常见的形式之一。小说可以把故事情节、生活环境和人物描写融为一体，从各个角度、各个层面表现丰富的社会生活。在特定的情节和环境描写中塑造人物形象，是小说与诗歌、散文的主要区别。小说能够更为充分自由地运用语言文字，表现作家审美意识的目的。从几百字的微型小说，几千字的短篇小说，几万字的中篇小说，几十万字的长篇小说，还有上百万字的多卷本小说。小到一个生活片段，大到社会历史事件，都可以作为创作的题材。从单个人物形象的塑造到上百个人物的群像，从小人物到大人物，作家通过复杂的故事情节，展开矛盾冲突，形成庞大的错综复杂的形象体系。如《红楼梦》中描写了四百多个人物形象，展示了广阔的社会生活画面。

以文学语言形式见诸报纸杂志的时尚文章，令人目不暇接，它是人们学习服装和提高审美意识的重要方式。例如，林语堂先生在《论西装》中写道："大约中西服装哲学上之不同，在于西装意在表现人身形体，而中装意在遮盖身体……像纽约终日无所事事髀肉复生的四十余岁贵妇，穿起夜服，露其胸背，才叫人触目惊心。这种妇人穿起中服便可以藏拙，占了不少便宜。因为中国服装是比较一视同仁，自由平等，美者固然不能尽量表扬其身体美于大庭广众之前，而丑者也较便于藏拙，不至于太露形迹了，所以中服很合于德谟克拉西的精神。"此段话描绘得淋漓尽致、惟妙惟肖。

三、诗词艺术的修养

1. 有助于提高修养

诗词是一种用高度凝练的语言，形象表达作者丰富情感，集中反映社会生活并具有一定节奏和韵律的抒情言志的文学体裁。

诗词要求集中、概括、突出地反映社会生活，它不像其他文学作品那样，可以用较多的文字来详尽地描绘，而是惜墨如金。即使是一些长篇叙事诗，在人物刻画方面、环境描写方面和故事情节展开方面，也不像小说那样去详细铺陈。一首好诗，能在短小的篇幅里包含丰富的情感和深刻的内容。诗词的概括性反映在文字虽少，容量却大。

很多设计师钟情于从中国古诗中去寻找创作主题和灵感，用中国古典诗词描写服装设计主题的作品，使欣赏者能够获得较为深刻的国风意蕴。"诗情画意"是中式时装刻意追求的主题之一。对诗词的鉴赏能力，有助于服装设计修养的提高。

2. 古诗词中的服装

中国在几千年的文明历史进程中，古人给我们留下了数不尽的诗篇。这些诗歌记载着中华文明社会各个方面的发展史，同时也记载了灿烂的服装文化，我们可从诗歌中了解服装发展史。

在古代诗歌中，诗人们往往用铺叙、夸张等手法描绘女子的服装，借以烘托其美。如"头上倭堕髻，耳中明月珠。缃绮为下裙，紫绮为上襦"，这是汉乐府《陌上桑》中描述一位名叫罗敷的姑娘的穿着。罗敷头上梳着堕马髻，耳朵上戴着宝珠做的耳环；浅黄色有花纹的丝绸做成下裙，紫色的绫子做成上身短袄。人们从她那精致时髦的发式、华贵的穿着上，可以看见其美丽惊艳的容貌。

唐朝是民族大融合的鼎盛时期，唐朝文化兼容并蓄，充分吸收各民族的精华，呈现出开放、包容、博大的特质，诗歌在唐朝空前繁荣，各种体裁的诗歌在这一时期进入了成熟期。唐朝也是中国服装发展的一个巅峰期。唐诗作为当时最为广泛使用的文学体裁，对此进行了充分的描述。如诗人杜甫的《丽人行》中描写“绣罗衣裳照暮春，蹙金孔雀银麒麟。头上何所有？翠微匎叶垂鬓唇。背后何所见？珠压腰衱稳称身”。诗中描写道：绫花绫罗衣裳映衬暮春风光，金丝绣的孔雀银丝刺的麒麟。头上戴的是什么珠宝首饰呢？翡翠玉做的花饰垂挂在两鬓。在她们的背后能看见什么呢？珠宝镶嵌的裙腰多稳当合身。此诗通过描写杨国忠兄妹曲江春游的情景，揭露统治者荒淫腐朽作威作福的丑态，从一个角度反映了安史之乱前夕的社会现实。

宋朝是中国历史上商品经济、文化教育、科学创新高度繁荣的时代。宋朝时期，儒学复兴，出现程朱理学，科技发展迅速，政治开明。宋词是宋代盛行的一种文学体裁，标志着宋代文学的最高成就。宋词中隐藏着霓裳雅韵，从诗句中可以领略到宋朝女性服装的美。如北宋著名词人秦观在《南歌子》中写道：“香墨弯弯画，燕脂淡淡匀。揉蓝衫子杏黄裙，独倚玉阑无语点檀唇。”从画眉，涂胭脂，到挑选衣服，描画嘴唇，词人以细腻的笔触，描绘出一位妙龄女子精心打扮的美好画面。词中的“揉蓝衫子”指的是宋代一种十分独特的服装样式“褙子”。这是一种直领对襟长衫，袖子长而窄，衫长至膝部，长衫的两襟大都没有纽扣系连，而是让衣襟自然下垂，衣摆两侧从腋下开长衩，也就是前后襟不缝合，衣裾短者及腰，长者过膝，多罩在其他衣服外穿着，女性多以褙子内着抹胸为搭配。如图9-13所示为福建福州南宗黄升墓出土的牡丹纹罗镶花边窄袖褙子。

图9-13 牡丹纹罗镶花边窄袖褙子

明末清初的李渔对服装的流行与美化有独到的见解：“妇人之衣，不贵精而贵洁，不贵丽而贵雅，不贵与家相称，而贵与貌相宜。”在追求服装美时，要注意不在富贵、奢华，只要人与服装相宜，则可以体现出穿着者的风姿与气质。

描写服装的诗歌有很多，以上只是简单举例，要想详细了解，请多多学习古诗词。

3. ***改变历史的诗歌***

武则天是中国历史上唯一一位女皇，武则天的一条石榴裙改变了唐朝历史。

传说，公元646年，唐太宗病重，太子李治在身边守护。一天，李治到院子里透气，恰在这时，成熟热烈、英气美十足的武则天身穿红艳如石榴的裙装（称为石榴裙）款款走过。李治性格内向懦弱，面对这样的女人，一见钟情，拜倒在武则天的石榴裙下。

武则天在唐太宗去世后，按礼制出家修行。在吃斋念经、冷清孤独的日子里，武则天给已经继位的皇帝李治写了一首诗：“看朱成碧思纷纷，憔悴支离为忆君。不信比来常下泪，开箱验取石榴裙。”李治见诗勾起了相思，在服孝期满时，立刻把武则天纳入宫中。石榴裙成为改变武则天命运的吉祥物。后来，武则天将代表自己与李治相爱的石榴裙供奉于法门寺，以示感恩。1987年，在法门寺地宫出土的700多件丝织品中的一条金绣石榴裙，传说是武则天诗中写的那条石榴裙。裙子面料的捻金线平均直径0.1mm，最细处仅0.06mm，比头发丝还细。绫纹织金锦工艺的使用代表唐代的最高水平。这条裙子一直保存到今天，成为一件国宝文物。

四、散文的艺术

散文是指以文字为创作对象的一种文学艺术体裁形式。散文注重表现作者的生活感受，抒情性强，情感真挚。

1. 抒情性

小说或戏剧是在情节和冲突中塑造形象，而散文则以抒情为主。其抒情方式又分两种情况，即叙事抒情和状物抒情。前者是指通过某些生活事件或人物形象的片段描写，寄抒情于叙事之中。后者是通过自然景物的描写，抒发作者情感，揭示社会生活意义，寄抒情于情景之中。优秀的抒情散文感情真挚，语言生动，还常常运用象征和比拟的手法，把思想寓于形象之中，具有强烈的艺术感染力。如茅盾的《白杨礼赞》、魏巍的《依依惜别的深情》、朱自清的《荷塘月色》、杨朔的《雪浪花》、余光中的《听听那冷雨》、冰心的《樱花赞》等。

2. 追求诗的意境

散文多是作家情景交融的产物，所以多表现出优美深邃的意境，并在意境中启迪读者的美感。

散文素有"美文"之称，它除了有精神的见解、优美的意境外，还有清新隽永、质朴无华的文采。散文的语言清新美丽，生动活泼，富于音乐感，行文如涓涓流水、叮咚有声，如娓娓而谈、情真意切。散文的语言简洁质朴，自然流畅，寥寥数语就可以描绘出生动的形象，勾勒出动人的场景，显示出深远的意境。散文力求写景如在眼前，写情沁人心脾。

作者借助想象与联想，由此及彼，由浅入深，由实而虚的依次写来，可以融情于景、寄情于事、寓情于物、托物言志，表达作者的真情实感，实现物我的统一，展现出更深远的思想，使读者领会更深的道理。经常读一些好的散文，不仅可以丰富知识、开阔眼界，培养高尚的思想情操，还可以从中学习选材立意、谋篇布局和遣词造句的技巧，提高自己的语言表达能力。

3. 哲理性

在以议论说理为主的哲理散文中，作家通常采用一段含意深刻的议论文字，或以精彩的点睛之笔，或以不拘定格的说理，给人以哲学的启示。

哲理散文以透过现象深入本质，揭示事物的底蕴，具有震撼性的审美效果。哲理散文是立体的、综合的思维体系，文章拥有丰富的内涵，把自然、社会、人生多个角度进行了融合。由于作者对生活的感悟过程中有情感参与，理解的结果有情感及想象的融入，所以哲理散文中寓含了生活情感的思想。从哲理散文的字里行间去读解到心智的深邃，理解生命的本义。这就是哲理散文艺术美之所在。

4. 描述服装的散文

许多散文中都有对服饰的描写，我们只简单举一个例子，供大家欣赏。

如著名散文家梁实秋在其散文《衣裳》中描写道："莎士比亚有一句名言：'衣裳常常显示人品'；又有一句：'如果我们沉默不语，我们的衣裳与体态也会泄露我们过去的经历。'……男女服装之最大不同处，便是男装之遮盖身体无微不至，仅仅露出一张脸和两只手可以吸取日光紫外线，女装的趋势，则求遮盖愈少愈好。现在所谓旗袍，实际上只是大坎肩，因为两臂已经齐根划出。两腿尽管细直如竹筷，扭曲如松根，也往往一双双的摆在外面。袖不蔽肘，赤足裸腿，从前在某处都曾悬为厉禁，在某一种意义上，我们并不惋惜。还有一点可以指出，男子的衣服，经若千年的演化，已达到一个固定的阶段，式样色彩大概是千篇一律的了，某一种人一定穿某一种衣服，身体丑也好，美也好，总是要罩上那么一套。女子的衣裳则颇多个人的差异，仍保留大量的装饰的动机，其间大有自由创造的余地。既是创造，便有失败，也有成功。成功者便是把身体的优点表彰出来，把劣点遮盖起来；失败者便是把劣点显示出来，优点根本没有。我每次从街上走回来，就感觉得我们除了优生学外，还缺乏妇女服装杂志……衣裳是文化中很灿烂的一部分。”

这段文字充分描写了当代男女着装的现象与趋势。

第五节　建筑艺术与服装造型

建筑与服装一样，是人类为自己创造的物质生活条件，它以物质资料和生产技术为基础，旨在满足人们物质生活的需要，同时也被当作艺术审美的对象，是人们重要的物质文化形式之一。建筑与服装都属于创意艺术的范畴，两者之间互相关联。一方面，建筑凸起的个性会被时尚界提取作为形式实验的元素；另一方面，建筑是社会形态学的总体示意，它也会从时尚界开放式设计中吸取灵感。

一、建筑与服装设计

服装与建筑艺术有着千丝万缕的联系。黑格尔曾说：“服装是流动的建筑。”人们印象中充盈着坚硬的水泥沙石和枯燥乏味的几何数据的建筑设计，与光鲜亮丽、柔软迷人的服饰及时尚似乎毫无关联，但在设计史中最常和建筑发生联系的就是服装设计。

1. 功能相同

建筑艺术也是一定的社会意识形态和审美理想在其形式（要素与构成）上的反映。建筑构成中所运用的比例、尺度、色彩、质感、形体、空间组合等建筑语言，构成了特定的建筑艺术形象。服装艺术与建筑艺术同属于环境艺术，在服装设计时，需要考虑特定的建筑及居住环境，如果是出口服装，出口地区的建筑本身就反映了一种文化方面的设计依据。服装和建筑都可以蔽体御寒，都是给身体和精神提供庇护的物件，并显示出使用者的身份、品位、文化甚至信仰。两者都是在为人提供保护和遮蔽的出发点上，探讨人与运动、空间的关系，并作为社会阶级、政治和文化个性的外部表现而存在，建筑与服装都是社会学研究的对象。

2. 艺术风格相互依存

服装设计需要考虑特定建筑构造及居住环境，历史上每一个特定时期的服装和建筑都在风格上相互辉映，映射出当时的流行文化。如西方哥特风格时期，高耸的尖塔、修长的束柱，营造出神秘的宗教感，受其影响，当时的欧洲服装造型经常使用尖锐和纵向直线，甚至连鞋、帽、头巾都呈尖头形状。另外，有建筑学教育背景的服装设计师，也在服装设计领域中对结构、材料、廓型等方面进行了大胆探索，如迪奥的“New Look”、皮尔·卡丹的性别模糊的几何形裙装，都是建筑派设计风格的经典作品。

3. 艺术设计的角度互通

建筑语言所形成的特定的造型形式，可以用来指导服装设计的构思。服装设计师从建筑中获

图9-14　服装是流动的建筑

图9-15　服装式建筑

得启发，注重结构和裁剪立体感，在色彩、面料材质、图案纹理等方面也讲究层次排列。建筑和服装在技巧、形态和表面图形的表现方法上有共通之处。建筑师采用打褶、悬垂、交织等方式建筑制造更加复杂的表面，如图9-14所示为服装设计师们从建筑中借鉴了结构和立体造型的变化，探索新的廓型和整体的结构美感。

建筑语言所形成的特定的造型形式，也可用来指导对服装设计的构思，皮尔·卡丹就曾以北京故宫的建筑飞檐为题，设计了具有中国特色的表演时装。建筑设计师也以美丽的人体为灵感来源进行创作，可见各种艺术形式是相通的，了解姐妹艺术，对创作服装专业的艺术是有很大帮助的。如图9-15所示为服装式建筑。

二、建筑的人格化

1. 建筑似人

近代法国诗人梵乐希在《论建筑》著作中，描写了一位建筑师的动人故事：少女珂玲斯长得美丽动人，她身材丰满而又窈窕，身材比例匀称和谐，仿佛一首优美动情的乐曲，风韵袭人。一位建筑师深深地被她吸引，俩人一见钟情，爱慕至深。不幸的是少女意外早逝，建筑师非常思念她，眼前经常出现她的幻影。为了寄托对情人的怀念，建筑师依照她的人体比例设计了一座优美玲秀的庙宇。建筑师与他的朋友谈起此事时说："你知道这座庙宇对于我的意义吗？路人看见它时，无非是一个丰姿绰约的小庙，四根石柱立在单纯的体式中。而我在它里面却寄寓了一个美好生命的回忆。它是一个美丽少女的数学造像啊！这个小庙宇，忠实地再现着她身体的特殊比例，她是我恋爱着的女郎，她永远活着。"他的朋友说："怪不得它有一种不可思议的窈窕美！我在这里能感觉到一个人格的存在，一个少女的奇花初绽，一首美妙的音乐的和谐。里面加着一种清亮的笛声，我现在已经听到它在我心里升起来了。"这个故事告诉我们，建筑不仅有比例、节奏与和谐，而且也有性格和情绪，它是一种被人格化了的美。

2. 建筑的象征

建筑是感情的结晶，它塑造一种意境，形成一种格调，具有一种象征。古堡建筑坚固威严，宫殿设计富丽堂皇，庙宇神坛幽冥神秘，展室厅馆则开阔明朗。有的像女性温惠秀丽，有的如男性雄浑严峻。哥特式建筑尖顶高耸上苍，中国故宫建筑纵横张弛于四方。有的雍容华贵，有的朴实秀丽，有的一览无余，有的曲径通幽……各种造型，各种风格，都凝结了建筑师的丰富感情，表现了现实生活，给人以美的感受。

建筑是静止的空间艺术，服饰是流动的空间艺术，它们都需要空间的体量感，这种亲缘关系决定了建筑与服饰之间直观的与间接的可借鉴性。建筑艺术与服饰艺术无法以单独的艺术形态存在，必将与特定时期、特定地域、人群的思想、情感和文化价值相联系，也与历史时代、地理气候、民族文化和生活习俗密切相关，同时也受材料、结构及技术的制约。建筑设计与时装设计的共通性体现在设计思想与理念的一致性，设计师通过建筑、服装不同的载体传达其各自独特的精神、人文世界。无论是建筑还是服饰，都将是一个时代的氛围和人们的精神面貌的表现。

3. **建筑是凝固的音乐**

德国哲学家谢林曾说："建筑是凝固的音乐。"歌德非常赞赏这个美丽的比喻。音乐随时间而流动，但也充斥空间。音乐是通过节奏、旋律、和声、长短、高低、强弱等要素来表现艺术形象，建筑则通过比例、结构、质地、色彩、体块等来构成本身的节奏感。好的建筑也像音乐一样，有小调，有协奏，也会有结构庞然的交响曲。中国古典建筑中的亭台楼榭就是小调，整个城市建筑群就如一首庞大巨型的交响乐。它们各具特色，但都条理分明，布局整体，主次轴线协调统一，构成了交响乐的主旋律。

4. **建筑与服装**

不同行业之间的跨界碰撞，总能在设计领域擦出灿烂的火花，同为艺术的建筑与时尚相互融合，会诞生令人为之赞叹的作品。建筑与服装的渊源由来已久，中世纪时黑格尔曾把服装称为"流动的建筑"，也有称为"贴身的建筑"，说明了建筑与服装之间的关系。同为造型艺术，建筑设计通常是庞大的工程，可以是一个城市或者地域的象征性标志；而服装设计则是小形态的，服装只要与人体的大小等同。有一些服装设计师为了研究时装的可塑性，他们观察建筑的不同视角设计出变幻不同的造型。

许多服装设计师都喜欢以空间的融合和流动，加上酷似外星世界的建筑而闻名的伊拉克裔英国建筑师扎哈·哈迪德（Zaha Hadid，1950—2016）的建筑结构作为设计的灵感来源。如图9-16所示是扎哈·哈迪德设计的俄罗斯办公建筑（Dominion Office Building）。还有设计师直接标上这季服装主题就是"Zaha Hadid architecture"（扎哈·哈迪德建筑）。如图9-17所示是美国服装品牌米莉（Milly）的设计师米歇尔·史密斯（Michelle Smith）在2016年灵感来源于扎哈·哈迪德建筑的设计作品。

服装的设计灵感可以来自建筑，建筑同样也可以取自服装。打褶服装的雕塑形式和表面处理也为许多建筑设计师提供了许多灵感。如图9-18所示是美国建筑设计师弗兰克·盖里（Frank Gehry）设计的纽约比克曼大厦（Beekman Tower），后改名为"云杉街8号"（8 Spruce Street）。大楼有76层，高265m。建筑设计采用拟人化的方式，用惰性材料创造动感，流畅的线条和有机形状创造出优雅的建筑轮廓，帏幔式外墙就像层叠起伏的衣褶，通过曲线和褶皱刻画出动态。

图9-16 扎哈·哈迪德设计的办公建筑

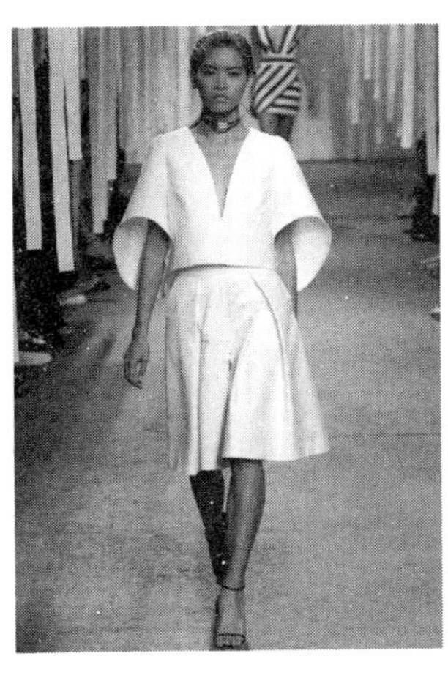

图9-17 服装品牌米莉

图9-18 云杉街8号

第六节　服装与电影艺术

一、电影《工厂大门》

1895年12月28日法国卢米埃尔兄弟在咖啡馆里放映《工厂大门》影片，被称为电影诞生日。

《工厂大门》是第一部广告宣传片。摄影机在门外记录了下班工人骑车或徒步走出工厂大门自然真实的景象。法国著名电影史学家乔治·萨杜尔说："至今还使人感到一种朴素的魅力。"影片中的大门和小门形成黄金分割。从大门和小门走出的人，在构图上形成均衡力量。如图9-19所示为电影《工厂大门》剧照。

1. 电影反映文化思潮

电视的普及使电影艺术进入了千家万户，人们可以足不出户的欣赏电影、品评电影。电影艺术所产生的魅力诱导着人们的生活，甚至影响着人们的生活方式与思维观念，因此，电影这种艺术形式及特点更是服装工作者必须了解的。了解电影的表现特点，对于准确把握文化思潮有着重要作用。

图9-19　电影《工厂大门》剧照

"电影思潮"是把握电影发展史的重要观照维度。对思潮的研究讲求"重返历史现场"。中国电影在新时期以来的发展与创新，无不与某一特定历史时期的社会变革、经济发展或文化转向相关联。从20世纪80年代的思想大解放到90年代的市场化改革，再到21世纪以来的产业化浪潮，中国电影在政策、资本、技术等多元力量下，在文化、艺术、产业、市场以及工业等层面的多重角色中显现出多重面相、多维侧面。如今，中国整体步入新时代，中国电影走向创作的黄金期，也将走向持续繁荣的电影强国。

2. 电影的发展

自1895年第一部影片《工厂大门》诞生起，只有一百多年的历史。随着现代物理、光学和电子工业的飞速发展，电影经历了从无声到有声、从黑白到彩色、从窄银幕到宽银幕，再到立体电影，表现手段日趋丰富和完善。电影艺术主要是诉诸视觉，同时也诉诸听觉。银幕上既有作为镜头画面的艺术形象，同时也传播声响，在诸多艺术形式中是最为直接的审美对象之一。

3. 逼真地反映生活情景

电影把活动与声音有机地结合在一起，成为声画并重的艺术，更给人身临其境的感觉。电影作为一种艺术形式，在表现生活时不是对自然生活的机械照搬，而是通过对生活的取舍、提炼、加工、概括，塑造典型化的银幕形象来实现的。

电影的逼真性，还来自镜头的蒙太奇。导演与摄影师对镜头的选择转换和拍摄角度都是经过精心设计的。摄影机的镜头就是电影的眼睛，导演通过这只眼睛艺术地观察生活，观众又通过这只眼睛欣赏生活的美，导演指挥着欣赏者的视线。摄影机以不同角度、不同距离、不同拍摄的运动方法来拍摄对象，又以不同的组接方法组成镜头的画面和记录的声响，声画两者千变万化的分割和组接以及不同色彩的运用等手段，反映生活，表现审美感情，以激起观众美感。

二、电影是综合艺术

电影艺术是利用现代摄影技术手段拍摄影片，由文学、戏剧、音乐、绘画等艺术为基础，综合并吸取各门艺术的表现方式和方法而发展起来的一门综合性艺术。

1. 各种艺术的综合体

电影艺术综合了文学、戏剧、绘画、摄影、建筑、雕塑、音乐、舞蹈、服装等各种艺术因素，并博采众长，熔为一炉，形成新的有机体系，成为艺术表现力极强的综合艺术。电影与文学相比，具有鲜明具体的活生生的实体形象，而不是在欣赏者脑海里唤起的概念形象。与绘画和摄影艺术相比，它不是静止的画面而是活动的画面。与戏剧相比，它不限于舞台时空内的演出内容，而是可以天南海北、上天入地、忽今忽昔地连接在一起。一部影片可以同时在很多场合的任何时间放映，因此，电影的观众人数和复映原样的能力都是其他艺术形式难与相比的。

2. 最丰富的艺术形式

电影艺术汲取了各门艺术的长处，自成新体。但它又不是万能的，并不能取代其他艺术形式。各个门类的艺术都有自己的长处，也有难于克服的局限性。艺术家的任务就是克服艺术形式的短处，创造出特定艺术形式中特有的艺术美。因此，各门艺术都在艺术的百花园中尽领风骚。作为编著本章的目的之一，也希望读者能在各个艺术门类中找到服装艺术的灵感，获得更高层次的悟性，以发挥服装艺术美化生活的作用，为社会文化的不断提高做出贡献。与服装行业联系较为密切的电影有《霓裳风云》《百万英镑》《黑蜻蜓》《绝世好Bra》《丑女贝蒂》《穿普拉达的女魔头》等。

如图9-20所示是电影《黑蜻蜓》的海报，该片由上海电影制片厂摄制，反映中国第一代服装表演队的工作情况。

图9-20　电影《黑蜻蜓》海报

三、电影中的服装艺术

在电影创作中，演员一定要穿上匹配电影角色的特定服装，才能表现出故事中角色的性格与形象。所谓“衣如其人”，就是说服饰可以作为一种具象的手法，直接反映人物的形象特点与性格特征。

1. 电影和服装的相互作用

电影中的服装，就像无声的语言，铺陈剧情、传达情感，令角色立体生动，服装在电影中的地位日益提高、日益重要，两者之间相互影响。

不同题材、不同地域、不同时代的电影演员演绎的角色所穿着的服装不同，这使观众感觉到剧情的真实可信。电影服装可以增加观赏性，从某种意义上来说，已成为电影美学品位的重要标准。电影角色的服装形象打动人心并非靠刻意把背景布置成时装展或T台，而是通过融入设计师的风格使人物变得生动、真实，让影片散发魅力。

成功的影视片为了打造视觉盛宴，在服装上的投入是很惊人的，如电影《项链事件》在服饰上的支出高达百万美元。设计师从过去替角色与明星量身设计，变成直接向电影公司提供应季新款成衣，现代电影变得与时装T台毫无二般。1948年，奥斯卡正式增设最佳服装指导大奖，服装与电影的联手进入了高峰时期，电影的上映和下一季的服装发布往往在同一时间。电影开始大规模地影响服装潮流，并掀开了服装史上的新篇章。服装与电影的结合是一种双赢，发挥了一加一大于二的综合效应。

2. 电影服装的设计

服装作为影片视觉的一部分，对于强化影片视觉语言起着重要的作用。服装设计对塑造人物性格特征和烘托影视气氛起着关键的作用。

电影服装设计是在设计学科中最为复杂的一个科目。设计电影服装时，需要考虑更多的因素，其中，年代的变迁、地区的民族特征、剧情的发展要求、人物的性格特征及场景等，对服装有更高的要求。“宁穿破，不穿错”说明服装是否华丽、别致不重要，重要的是符合上述各种因素的要求。在《花样年华》中，二十六件旗袍的花色面料各有巧妙，纤细合度的裁剪在形象视觉上使女主角时而忧郁、时而悲伤、时而大度，每件旗袍都能表现出女主角的不同情绪和坎坷的心路历程，在影片中她不停地换衣服，换不掉的却是女人柔美成熟的气质。而观众也被旗袍的美丽所吸引，心情也随着女主角的情感变化而变化。

电影服装设计是电影产业链中的一个重要环节。电影服装设计必须从整体出发，设计出的服装要符合剧中特定的时代感、地方性和民族性，并且能够表现剧中人物的身份和性格。如曾经红遍全球的商业大片《泰坦尼克号》中，富人们每天四次的礼服将旧贵族阶层的生活糜烂与虚荣刻画得入木三分。如图9-21所示为《泰坦尼克号》剧照。

图9-21 电影《泰坦尼克号》剧照

在影视中有些过度的造型往往使人产生一种错觉，认为服装在对人物的塑造上便是扮酷，事实上，服装是角色出场时观众接收到的最直接与最直观的元素。服饰对人物形象的树立与深化所起到的功效是其他道具无法比拟的。

各门艺术都在艺术的百花园中尽领风骚。作为服装工作者要在各个艺术门类中找到服装艺术的通感，获得更高层次的悟性，以发挥服装艺术美化生活的作用，为社会文化的不断提高做出贡献。

思考题

1. 时装画与普通绘画的区别是什么？
2. 为什么说文学家应该懂得一些服装知识？
3. 尝试以中国古代诗词为题设计时装。
4. 戏剧服装的“宁穿破，不穿错”是什么意思？
5. 试述舞蹈与服装造型的关系。
6. 建筑艺术与服装设计有何关系？
7. 试述电影服装设计的要点与方法。

服装设计与着装——

服装审美与着装

课题名称：服装审美与着装

课题内容：1. 服装是人的艺术。

2. 体型与着装。

3. 职业与场合着装。

课题时间：2课时。

教学目的：认识体型与穿着审美的密切关系，了解各种体型的基本特征，学习特殊体型的补正方法，掌握服装三要素（面料、色彩、款型）与高矮胖瘦的关系，熟练掌握各种场合穿衣打扮的基本规则，为个性化服装设计的专业实践奠定基础。

教学要求：1. 教学方式——课堂实践与理论基础相结合。

2. 问题互动——同学之间互相点评服装穿着。

3. 课堂练习——提炼特殊体型穿衣打扮的一般原理。

教学准备：请同学精心准备自己的衣装，以备课堂示例。

第十章　服装审美与着装

穿衣打扮就是为了漂亮。生活中追求服装美的人们，都想找到一种规律或规则，以帮助自己更容易的实现审美理想。

第一节　服装是人的艺术

一、人的属性

随着人们生活水平的不断提高，服装作为一门独立的艺术，已受到社会的广泛认可。服装艺术既传达个人的内在美与外在美，同时也体现着地区和民族文化的社会美。

俗话说“人配衣裳马配鞍”“佛要金装人要衣裳”，这说明作为自然属性的人体需要在衣饰的包装中，才能体现出人的社会性和文化性。在现实社会生活中，用什么样的衣服来装饰自己才能达到理想的审美效果，这是所有社会中的人都在关心的问题。

1. 自然属性

人体是指人的体型，属于人的自然特征。人体的造型与先天性因素有关，也与后天的锻炼有关。人体有高矮胖瘦，有不同肤色、脸型、腰身、三围比例等。人体的各种因素与服装的各种因素构成和谐的整体，表现出服装的审美价值。无论是设计师在因人而异的设计，还是消费者或穿着者因己而异的衣服选择，都要与自己的体型系统相协调。

年龄也是影响穿着审美效果的重要因素之一。儿童天真活泼，适合穿鲜亮明快的色彩。少男少女的豆蔻年华，精力旺盛，蓬勃向上，适合穿着具有鲜明时代感的新潮时装，以抒发“未来精神”。老年人代谢功能下降，性格老成持重，一般适合穿素淡之装，以修身养气，泰然处世。青春少女追求一个“酷”字；中年男子向往的是一个“帅”字。这些都是服装美学的基本原则，也是通常情况下大多数人的思维定式，这些原则散发着大众传统美学的熠熠光辉，但“原则”不是不可超越的障碍。尤其是对于服装审美来说，从流行的弄潮儿到保守的传统派，其跨度较大，而且在每一个跨度层次都有美的典范。这也正是美的多样性在服装美学中的具体体现。就性别而言，女装绚丽多姿、款式新颖，男装落落大方、配搭考究。

2. 社会属性

人的身份、爱好、职业、性格等因素称为人的社会属性。人的自然属性与社会属性，合称为人的本体属性。只有人的本体属性与服装的造型要素及造型风格相互匹配，做到“以人为本”，才能真正体现出服装的艺术美。

所谓“量体裁衣”，不仅是指在裁制衣服之前要测量人体的各种数据，而且可以把这句话从美学的角度扩展为“根据穿着本体的具体情况来决定衣服的各种要素”。

清代钱泳在《履园丛话》中讲述，嘉靖年间北京有一个出名的制衣匠，他在给别人裁制衣服时，不仅注意观察和测量人体的高矮与胖瘦，还对人的相貌、年龄、性情，甚至是官职以及什么时候当的官等都要详细询问一番。用现在的话说，他的经营方式是“量身定制”的个性化服装设计业务。有位御史请师傅为自己裁制一件官服。这位服装师就问御史：“请问御史老爷，您当官有多少年了？”御史不解其意：“我命你做衣服为什么要问我当官的年资？”师傅回答道：“并非我多嘴，因为一般老爷的脾气与我裁制衣服有关系。刚上任不久的官，趾高气扬，火强气盛，走起路来，往往是挺胸凸肚，衣服就需要做的前长后短，如果做官时间长之后，则意气平稳，或者做官年久而下岗退休，则内心忧郁不振，走路时低头弯腰，身体不免俯首前倾，衣服需要做得前短后长。如果做官三五载，衣服就可前后一样长。所以如果不明白老爷做官的年资，怎么能为您做出合体称心的衣服呢？至于规格尺寸，已有定法，何必要问？”在我国清代就有如此高明的设计师，实在是难能可贵。他的高明之处不仅在于按照成法量体裁衣，还能根据人的社会属性及运动中的神态，从中悟出服装的“长短之理”。

就职业而言，“蓝领阶层”讲究款式的方便实用；“白领阶层”讲究文雅严谨；“粉领阶层”讲究端庄秀雅，在办公室的文秘工作及公务社交中既表现的干练大方，又不失青春女性的动人风采。

3. *服装美与生活*

服装美脱离不开时代性和民族性。不同的时代具有不同的生活背景和物质条件。人的穿衣打扮表面上属于外观美，而实质上是人们生活的一种表现形式。正如车尔尼雪夫斯基所说：“美是生活。”

人类从赤身裸体到披上兽皮，头插羽毛，就开始欣赏着服装美。从春秋战国时期的宽衣博带到清朝的长袍马褂再到中山装取而代之，一直到今天的服装大变革，无不体现着与各个时代和民族相对应的服饰审美。人们的着装只有适应了时代和潮流才是美的。服装美在折射时代风貌的同时，也为推动时代发展起着作用。从几十年的陈旧与保守到现代公务员的西装领带，以及社团职业服、企业形象设计，这本身就是时代变革的内容之一。

每个国家、每个民族都有自己衡量美的尺度和标准。服装美之花必定开在民族文化生活的土壤中，着装违背了自己民族的审美尺度和标准，就会为俗人所不耻。服装的民族性正受到艺术的国际化的强烈冲击，但把一个国家或民族作为一个整体，发展对外贸易就要首先满足接受国的审美意向。这时，带有独特民族风格的服装，无论从市场和文化艺术角度都更容易在国际上占有一席之地。因为独特也是美，“只有民族的，才是国际的”。

服装美，毫无疑问地受着经济生活的制约。在现实生活中，在经济条件许可范围内，精心规划衣橱的档次和价位无可非议，但超越经济能力一味追求服饰的档次美，就失去了服装生活的意义和艺术价值。

二、服装与人体艺术

美化人体是服装艺术的基本作用之一。服装是人体的外在包装形式，人体又是服装穿着效果的载体。因此，对人体美的研究与探索显得非常重要。

1. *人体是最美的*

人体美是以人体作为审美对象所具有的美。人体是生命进化的最高产物，所以人体美可以看作自然美的最高形态。在纯粹艺术中，艺术家们赞颂人体美，讴歌人体美，给我们留下大量的人体艺术作品，并形成了以人体美为主要表现对象的艺术形式，如人体绘画、人体摄影、现代舞蹈等，服装表演中的泳装比赛，也以表现人体的美为主。不仅如此，着装美也以人体美为基础，在服装的遮遮掩掩中，透出人体美的光芒。

人类对人体美的发现与追求由来已久，在大约五万年前的原始先民的图腾崇拜中，可以见到对人体美的追求和人体艺术的创造。中国的先民们很早就有了对人体美的表现，在汉代画像中就有着十分大胆的人体美的表现。到了唐代，由于国势繁荣，又受印度宗教的影响，在敦煌、西安、洛阳一带留下了大量的人体艺术作品，在服饰文化方面，也形成了表现丰满的人体美的服饰设计风格。元代杭州的飞来峰上，也出现了优美的少女裸体雕塑。

在服装设计中，表现人体美也是一种设计技巧，如紧身衣的以藏表露、蕾丝网眼纱中人体的时隐时现、华贵晚礼服的袒露结构等。

2. 人体比例与服装比例

东方人的正常身高大约是七个头长的比例。但在时装绘画中，着装的人体一般处理成八头比，甚至九头比以上。这主要是为了设计构思的方便，既有一定的画面艺术效果，又便于在人体动态上加减要素。不同的性别比例也不尽相同，通常男性的臀位较女性要高，而女性的下肢相对较短。

衣服的比例要配合人体的比例。虽然有量体裁衣，但这并不意味着需要通过衣服的比例去再现真实的人体比例。例如，对于腰节和臀围较低的女性，制作收腰衣裙时，其腰节线就应该在实际的人体腰节位置适当提高，以补正上下身的比例。衣服本身的造型也有比例是否得当的问题。例如，衣服长度与围度之间的比例，也就是长短与胖瘦的比例，会体现出不同的造型艺术风格。装饰物与人体及与衣服都存在比例的问题。例如，耳坠和项链的大小，伞、帽、包的大小及服饰图案的大小，都应与人体和衣服形成良好的比例关系。在人体上，在衣服上，在装饰品上，以及在它们之间的关系上，比例无所不在，也无时不在。比例是服装设计、服装穿着和服装鉴赏中不可或缺的重要因素。

第二节　体型与着装

一、脸型发型与服装

“美丽从头开始，领袖掌管全局”。头部，尤其是“脸部的美化”，对全身的着装效果，起着非常重要的作用。严格地讲，发型也是着装效果的组成部分。根据自己的脸型特征选择理想的发型，可巧妙地弥补脸型不足，显示独特个性与美感。

1. 长脸型者着装

长脸型基本特征是整体头部上下较长，额头、脸颊、两腮基本等宽。长脸型的人可采用烫发、留刘海、扎马尾辫等方式，使脸部产生加宽的视错，从而改善长脸型的视觉观感。长脸型的人不宜选择长而直的发型，或是留极短的头发。

长脸型的人应通过衣领的衬托使之增加“横向视觉”的效果；颈项外露要少，领口越浅越好。船型领将人的视线引至肩部，能够很好地转移别人的注意力。U型领加上细小的褶皱做装饰，能使脸部显得更为丰满。胸前装饰的横纹图案能使脸部轮廓得到扩张，减轻长脸的瘦削感。精致的花边能吸引人的注意力，使人的视线由脸部转移至胸前。

长脸型的人不宜穿大V型和领口开阔的衣服。切忌采用长形、尖形或狭长形的领式，这样会夸大脖子与脸部的长度，变本加厉地扩大纵向因素的影响，使脸型显得更长。衣料的颜色应根据季节的变化而定，夏季或春秋季适宜选用浅色或中性色，也可以在领边加上一道深色的花边。如图10-1所示为长脸型者适合的衣领。

2. **圆脸型者着装**

圆脸型的主要特征是脸的上下较短，额头、脸颊与两腮基本等宽，整体接近圆形。圆脸型的人应留外轮廓较为方直的发型，或扎辫子等，这样可使面庞产生拉长感，不适合剪短发型，也忌用刘海把前额全部遮掩起来。

圆脸型的人可选择开领深一些的尖形或长形领，使圆形的下颌纵向扩展。大小翻领能较好地衬托圆脸型的活泼可爱；V型领能使视线向下延伸，脸颈距离拉长，可以减少圆脸的醒目感。露出锁骨的大领口设计，能使脸部显出瘦削感。长长的挂缀也能使圆脸显得瘦长些。时装化的领型也能改善圆脸，尤其是那些不对称的领口设计。

圆脸型的人通常颈部较短，不宜穿立领服装，紧贴脖子的圆领型也会使脸显得更圆。圆脸型的人最忌的是圆形、方形以及又大又圆的领型。

衣料的色彩以深暗色为佳，如橙色、墨绿色，可使穿着者显得端庄优雅。

3. **方脸型者着装**

方脸型的主要特征是脸呈长方形，棱角分明给人强硬的感觉。通过发型、领型的巧妙搭配，应起到掩饰脸庞分明的印象，给人清新、可人的温柔感。方脸型的人较佳的发型是分中缝或侧缝的披肩发，烫发或直发。利用两侧垂直下来的头发遮掩住棱角分明的腮部，形成一种柔和、舒适的形象。或可采用卷曲或直的披肩发型，让头发自然蓬松下垂，在柔和中掩饰脸型的方线条。方脸型的人不宜剪一刀平的短发，扁平的发型会加强脸的方形感。如图10-2所示为脸型与发型的修正。

图10-1 长脸型者适合的衣领

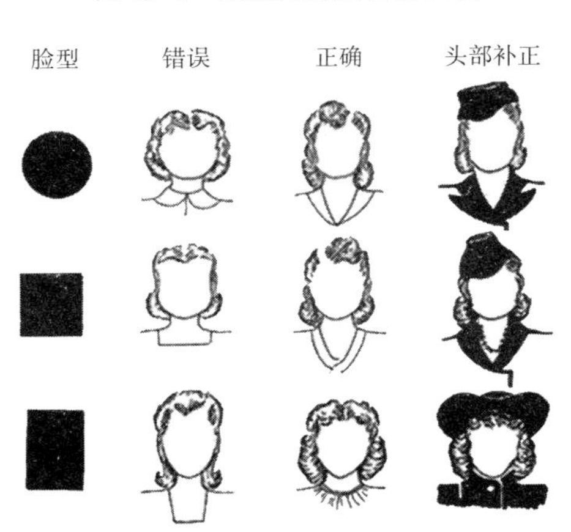

图10-2 脸型与发型的修正

方脸型的人应尽量选用可以减少脸型棱角感的领型，宜选圆领、尖领、西装领等，这些领型都有相对柔和的曲线，给人清秀雅致的感觉，可以缓解方脸的棱角感。方脸型的人应避免选择增加方脸视觉宽度的横领、方领和立领。

衣服的颜色以中性色为好，可以选用一些浅黄色、粉红色以及有条纹的浅色衣料。

4. **尖脸型者着装**

尖脸型又称瓜子脸，一种标准的“少女脸”，是时装设计师及商家最喜欢的对象。为了削弱过于尖脸型的印象，需用蓬松卷曲的短发把双颊较宽的部分遮掩起

图10-3　尖脸型人的着装

来，会有不错的效果。但忌用刘海遮住前额的发型。如果选用长发，则应使头发外部蓬松，以弥补视觉上的不足之处。

“瓜子脸”通常情况下，不太适合穿开得大而深的领口，露出瘦削的锁骨，会使脸庞显得更瘦削。设计精巧又服帖的领型是最佳的选择。精致的船型领能使瓜子脸更为可爱，小圆领的连衫裙也十分适合，海军领的裙装也可以大胆尝试。总之具有容量感的领型才是“上乘之选”。尖脸型的人选择衣料色彩的范围较为广泛，深色、浅色、中性色都可以。如图10-3所示为尖脸型人的着装。

5．椭圆脸型者着装

椭圆脸型又称鸭蛋脸型，是典型的古典型脸。各式发型都适合椭圆脸型的人，最好选择能体现时尚、俏丽、娇媚、青春的发型，改善“美少妇”的成熟脸型。

椭圆脸型从某种角度来说，是一种比较“敏感的脸型”。近乎完美的形状，稍有不慎就会走向不完美，所以就更需要讲究“择衣搭配”。例如，衣领装饰太多，就会显得脖子偏短；不对称的领型十分适合鸭蛋脸型，它能体现出时尚的个性；大的方型领，对于古典的鸭蛋脸型的女性来说是很不错的选择，它能给人高贵典雅的感觉；露出肩部的服装也是很可爱的装扮，深开的大V字领能露出漂亮的锁骨，这样的穿着会非常迷人。因为椭圆脸型显得比较丰满圆润，所以过于烦琐的装饰对椭圆脸型不适合，过多的装饰会使脸部过于突出。典雅的无袖针织套头衫会使椭圆脸型的人别有一番风采。

6．梯形脸型者着装

梯形脸型的基本特征是“上小下大”，脸腮较大。梯形脸型的人梳中分式直发，可以很好地遮挡下脸颊，将脸型勾勒出鸭蛋形。这种发型给人感觉有气质、安静或内敛。也可以尝试微烫内卷的娃娃头或梨花烫的短发，可以将脸型勾画出瓜子状，给人清纯可爱的感觉。这种发型适合少女一族。

梯形脸型较适宜选择领口较深的服装，这种领口的服装能使人的视线向下延伸，在视觉上缩小下巴的横向感。V字的领型也是梯形脸型女性的选择。在脖颈巧妙缠绕的吊带背心是视觉的焦点，人们会不再注意到她宽宽的下巴。要慎用一字型的衣领或横条纹的线条，它们都会加大脸腮的扩张感。圆领也会使脸部的缺陷更为突出。

脸型受之父母。虽然补正的程度很有限，但对于大多数人来说，效果还是比较明显的。这是着装的“视觉艺术”。需要说明的是，所有着装必须与穿着季节和场合相适应。

二、三围与着装

1．胸背造型与着装

（1）平胸者着装。平胸的人较适宜穿着飘垂、宽松、淡雅的上衣和厚质地的马夹或外套，款式可短小，颜色也可鲜艳明快。可以在胸部加荷叶边装饰或直接用适当的加垫式胸罩来弥补不足。不宜穿紧身上衣、针织衫和羊毛衫，这样会显出体型的特点。如图10-4所示为平胸者着装。

（2）大胸者着装。如果要强调胸部，可以选择能够显露和突出丰满胸部的紧身露肩的款式，针织的紧身衣也能强调胸部的丰满。大领口常作为最佳选择。

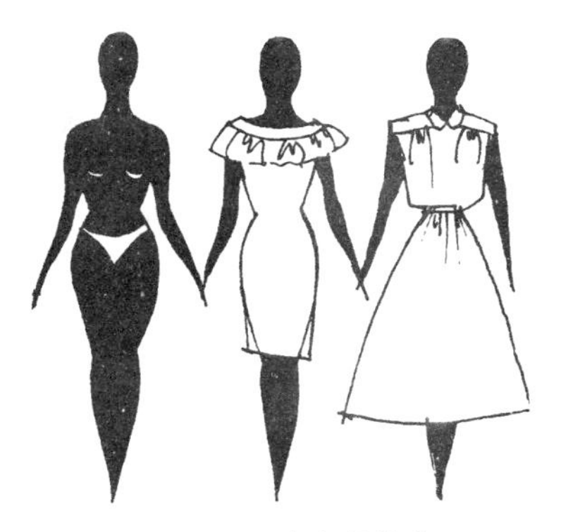

图10-4　平胸者着装

有些女性不太习惯胸部过大，为了让它显得小一些，可以选择掩饰胸部的服装款式。可以利用竖线条来转移视线。有褶皱的大翻领面也能有效地遮盖过大的胸部。也可采用宽松式设计，突出装饰衣袋、下摆、领子等部位，从而转移对胸部的注意力。应避免穿着会强调胸部的过短上衣、短裙或胸前的大口袋和图案设计等服装。适当地在胸前配饰围巾，胸针等饰物，有利于掩盖体型特点。

（3）弓背者着装。弓背者的明显特点是：含胸、凸肚、颈项前倾、背部隆起。

弓背者不宜穿无领的短上衣，无领的衣服再配以短发，正好使前倾的颈项暴露无遗。弓背者不宜穿紧身外套，不宜系腰带，会明显地暴露背部的缺陷。

弓背者宜穿立领连衣裙，稍高的领子遮住了前倾的脖子，而胸前打褶裥的花边既遮住了凹进去的胸部，又平衡了人们的视觉，使隆起的背部不那么显眼。长连衣裙也弥补了背部衣服往上翘的缺陷。上衣的领子如能做成较宽较长的式样，遮住背部凸起则最佳。深色或有图案的厚质面料比较适宜。宜穿有裙摆的长外套，带褶皱的花边立领呈张开的喇叭状，遮住颈部的倾斜，衣服下摆呈自然褶裥，巧妙地遮住了背部的弯曲，同时又使吊起来的后片掩盖在褶裥中。再配上齐肩直发，把颈部及背部的弯曲基本掩盖。如图10–5所示为弓背者着装。

图10–5　弓背者着装

2. **腰部造型与着装**

（1）粗腰者着装。粗腰的女性穿着腰部放松、能遮蔽腰线的外衣或裙套装可以有效地弥补腰粗的缺点，如背心、套装、开衫等。大衣的款式应是肩部宽、下摆大，与腰部形成对比，腰就显出细的效果。裙子选择松腰设计，或把上衣穿在外面，再加腰带，避免使人留意腰部。

粗腰的女性穿衣时应避免上衣下摆在腰围线附近堆积，系色彩强烈的宽腰带，在腰部用色彩鲜艳或醒目的装饰品，穿紧身针织衫，外束腰，穿腰部有褶或有松紧带的裙子。

（2）长腰者着装。长腰的女性腰部显得较长，腿部相对较短。

长腰女性适宜穿着宽松的半截裙。上衣可不设腰节，可以加宽腰带，提高腰线。下装用窄长的造型以增加下肢的长度感，还可以使上半身富于变化而吸引视线，从而达到掩饰腰长的效果。要选用全身统一色调的服装，或者上装的颜色深于下装，这样可产生腿部增长的视觉效果，使人觉得体型匀称。穿适当的高跟鞋，裤子底边最好盖过一部分鞋面，尽量延长腿长。

长腰体型的人不适宜穿着能加长上半身感觉的高领、立领、一字领等领型的上衣。要避免穿长裆的裤子，可选择直裆短的款式，以使腿部显得增长。不宜穿腰部下垂的衣服，也不宜系窄腰

带。不适合穿较短或过长的上衣，上衣应到臀围线为宜，裙子在膝盖上能显得腿部更修长，高腰的长裙也能使下身显得更为修长。忌穿牛仔裤。如图10-6所示为长腰者着装。

错误 正确

图10-6 长腰者着装

（3）细腰者着装。腰细一般不能算作缺点，但如果腰围与臀围差过大确需修饰时，可在腰部加些衬垫物或采用提高或降低裙子、裤子腰线的方法，以错开腰部最细的部位。

腰部过细的人不宜穿紧身连衣裙，也不宜将带褶的裙穿在衬衫外面，可穿半卡腰、流线型或向下略带喇叭形的裙子。西裤可尽量长一些，裤口略窄。

（4）短腰者着装。短腰体型的人腰肢部分显得过短。

腰短的人一般腿比较长，穿裤子比穿裙子更能显出漂亮的效果。裤子应选择立裆短的款式，会使腿显得更长，也使整个体型上下部的比例显得更加匀称、修长。

短腰体型的人着装时，应上装偏长、腰围略松。腰间应束细长腰带，在束腰时可把腰带束低，或者不把腰带束紧，让腰带宽宽松松斜垂下来，可以强调纵向感。髋部略加修饰。腰短者不宜穿高腰式的服装和系宽腰带。如图10-7所示为短腰适合的款式。

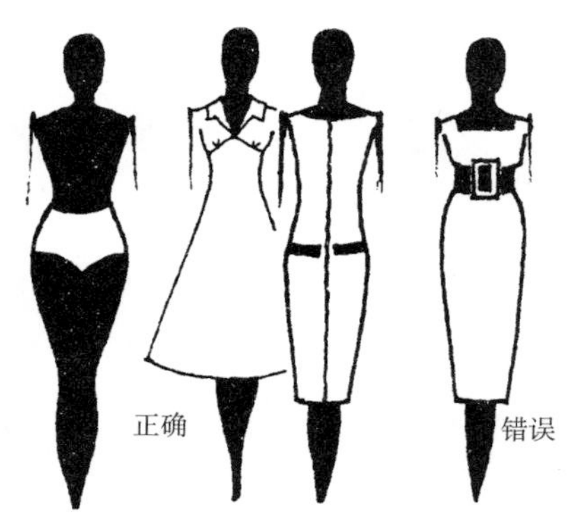

图10-7 短腰适合的款式

3. 臀腹部造型与着装

臀部是上肢与躯干连接的枢纽，臀的宽窄、大小、丰满程度构成臀围，与胸围、腰围合称三围，是女性体型美的标志。腰部较细，臀部形成一对弧形半球状，半圆、稍上翘，富有弹性，被认为是最美和最富有吸引力的臀部。但并非所有女性的臀部均属此类，随着年龄的增长，臀部肌肉多会松弛并不同程度地有所下垂。可通过衣着打扮扬长避短，使体型保持相对的美丽。

（1）平臀者着装。亚洲人大多属于臀部平坦的体型。国际化的审美观使这种体型变得不再时髦，所以，补正和修饰是必不可少的。

臀部平坦者适宜穿着宽松浅淡色的长裤、褶裙、开纽夹克衫、较厚的编织服装。选择有装饰感还能增加臀部丰满感的有立体口袋的长裤或长裙，蓬松感很强的打褶裙能够很有效地增加臀部的丰满程度。腰部抽褶的宽松裤能增加臀部的体积感。身材较瘦的人则更应打扮得宽松些，以显丰满。不适宜穿着紧身裙、薄料紧身衫、紧身裤、深色面料的服装。如图10-8所示为平臀者适合的款式。

（2）臀部肥大者着装。人过中年，尤其是女性，臀部开始变得肥大，这已成为爱美女士的一块“心病”。

为了有效地遮掩臀部的肥大，着装时宜选择宽松的外衣，长度以盖住臀部为好。可以用加大肩宽来掩饰臀部的宽大，穿裙子应采用臀围处较宽松的斜裁裙。上身强调细节设计吸引注意力也是很好的方法。如图10-9所示为肥臀者着装。

图10-8　平臀者适合的款式　　　图10-9　肥臀者着装

臀部肥大的人，不适宜穿紧收腰身的衣服，尤其是瘦小裹体的针织衫和裤子。臀围过于紧绷的裙、裤，会使肥大的臀部暴露无遗。要避免在臀围外堆积过多的褶裥，不宜穿百褶裙、短上衣、明亮色的下装，以免增加臀部的膨胀感。

臀大的女性在选择服装颜色时，宜深不宜浅，宜素净不宜浓艳，更不宜选择大图案及横条纹的面料。上身宜用浅色，下身宜用稳重的深色。

（3）女子凸腹者着装。凸出的小腹往往影响穿衣的美感。平坦的腹部让人感到精神，但不是人人都具有这种身材，可通过一些着装小窍门让凸出的小腹看起来平坦不显眼。

白色的衬衫、深色的长圆裙、配以两厘米宽的皮带，营造X型的线条，能使腰部更纤细，以掩饰凸出的小腹。全身穿冷色调的服装，以细条纹的长裤分散视线，巧妙地掩饰小腹凸出的缺点。也可选择直筒牛仔裤搭配长西装外套，可使凸出的腹部不那么明显。穿连衣裙时，要选择松腰式的。如图10-10所示为凸腹者着装。

凸腹者应避免选择贴身窄裙、双片裙、包臀裤使凸出的腹部曲线毕露，腰间的松紧带或是宽皮带更突出腹部。较薄的衣料和紧身的针织衫都不宜穿着。着装时不宜外束腰。拉链尽可能装在身后，前面只能用隐形拉链。

4. **整体特殊体型与着装**

（1）矮瘦者着装。装饰的重点放在头部和脚部，能使人的视线沿上下移动，缓冲矮的感觉。时尚新潮的服饰配件更能体现矮瘦人的精致感，打破因体型而产生的单薄与瘦削感。矮瘦者着装应是小家碧玉加上大胆的追求，形成清新明快的风格与主题。矮瘦的人应特别注意对三围的调节。肩部与臀部的造型适度夸张，能破解“铅笔杆”的印象。如图10-11所示为矮瘦者适合的款式。

图10-10　凸腹者着装

（2）高瘦者着装。高瘦是一种时装模特的身材，也是世间芸芸女性梦寐以求的身材。具有这种身材的女性可以尽情地尝试各种时髦的个性服装。如图10-12所示为高瘦者适合的款式，具有吉卜赛风格的黑底花纹的连衣裙，上紧下松的设计、整体轮廓呈X型，加上强烈的色彩对比，创造出独特的造型风格。大胆的花形图案，完全掩盖了体

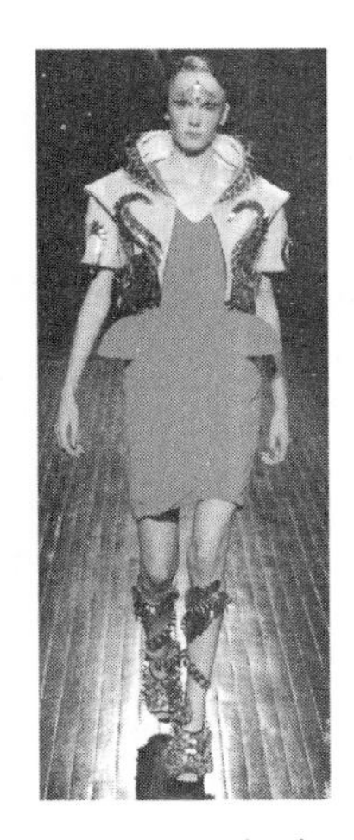
图10-11　矮瘦者适合的款式

图10-12　高瘦者适合的款式

图10-13　高胖者适合的款式

型的瘦弱感，这是高瘦女性才能使用的着装技巧。图案的中心把服装的视觉主点引向腰部，能把“电线杆”变成“风摆杨柳”。领口、袖口及下摆的沿饰一定是刻意变化。袖长减掉两寸，配上金属感的手镯，更显得匠心独具。头上装饰更是对整体着装的主题起到画龙点睛的作用。

高瘦体型者不易穿款式过于简单、面料过于悬垂的造型。在追求时尚造型的前提下，应注意对三围的塑造，可以利用皱褶、图案、腰带、口袋等设计元素，适当地进行“丰乳肥臀”的再造。可以适当考虑选择大沿时装帽与服装搭配，穿出其他体型者无法穿出的个性。

（3）高胖者着装。高胖体型者宜穿着有分割线的衣服，如长达膝盖的风衣和大衣等使其有修长感。也可以穿不对称的衣服。服装的款式应尽量简洁，线条流畅，松紧适度。穿直筒裤可起到瘦削臀围及双腿的效果。直筒裙和V领直身型针织上衣能使身材高大的女性显得更为端庄、挺拔。也可以穿有柔软腰带、无门襟的连衣裙，做工精细柔和的喇叭裙，带装饰蝴蝶结的衬衫等。如图10-13所示为高胖者适合的款式。

高胖体型者避免穿紧身服和腰部有褶的裤、裙，这些服装能在视觉上产生扩张的效果，增加实际腰围的宽度。穿收腰款式的服装会让人感到过分强调腰部，反而暴露腰粗肚大的弱点。忌穿小领口或关门领的服装，否则脸部会显得更大，从视觉上更易增加体型的宽度。

（4）矮胖者着装。矮胖体型者的特征是脸较大，颈短，胸、腹、臀丰满，腿部粗壮。如图10-14所示为矮胖者适合的款式。柔软的针织面料外套，飘逸而洒脱，是缓冲矮胖感觉的特殊材质。内穿同类色调加细小的几何花纹连身裙，与外衣形成松与紧的节奏关系；细细的皮带采用橘黄色，却没有破坏因内外衣配合产生的拉长感；鞋跟的高度适当。一切都在微妙的组合中。

黑色具有强烈的收缩感和力量感，是破解矮胖臃肿的元素。内穿细线条、不规则几何纹样的黑白对比简易短裙，特别是樱桃般红波点的应用，使沉闷的黑白灰关系增加了不少灵动和秀气。最大气的还是外衣与内衣，因对比在人体前中线形成的上下拉长的错视，是改变矮胖缺憾的绝佳妙方。

总之，穿着是一门艺术，需要一定时间的修炼，才能具有较高的着装修养。上述穿衣之道，不能生搬硬套，要融会贯通，灵活地设计，辩证地应用。事实上，服装穿着美的“规则”不是绝对的。因人体的形态千变万化，难以简单绝对界定。而着装本身还与爱好、职业、气质、经济条件等密切相关。因此，在了解一般规律后，还要在实践中多多观察练习，建立起自己的审美经验。最终，穿出独特的品位才是最重要的。

三、女性体型美的参照标准

美的标准是相对的，了解人体体型美的“标准”概念，有助于利用服饰手段美化人体。

1．东西方人体美的标准

由于生活的地理环境、文化差异等的不同，所形成的审美观念也不同，人体美的类型基本可分为东方、西方两大体系。

现代西方是一个开放性的社会，国际交流频繁，文化横向交叉，信息传播迅速，体育活动的举行等使现代西方人体美带有明显的国际化倾向，现代型的人体美已不局限于某一国家或地区，而是具有很多共性。西方人体的特征是：人体高大、肩宽、肌肉饱满而不臃肿、四肢匀称、体格雄健。

东方体系主要是指中国体系。中国古典人体美的标准是：饱满而俊俏的鸭蛋形脸，细细的新月形眉毛，娇小苗条的身材，纤巧的四肢和手指，红润细白的皮肤。现代型的中国人体美，受西方对人体美要求的影响，开始进入以自身特点为基础的国际型时代。

专家认为，相貌、姿态、体型和教养是判断一个女性能否称得上漂亮的四个重要条件。人类经过数以万年的不断进化，逐渐形成了如今的容貌。世界上70多亿人，因受遗传、营养、环境和健康状况的影响，每个人的容貌都有自己的特点，即使孪生兄弟姐妹的容貌也不会完全相同。所以，以下“容貌与身体的标准”仅供学习训练参考。

图10-14　矮胖者适合的款式

2．容貌与身体的标准

美的标准是相对的。“环肥燕瘦”是时代的选择，“情人眼里出西施”是个性化的感受。人体的标准不是科技工程的标准。在有标准和无标准之间，人们总结了一套又一套的“准标准”，标准人体的数据散见于各种书籍、刊物等媒体，既是这个时代的经验之谈，但绝对不是无稽之谈。所以，以下“标准”仅供参考，不可对号入座。

（1）头部各部分的标准。

前发际与眉水平线的距离＝眉水平线与鼻尖的距离＝鼻尖到下颌底线的距离

眉毛与眼间的距离=1/10面部长度

两眼的长度相加=1/3面部长度

鼻子的宽度=1/4面部宽度

耳垂的长度＝鼻唇沟的长度

上嘴唇的厚度=8.1/10下嘴唇厚度

下巴的长度=1/5面部长度

左右两眼瞳孔正中点的垂线应与左右嘴角相连

两眼大眼角的垂线与左右鼻翼的外侧沟相连接

（2）人体测量尺度。

头长=1/7身长

两手臂外展的总长度＝个人的身高

肩宽=1/2胸围-4=1/4身长

腿长=1/2身高

七个脚长＝身高

臀长在16~18cm为最好

（3）身材标准的方程式。

身材匀称的标准方程是：脚尖到肚脐的距离（m）=0.618身高

体态健美的标准方程是：女子体重（kg）=2/3身高-52

脖子的周长=小腿腓肠肌最粗处的周长

脖子两周的长度=腰围的长度

拳周的长度=脚步的长度

腰围=胸围-20

髋围=胸围+4

大腿围=腰围-10

小腿围=大腿围-20

脚踝围=小腿围-10

手腕围=脚踝围-5

上臂围=1/2大腿围=颈围-5

（4）女性的理想体型。

女性的体型美有三个重要围度：胸围、腰围、臀围，即“三围”。三围数字并不是越大越好，经过专家的计算和研究，得出有关女性身材标准的数据。其中最主要的是女性身高应7倍于头部，中国古代画论中曾有“立七坐五盘三”之说，就是以头长为计量单位，不够或超过则说明身材太高或太矮，不能算标准体型美。

理想的标准体型可用一组公式表示：

胸围=身高×0.51

胸底围=身高×0.432

腰围=身高×0.34

腹围=身高×0.457

臀围=身高×0.542

真正达到这个标准的人并不多，美是复杂的，又是简单的。这是一个非常有趣的艺术问题，有待后来者继续探索。

第三节　职业与场合着装

一、职业与着装

各种职业都有自己的职业环境和心理定式，反映到服装的爱好与穿着上，在一定程度上表现出审美的共同性和着装的社会性。在职业场所的着装打扮，很难做到“穿衣戴帽，各自所好”。在办公室里要暂时忘记“流行”。

1. 公务人员着装

公务员的着装代表着政府的形象。

国家公职人员上班时的职业形象的确需要讲究。穿什么衣服，个人虽然具有一定的自由，但是办公室毕竟不是超市或娱乐场所。审美格调需要符合社会公众的基本要求。

公务员着装制定了新的规则，明确提出职业装的要求：清洁干净，无污渍，无线头，长短合身；衣领、袖口熨烫平整，无磨损；衣纽齐全，下摆折边、线缝无破绽；男公务员不准戴金戒指、项链、手链等饰物等；女公务员不准穿“吊带装”、不准浓妆艳抹、不准穿奇装异服、不准染红、黄、绿、蓝等颜色的头发；衣着不宜过分明、透、露，不宜太紧太短、低领低背，不宜珠光宝气或孩子气。穿着西装套裙时，衬裙和文胸吊带不外露，衬裙和衬裤线条不显现。袜子无跳丝、抽丝和松垂；鞋子洁净，鞋跟和鞋底完好。办公室穿低跟鞋，不穿运动鞋、高跟鞋或拖鞋。如图10–15所示为公务人员着装。

图10–15　公务人员着装

2. **新闻记者着装**

新闻记者在工作中，要与各种类型的人打交道。

一位新闻记者在谈到着装时说：“如果你是新闻记者，在任何情况下都别去恫吓你的信息源，否则他们会缄口不言。你们要做的是使他们放松并与他们交谈。”可见，记者要做的第一件事就是使被采访者精神放松，无拘无束，畅所欲言。服装是营造这种气氛的重要元素之一。

记者在采访商业老板和重要政府官员及高级知识分子时，应穿西装套装，颜色可以明亮一些，装饰的重点要放在领口，给人以整齐、稳重、端庄、大方的感觉。当和一般公众接触时，要尽量避免穿着华贵的服装，要选择自然生活化、丝毫不带权威性的服装，以免造成双方心理上的距离。记者的着装永远不能显现“我比你优越”“我属于更高的阶层”。相反，记者的服装应该表达这样一种意思：“我们都一样，都是普普通通的人，我是你们中的一员。”

3. **医护人员着装**

“白衣天使”是医生和护士的固定形象，这是他们的职业特点所决定的。红色的血迹和绝对的卫生要求使白大褂成为医生的国际性制服。

除了白色以外，现在各大医院的工作服还增加了淡蓝色、淡粉色、淡绿色、淡紫色、淡黄色、淡米色等，款式也在经典样式基础上不断翻新变革。这些不同色彩和样式的工作服更能符合服务对象的心理特点，在某种情况下，还起到了色彩语言的治疗作用。

医务人员必须按执业要求统一着装，应保持着装清洁平整。男性医务人员穿白工作服时必须穿长裤，女性医务人员穿白工作服时内着短裙（裤）其长度不得超过工作装。工作人员上班期间不得穿鞋托及与岗位无关的拖鞋，不得赤脚穿凉鞋，护士穿工作鞋时要穿着白色或肉色袜。

男性医务人员不得留长发，头发不得超过衣领，保留自然色，不得留胡须。不允许佩戴与职业不相符的夸张饰品。女性医务人员长发应盘起，头发保持自然色。头饰颜色应与发色接近。不允许浓妆艳抹，工作期间不允许佩戴夸张首饰。杜绝长指甲及涂抹有色指甲油。不得暴露文身及皮肤粘贴彩绘。如图10–16所示为医务人员服装。

图10-16　医务人员服装

医护人员的规范着装向社会展示着严谨自信、优雅庄重、诚信大方的职业风采。

4. 教师着装

中国是一个尊师重教的国家。教师是一种受人尊敬的职业，他们的工作崇高而神圣，他们的工作是培养人才，所以自古都有为人师表的说法。

教师的着装不仅反映出其修养，而且影响着自己的形象，有时候教师在学生心目中的威信胜过自己的父母。有专家对教师的服饰进行过专题调查，调查证明：教师服装的颜色、款式和品位足以影响学生上课时的态度、注意力和行为方式。

女教师的裙子下摆、裤口和鞋面装饰不要太轻佻，不要用闪光饰物。鞋、袜与下摆的配色应接近。衣物不要过分追求流行，以免学生在课堂上对教师品头论足，分散注意力。最好穿有一定弹性的平底鞋，以利于重心平稳，尽量选择能吸收体内分泌出的脂肪、汗液等面料做内衣，上课时最好不要穿大花衬衫。

5. 公关人员着装

公关人员的形象代表着所服务组织的形象，透过公关人员的言行举止将看出此组织的水准。公关人员的任务是协调好各方面的人际关系，其整体形象设计都必须围绕这一社会角色展开。要使众人愉快地接受就必须花更多的时间和精力修整自己。除了个性、气质、资历的培养，服饰打扮尤为重要。日本著名推销大王齐藤竹之助在《高明的推销术》中阐明："服装虽不能造出完人，但是，初次见面给人印象的30%是由于服饰。"

公关人员的基本着装礼仪规范是整洁、美观、得体。服装与自身形象要协调，男士服装要体现稳重、成熟，女士服饰体现优雅、端庄。公关人员要结合自身情况选择合适的服装搭配。服装要与出入的场所相适宜，休闲场合以穿着舒适为宜，公务场合的穿着要稳重大方，而社交场合的穿着则应优雅端庄。不同的场合要穿着不同的服装，这样才能更好地融入其中，如果穿着不合时宜则会显得格格不入。

服装的颜色三种以内为宜，不要把自己打扮成"千层饼"或者"圣诞树"。穿着不要过分追求前卫、招摇和与众不同，这样会造成人们对公关人员职业的不信任，造成不必要的损失等。

为了和日益开放的国际城市发展趋势相适应，公关人员的着装应该突出现代气息，要善于艺术搭配和细节安排，这是走上成功之路的必然要求。

二、场合与着装

1. 男士面试着装

面试官会根据面试者的穿着来初步判断其性格和职业素质等。因此，要根据面试公司和职位特点着装。正统服装是不错的选择，毕竟公司不是时装大会。

（1）西装要笔挺。男士首选西装，藏青色为佳，衣裤要搭配。"西装革履"是现代职业男士的正规服饰，穿西装也有许多讲究。

①颜色的选择。应聘者最好穿深色的西服，灰色和深蓝色都是不错的选择，给人以稳重、可靠、忠诚、朴实、干练的印象。

②面料的选择。穿着天然织物做的衣服。人造织物的光泽和质地给人一种廉价的感觉，而且，这种面料常常留有人体的气味，还不易去除。这会给人以虚假和缺乏深度的感觉。

③西装要得体。瘦高的人宜穿双排扣或三件套西装，面料选用温暖质感，不要选用廓型细窄而锐利的套装。瘦矮的人穿西装时可选米色、鼠灰色等暖色调，图案选用格子或人字斜纹的西装，就会显得较为丰满、强壮。可用胸袋装饰手帕，为增加胸部的厚度，还可在内袋装入钱包、笔记本等物品。

体胖的人可穿深蓝色、深灰色、深咖啡色等西装，忌米色、银灰色等膨胀色，可选带竖条图案的西装。西装的款型可选用直线型，这会显得廓型苗条。矮胖的人也可穿三件套，避免身体的分割线，口袋里不要装物品。高而胖的人宜穿三粒扣的西装和单件西装，V型领显出潇洒。穿单件西装上衣时，宜穿深色上衣，配同色系的浅色长裤，这样既能掩饰缺点，又显得帅气十足。

（2）衬衫要理想。任何季节都要穿长袖衬衫，最好选择没有图案格子和条纹的白色、浅蓝色的衬衫，有条件的要干洗上浆。有些衬衣的袖口上有简单的链扣，给人以格外注重细节的感觉。印有交织字母的衬衫可能有利也可能不利，有些面试者会认为这代表有个性、成功以及自信，而其他人则认为这是炫耀，甚至有点粗俗。最安全的办法就是避开印有交织字母的衬衫。跟西服一样，衬衫的最理想布料也是天然织物。要穿那些经过精心缝制、专业洗涤、中度上浆（挺括）的全棉衬衫。

（3）领带要选好。有些专家说，在跟面试官握手时领带首先受到关注。它可以使一套昂贵的西服显得很廉价，也可以使普通的穿着给人的印象提高一个档次。领带的面料选用100%的纯丝即可。不要使用亚麻或毛料，亚麻容易缩水，毛料显得太随便，合成织物显得廉价，而且打出的结也不美观。

如果穿白色或浅蓝色衬衣，就比较容易挑选相配的领带。领带应当为西服增色，且不能与西服的图案有任何冲突。领带的宽度随衣服款式的不同而不同，安全的着装规则是领带宽度要接近西服翻领的宽度。传统的图案如立体形、条纹、印花绸以及不太显眼的蜗旋纹布等都可以选择。

行政主管们一般喜欢立体宽条纹，因而这种布料被称为“权力条纹”。要避免选择带有圆点花纹、图画（动物、猎狗的头等）、体育形象（马球棍和高尔夫球棒等）以及设计者的徽标的领带。很多面试人员认为徽标格外令人讨厌，它使人缺乏安全感，好像需要设计者的认可才能证明自己的着装品位。给领带精心打结，系好的领带不要超过裤腰带。

2. 女士面试着装

（1）衣着要整齐。女士面试服装一般以西装、套裙为宜，这是最通用、最稳妥的着装。一套剪裁合体的西装、套裙和一件配色的衬衣，外加相配的小饰物，看起来显得优雅而自信，给对方留下良好的印象。套装适合于大多数的面试场合，炭灰色套服加上白色衬衫是最稳妥的组合，其他单色的服装以及细条、方格图案的服装也比较适宜。

女士面试着装以整洁美观、稳重大方、协调高雅为总原则，服饰色彩、款式、大小应与自身的年龄、气质、肤色、体态、发型和拟聘职业相协调一致。如谋求公关、秘书职位的女性穿黄色服装就容易被考官接受，因为黄色通常表现出丰富的幻想力和追求自我满足的心理。红色能显示人的个性好动而外向，主观意识较为强烈而且有较强的表现欲望，这种颜色感染力强，容易打动主试人，令人振奋，使人印象深刻。女性应该避开粉红色，这种颜色往往给人以轻浮、圆滑、虚荣的印象。

肮脏、破旧、褶皱的服装，也许能产生“酷”“另类”的主题风格，但绝对不适合穿去面试，如此装扮会让人觉得十分随意且没有诚意。此外，仿脏污、故意抓皱褶的前卫服装，也不适合作为面试服装。因为绝大多数企业首先讲究是规范，个性有可能被认为是缺乏团队精神的意识。

面试时，不要穿长而尖的高跟鞋，中跟鞋是最佳选择，既结实又能体现职业女性的尊严。设计新颖的靴子也会显得自信而得体。但穿靴子时，应该注意裙子的下摆要长于靴端。无论应聘什么工作和职务，“露趾鞋”都应该避免。

面试最稳妥的选择是没有带子的船型鞋。不可穿过高的高跟鞋，跟高不能超过5cm，不然走起路来显得不自信，要选与套装及配饰相配的鞋，绝对不可穿运动鞋和时髦的露趾鞋。总的穿鞋原则是与整体相协调，在颜色和款式上与服装相配。与鞋相配的袜子不要太显眼，穿颜色淡的或者肉色的。如果穿着裙子，一定要穿没有花纹和图案设计的透明丝袜。时装设计师们认为，肉色袜子作为商界着装是最适合的。为保险起见，最好多带一双在包里备用，以便脱丝时能及时更换。

（2）首饰佩戴有技巧。白天最好不要戴钻石首饰及闪光的装饰品，至于珠宝饰品，越少越好。结婚戒指、订婚戒指是合适的，但要避免戴多个戒指。小巧的耳环也较适宜。戴一个质地高贵、款式典雅的项链和手镯来突出服饰搭配是可以的，但不要戴假珍珠或者华而不实的珠宝。不要佩戴刻有自己姓名的很夸张的手镯和珠宝，避免夸张的手镯太“吸引”考官，使考官认为这是幼稚的表现。千万不要露出身上其他部位的穿刺首饰和文身，指甲要保持干净、可搽透明色的指甲油。

（3）切忌性感或裸露。面试时，切忌穿太紧、太透和太露的衣服，性感的超短裙并不适合，如果选择一条比在社交场合所穿的裙子稍长的裙子，会感觉更自在。

应聘模特、空姐等特殊行业的例外。

（4）化妆要适宜。面试适宜化清爽自然、明快轻松的淡妆，以体现女性干练、成熟、自信的一面，第一印象要给人沉着稳重又不失聪慧伶俐的感觉，同时还要不乏现代女性的时尚气息。大学生在3～4年的学业中，一般都不化妆，很多专业也没有开设化妆课程。因此，有可能对化妆设计的概念比较淡漠。

但面试是另外一回事。面试时最好还是化淡妆，适当遮住黑斑、雀斑和黑眼圈，让自己的气色好一点。千万不要浓妆艳抹，这会显得太过匠气，适得其反，传达出“不成熟的成熟”的形象。

总之，无论是女士还是男士，面试着装有一定的规律。社会在不断地进步，各个地区也会有社会形态方面的差异，文化、经济等不尽相同。学习时要不断地总结，还要具体问题具体分析、区别对待。

3. 礼仪场合着装

人的一生需要出席很多礼仪场所，这实质上也是人们的一种公关活动。礼仪场合所穿着的服装统称为礼服，是以表达公共场所关系中礼尚往来所穿着的服装。

（1）婚礼着装。婚礼服通常指新郎新娘穿着的服装。从场合仪式来说，还包括伴娘、伴童及其他服务人员的着装。如图10-17所示为西式婚礼。

按西方的传统习惯，婚礼上只有新娘可以穿白色。在这个一生难忘的日子里，新娘穿上白色礼服，头带白色花环与面纱，象征纯洁、吉祥，手捧鲜花，整个情调温馨迷人。新郎的穿着应配合新娘的特色，穿着白色、黑色或深蓝色的西装，搭配黑色漆皮亮面的皮鞋。如果要表现得更豪华、正式，可穿着礼服，佩戴领结、领花、束腰。

图10-17　西式婚礼

伴娘是新娘的陪伴，又是宾客的代表，是连接两者之间的桥梁，只有穿着恰到好处，才能使两者之间有所分别又不致疏离。伴童的着装要在活泼可爱之中不失隆重感。参加婚礼的宾客以穿礼服为宜，不但表示对新人的祝福，而且能体现自己的气质、修养、品位等。

世风东渐，中式婚礼再度受到重视。在一些大型婚礼上，可频频见到中国红的靓影。红色表示吉祥，参加婚礼仪式的女性，当然也能选用红色来表示自己对新人的祝福之意，但一般最好不要从头红到脚，可在服装上添加一些红色元素，避免与新人混淆。如图10-18所示为中式婚礼。

图10-18　中式婚礼

（2）葬礼着装。人，有生老病死；天，有旦夕祸福。所有的人，或迟或早都要离开这个有形的世界。为了寄托生者的哀思，追悼会成为一种礼仪场合。在大中城市，葬礼已经逐步成为一种规制。

国际上通用的丧礼服颜色为黑色，有时配以白色。中国传统的葬礼多采用白色来表达哀思，这需要入乡随俗。正规的葬礼服款式应力求简洁、合体，可为黑色无光泽面料制作的连衣裙或套装，也可采用灰色等暗色调。切忌过分的装饰物，手套、鞋、手袋也应为黑色无装饰。注意自己的唇膏和指甲油不可太鲜艳，鞋子应该和衣服同为素净的颜色，式样以保守的低跟鞋或半高跟鞋为宜。

（3）公司会议着装。对于追求成功的年轻人来说，任何公司会议都是一次向领导和同事展示才华的机会。好的职业着装形象可以帮助展示自己的工作才能，尤其是对不经常见到的老板。

无论是站在演讲台上或坐在会议桌前，女性都可以穿印花衬衣，一件格子或色彩略为鲜明的上装，佩戴丝巾或一件首饰。衣服颜色以具有生气的中色调，如紫灰色、蓝色、玫瑰红色、橄榄色最温暖及易接受。千万不可选择太青春或太沉闷带灰调的颜色。如果要使用麦克风讲话，应避免戴叮当作响的手镯或长珠链。

男士平常在办公室可以穿衬衣、打领带，但公司正式会议时一定要穿西装。如果在会议中发言或是承担比较重要的角色，应穿着深色系西装，也可穿着柔和色系西装。注意检查头发、胡子、手指甲是否整洁。

思考题

1．试述服装与人体的关系。

2．职业女性有哪些着装规则？

3．男士面试应该如何着装？

服装设计与着装——

服装行业艺术

课题名称： 服装行业艺术

课题内容： 1. 服装设计艺术。

2. 服装表演艺术。

3. 服装广告艺术。

4. 服装店铺艺术。

课题时间： 2课时。

教学目的： 了解服装设计的终极目的，能揭示服装设计的本质。了解服装表演对传播服装文化及商业的影响。了解服装类广告的特点。能够主动调研或尝试服装网店。

教学要求： 1. 教学方式——参观线下服装店。

2. 问题互动——观看服装表演视频，开展课堂讨论。

3. 课堂练习——模拟网店开店路演。

教学准备： 锁定几家网店页面备用。

第十一章　服装行业艺术

从美的角度看，穿着者在镜中欣赏自己亮丽的服饰，社会学家通过服装宣传文化、播撒美的种子，商人设计和制造服装为千家万户塑造美丽，设计师和模特儿通过服装在舞台上展示美。服装的美渗透在服装的全过程之中，服装生产的每一道工序都是一次服装艺术的创作。

第一节　服装设计艺术

生活中，多数人只知道服装是艺术，服装设计师是艺术家，或是“搞艺术的”。甚至有不少大学生也认为“不会画画，就不能做设计师”。实际上，可以认为服装设计所需要的艺术在本质上只是一种被称为“眼光”的东西。在现实生活和行业领域中，服装设计的艺术概念已完全溶化在实用和功利之中。

一、服装设计是商业艺术

1. 服装设计艺术的实质

设计（Design）的中心含义是“构思”。在纯艺术创作中，这种构思通常被认为是艺术家或设计师本人内在情感的一种外射。但作为事关企业生存的服装设计行为，仅仅如此是远远不够的，还应加上组织的行为艺术或技巧，才能使企业作为创作本体时，不至于惨遭败局。

构思是服装新款式创造的一个非常重要的阶段。服装产品是否流行、是否新颖、是否对路、风格是否与企业形象相适应等，都与设计师的构思有很大关系。创新与设计都是一种思维活动，也就是说新产品的构思主要是在设计师的大脑中完成的。作为产品的创新，每一次构思既有背景条件（设计输入）的限制，又有创新目标的要求。

服装设计师与艺术家还是有所不同，他不仅需要艺术家的眼光，还需要科学家的态度和企业家的头脑。设计师的中心工作虽然是款式造型，而款式造型的中心工作又与艺术密切相关，但忽略了科学的功利性和市场的价值性，其设计作品将是不实用的、缺乏价值的。

本节所说服装设计的艺术，是商业性服装设计与开发的“行为艺术”。其中一些原则并非绝对性的规定，它更需要设计师在此基础上进一步发挥其自身的艺术能力。

“美人首饰侯王印，尽是沙中浪底来”。穿在消费者身上的美丽衣裳，要经过设计师和生产企业一系列的创造活动，其中根据产品的生命周期快速对市场做出反应，就是设计师和企业所做的重要工作之一。这项工作进一步体现了包括设计艺术在内的企业行为艺术的魅力所在。

2. 服装设计的属性

（1）社会性、文化性和艺术性。指在创作方面（如传达技巧、系列关联、艺术风格、主题定位等）和形式元素方面（款式、色彩、材料、配饰、构成、搭配）体现出艺术设计的属性。2022年2月4日晚8点，第24届冬季奥林匹克运动会在北京隆重开幕。开幕式上，随着各代表团逐一亮相，各国各地区运动员服装各有特色，在款式、色彩、标志和配件以及保暖上极致用心，运动员们的入场，竟然是一场羽绒服时尚大展览、运动服装的大型走秀。尤其是作为东道主中国代表团的服饰成为世界关注的焦点，中国代表团的入场服装以中国国旗颜色的大衣搭配毡帽和围巾，满眼的红色振奋又醒目。令人惊艳的中国元素，使世界看到了属于中国人的美和浪漫。

北京冬奥会开幕式上，引导员的服装设计采用冰雪图案和中国国画的风格，立领冰川裙，白色打底袜配雪花长筒靴，造型素雅、传统、古典、优雅，体现中国韵味。白色和蓝色象征着冬奥会冰雪的纯洁，在腰侧的雪花图案由中国传统结艺编织而成。引导员佩戴的小礼帽，以蓝白色调为主，显得更加清新简约，一共有7种图案，均采用来自民间的传统虎头图案。她们手持的各参赛国家或地区的引导牌，采用发光的雪花造型中国结的图案，寓意团结吉祥。

（2）科技性、工效性和适用性。指在生产（结构、制作、加工、处理、工艺）和适用性（时间、场合、体型、职业、环境、评价者）等方面所表现出来的属性。如面料的选择要考虑生产工艺的适应性等。

（3）经济性、市场性和价值性。指在社会（主流文化、制造成本、市场商圈、营销组合、品牌形象、消费满足）和印象（创意、经典、流行、中庸、保守、陈旧）等方面要体现出的属性。如消费者着装审美与价格密切相关，设计师的作品是否被企业采纳投产也与经济性有重要的关系。

在创作上，服装设计不同于“纯粹艺术”的最大特点是，服装设计是以他人意志（如消费需求、市场竞争的需要、生产的制约等）为前提，以个人意志作发挥。同时，服装设计不能超越材料和加工方法，要满足实际使用需要的功能和功效，还必须具有经济可行性。只有经过实际工作的周期性洗礼，才能不断升华服装设计的能力和水平。

二、服装设计的变造理论

1. 变造而非抄袭

通常情况下，学院派设计师们会对设计中的“抄袭”表现出极大的愤慨。但对于商业设计师或初学服装设计的同学而言，通过借鉴而对优秀作品的“变造”却是屡见不鲜的。事实上，即使是大师级的设计师，案头也摆满了优秀的时装图集。有的设计师还擅长市井观象，借鉴新潮靓装，以展开自己的作品系列。这种对优秀作品的借鉴和依据市场流行的构思，是与抄袭模仿决然不同的。

服装艺术的美，是通过整个系统工程表现出来的。从表面上看，设计好像就是东拉西扯的参考资料或依照市场“比葫芦画瓢”，但实质上，成功的服饰作品，往往是设计师在设计依据范围内，对系统要素做了重新构成和创造。有时，仅改动一个局部，也会使整个款式的主题，即服装艺术的设计内容产生新的效果。抄人之长，改人之短，满足新的系统要求（如既定生产条件、既定市场区域、既定材料价格等），设计作品就可能是上乘之作。可见，任何艺术作品，切记模式刻板，千篇一律，那样就会失去作品的美学价值。同时也可以看出，服装艺术的独创性也有自己具体的内涵。

2. 变造大师迈尔顿

美国的著名设计师迈尔顿就是一个“变造”大师。

迈尔顿16岁时，在一家鞋帽工厂里做工，他常常拿着那些皮鞋样式去问技师：“这些式样是否可以改变一下？”得到的回答通常是否定的，他决定自己亲自试一试。他知道女人喜欢新奇，他把当时流行帽上的帽底花移植到鞋子上去，做了一次“变造”。

迈尔顿先用淡黄色的软皮做成两朵漂亮的鞋花，并镶在一双深黄色的皮鞋头上。在下班的时候，他悄悄地把这双鞋放在自己的工作台上，然后离开车间。第二天，他故意迟到，想看看别人的反应。他看到周围站满了人。人们正兴高采烈地谈论着那双鞋。人们见到他时都赞赏说：“迈尔顿，你创造了一双很美丽的鞋。”迈尔顿说：“谢谢你们的赞许，我认为应该这样说：迈尔顿‘变造’了一双美丽的鞋子。”

图11-1 服装的展开设计

事实上，设计的概念绝对不仅仅是轮廓、款式、色彩、花型等造型问题。从市场学的角度来看，“变造”设计，实际是对流行萌芽期的快速把握，是一种很高明的市场追逐战术，它节省了试探市场所需要的开发费用，也最大限度地降低了中小企业的经营风险。其实，只有作为艺术作品发表时的时装设计，评委们才会因为款式的似曾相识而倒扣分数，而迈尔顿的设计，消费者会通过慷慨解囊的方式来给他“加分”。

如图11-1所示为服装的展开设计。从左图变到右图，保留了原图的小腰身、长筒裙的基本元素、胸前的装饰方式、前门襟与下摆的斜度，只修改了肩领部位，可视为一种“变造”设计。

三、服装设计与创造性思维

1. 创造性思维的特性

创意是服装设计的灵魂，它来自设计师的生活体验，来源于设计师对审美的体验，是人的情感、想象和理性共同运作的过程，尤其是灵感的表达。

开拓的创造性思维必须在具备基本条件的情况下才有可能正常运转。这些条件首先包括有设计素材的资料收集。没有准备的头脑是空洞无物的，它不可能滋生出任何灵感。正如知名设计师阿玛尼说过“等待灵感的到来其实是一种奢望”。他从不坐等灵感，而是从一本书、一部电影、一次谈话、一次观察等这些看似极其平常的生活细节中找到自己的创意。凭借着对服装设计的热爱和孜孜不倦的努力，他建立起了庞大的阿玛尼时装王国，将一种含而不露的质朴时尚带入人们的生活。因此，通过阅读书籍、欣赏艺术、观察生活、关注同时代其他设计师的创造活动等多种途径，让自己的资料存储变得丰富，是创造性思维能够展开的必不可少的先决条件。

浓厚的兴趣或者服装设计的责任感都是调动我们思考问题的积极性的推动力量，能够激发创造性思维的产生和拓展。设计过程中的迫切感和紧张感往往能对设计师的创造起到至关重要的推动作用。例如，迪奥每年都会推出两次服装设计系列，每次发布会之前，他都陷入紧张的状态，到枫丹白露或者普罗旺斯的乡下，通宵达旦地苦苦思索，不停地画稿，画废的设计图堆满了屋子，他丝毫不理会屋外焦急不安又翘首以盼的助手们。每次到了最后的时刻，他总能找到自己的创作灵感，推出让服装界赞叹的设计作品。他的经历说明，服装设计需要适当的紧张感和压迫感，它们能加大设计师解决问题的势能，推动创造性思维的运转。如图11–2所示为迪奥的设计作品。

图11–2　迪奥的设计作品

2. 创造性思维方法

服装设计中创造性思维的培养，要打破思维定式，开创出效率更高、形态更完善的新局面。常用的创造性思维方法有以下五种。

（1）发散思维。服装设计中的发散思维是以一个事物为思维中心，然后将每一种可能出现的概念都提出来，寻求多种解决问题的方案。它具有自由任意性，同时又是连续的、逐渐深入的过程。正如戴安娜王妃的服装设计师艾曼纽所说："最开始可能只是看到了一幅画或一张图，只发现了一个很小的细节，但如果沿着某些线索思索下去，引发一系列的构想，最终收获的构想意象可能就会与最初的起源根本不相关了，而创造力就是这样获得的。"发散思维往往有个思维中心，它可以是创作的主题，也可以是别的事物，从中心点呈辐射式散开，思维发散出的各个点往往都具有较大的跳跃性。例如，陈莹在《发散式思维方式与服装设计》一文中写道："服装设计师君岛一郎在1987年到印度旅行，所见所闻激发了他的创作热情，'印度之旅'也就自然成为设计师服装创作的主题。围绕这一主题，设计师想到了印度盛装服饰中的串珠装饰、细密而金碧辉煌的肌理效果，想到了包头巾的造型、纱丽的缠裹方式，想到了宗教的色彩……这些最终都化为设计师大胆而巧妙的创新设计。从华丽的珠串服装到网状的缠裹服装，其间的跳跃性很大，然而它们彼此间所存在的差异性或跳跃性是显而易见的。"

（2）侧向思维。服装设计中的侧向思维是求异思维的一种表现形式，它是将服装设计领域和其他领域联系起来，相互交叉，把其他领域的思想和方法移植到服装领域中，通过借鉴和启发解决设计中的问题。服装设计的过程中，侧向思维运用得比较常见，国际知名的设计师们经常从建筑、雕塑、音乐、绘画、诗歌等其他艺术领域中吸取精髓，将提炼出的元素运用到服装设计中，开辟服装形态的新面貌。例如，20世纪60年代阿波罗登月工程成功实施，对宇宙的神往、对科技的重视成为那个时代最热门的社会主题。从太空、宇航领域找到服装设计灵感，使得新的服装设计风格诞生。设计师大胆采用新型材料和技术，创造了充满视觉冲击力的太空人感觉。安德烈·库雷热用白色和明快浅色面料设计的服装，经过影视明星奥黛丽·赫本在电影《偷龙转凤》中的表现（图11–3），

图11–3　安德烈·库雷热的作品"太空时代"

迅速流行开来。这是服装设计中侧向思维运用成功的典型代表案例。

（3）反向思维。服装设计中的反向思维是在思维取向上转换角度，撇开惯常的方法或角度去思考问题。因为深入进去的角度往往是人们所不知的或被忽视的，所以最终能找到意想不到的结果。在具体实施过程中，设计师的认识是由浅入深、由局部到全面，逐层推展的。反向思维可以带来服装的变体设计。陶音、萧颖娴在《灵感作坊：服装创意设计的50次闪光》一书中写道："现代服装经历了一个多世纪的发展进程，服装的结构也经过无数人的研究、尝试，想要有所突破很难。但是，如果从反向思维的角度考虑创新，何不在现有的结构中打破传统的功能意义，寻求新的视觉感受。在服装设计中，我们通常将这种设计方法称为变体设计。如在女装裙中出现男士衬衫袖的局部结构；解构牛仔裤的结构，重新组合缝制成一件女性高级成衣；围巾与服装结构相连，同时具有口袋的功能；内衣外穿，小马夹套大衬衫的装束非常流行；一件T恤可以里外反穿；一条破了洞的牛仔裤又被戳出几个洞……这种逆反原来的穿着概念和搭配的方式成为风行的服装潮流。"反向思维和服装变体设计就是充分利用颠倒的角度，在与习惯相背离的地方找到创意的源头。

（4）收敛思维。收敛思维是指在服装设计过程中，尽可能利用已有的服装专业知识和经验，把众多的有关设计的信息逐步引导到条理化的逻辑序列中去，最终得出一个合乎逻辑规范的结论性设计稿件。收敛思维也是为了解决服装设计中的某一问题，在众多现象、线索、信息中，向着问题的一个方向思考，找出最好的结论和最好的解决办法。

服装设计师重要的专业素养体现在，通过收敛思维方法，进行全面的考察，并对海量的信息以综合的方法进行相应的分析和比较，通过对信息的有效组织，运用到服装设计中。服装的新颖性需要通过收敛思维法对许多服装元素加以融合，通过对局部的变化，从而改变原本的服装风格。

（5）联想思维。联想思维是指人脑记忆表象系统中，由于某种诱因导致不同表象之间发生联系的一种没有固定思维方向的自由思维活动。联想思维在两个以上的思维对象之间建立联系，为其他思维方法提供一定的基础。在进行服装设计的过程中，联想思维需要对全方位的思考，通过对形象和立体思维的掌握，对服装创作灵感的激发，得到新的服装元素，塑造出整体感，把握时尚潮流。

服装设计的创造性思维还有很多方法，它们在很大程度上帮助了设计师捕捉灵感，找到改变服装审美风格的新方法。因此，积极开拓创造性思维，对服装设计师来说，有着不容忽视的重要意义。

3. 创意设计的过程

随着科学技术与人类文明的进步，服装设计手段也在日新月异的不断发展。服装设计师的想象力迅速冲破意识形态的禁锢，以千姿百态的形式释放出来。新奇的、诡谲的、抽象的、玄奥的服装设计冲击着人们的视觉，极端的、令人诧异的色彩对比搭配令人应接不暇，越来越多的服装艺术形式呈现出一道新的风景线。服装设计的内在本性就表现为一种服装创意设计，即充分调动人的审美心理要素，以创造性思维为重点思维模式，设计出充满新意的服装，更好地为审美化的生活服务。

服装创意设计的具体过程包括以下四点内容。

（1）明确设计目的。以消费者的心理需求为研究对象，确定合理的设计目的，这是服装创意设计的开端，也是一个综合分析的过程，它包括对人的消费需求的心理学分析、市场信息的基本判断以及对文化的时代发展倾向的前瞻性推断。尽管如此，这并不意味着设计师要用众所周知的、司空见惯的方法去进行调查研究，相反，设计师可以利用侧向思维、反向思维等，从细微、独特的视角发现服装消费市场和设计市场上存在的问题，从设计目的上就形成自己独特的创意。

（2）收集灵感来源的素材。灵感到底从何而来，这并不是一个可以从科学角度回答的问题，设计师经常会有一些莫名其妙的怪异念头冒出脑海，连自己都无从得知它们的来历。但这并不意味灵感是来自某个彼岸的神秘世界，相反，灵感丰富的设计师无一例外的都是优秀的生活的观察者，他们不仅懂得用眼睛看生活，还用心去体会生活，所以总是会有常人无法企及的见解和收获。所以，收集灵感来源的素材对于服装创意设计来说非常重要，这需要设计师培养阅读的习惯、提升艺术欣赏的品位、提高对市场的客观分析能力等。设计来源于生活，也用于生活。所以，设计师要在自己的生活体验中去寻找创意的来源。

（3）分析各种设计素材，确定设计的创新点。对资料的分析过程就是创造性思维综合运行的具体过程，它对设计师的能力提出了很高的要求。好的设计师能够在素材中建立起思维发散运行的模式，通过立体的思维能力，找到创新点。这个创新点可能是服装设计主题上的，也可能是造型上的，还可能是搭配上的。它可以是对历史上某种风格的重新阐释，也可以是纯粹的个性化的创新语言。

（4）完善设计过程，实现创新设计。在找到创新点的基础上，设计师通常会有明确的设计思路。那么接下来就是要将设计创意贯彻执行，使它有最终的物质形式载体。在这个过程中，设计师要经过画设计稿、设计稿打样、样衣制作、样衣试样、样衣修改、二次试样、精工细作等具体步骤，并且很有可能在具体的操作过程中对原初的创意提出修正方案。

四、服装设计新理念

服装设计已有一百多年的发展历史，从最早的巴黎高级时装逐渐走向风格独特的当代时装。服装设计师可以专门从事某一类服装的设计，也可以将自己的才华发挥在服饰的整体搭配效果上。广阔的发展平台是服装设计能够走向未来的重要支撑。绿色设计、情感化设计、民族化与国际化相统一的设计，是当前服装设计的发展趋势。

1. 绿色设计

绿色设计也称为生态设计。这是服装整个生命周期内，对环境属性进行考虑的重点。它要求服装设计既保证产品的功能和质量，同时满足保护环境的目标要求。绿色设计意味着设计师在材料的选择和运用、设计风格的确立、服装结构工艺的设计等方面，能够合理使用资源，尽可能地设计出自然简约、舒适环保的服装。玛蒂尔达·谭（Mathilda Tham）提出："环保的设计体现在资源的最小消耗，尽可能使用对环境伤害最小的材质（如有机棉、大麻纤维、竹纤维、莱塞尔纤维等），采用更轻薄的设计，使用更少的物料；减少洗涤，一件服装在生命周期内总能量85%的耗损是由洗涤造成的；提倡再利用，为旧衣料注入新生命或者采用保质期更长的设计；由线形设计变为循环设计，在设计时就预先考虑服装的循环性，这比减少或避免废物的产生更有效。"在环境问题成为全球化危机的今天，绿色设计已经是一种全球化的服装设计潮流。

2. 情感化设计

情感化设计主张服装设计要以人为本，而不以服装为目的，在设计过程中，关怀消费者的心理习性，将情感外化于设计物品中，使设计产品不仅只是单纯的物品，而且能与消费者产生某种情感共鸣。情感化设计将人性化的情感转化为对各种细节的处理，真正实现服装对人的服务。在手工艺时代，服装的情感表达是非常强烈的，如中国民间的虎面肚兜、百家衣、女子嫁衣等。在这些服装的制作过程中，制作者通过图案、颜色、造型的安排倾注了对生活的祝福和对家人的珍爱。进入工业化生产时代后，这种情感化因素反而被隔离了。当代的情感化设计不是传统服装的情感表达，而是在细节上对使用者行为心理的关照。服装无论形式如何多变、风格如何独特，终究是由人来穿着的，因此，它的设计需要关照人的情感需求。

3. 民族化与国际化

民族化与国际化相统一的设计，这是全球化背景下服装设计的发展趋势之一。从服装设计进入人类历史舞台开始，国家与国家之间的服装就有明显的差异。玛乔里·艾略特·贝弗林在《艺术设计概论》中写道："巴黎的设计师始终认为自己的作品是艺术品，并坚持要求由手艺最精湛的工人来制作完成。设计师在创作时往往会考虑要迎合传统贵族妇女的要求，贵族妇女大多数时间陪丈夫出席各种聚会，她们习惯于为了自己的丈夫而穿着打扮。这些女性偏爱服装上的小改变，而不喜爱张扬有个性的设计。她们倾向于在每一件服装或装饰品上花很多钱，而不愿意花一笔钱买一大批较便宜的衣服。然而，美国女性则更容易接受非同寻常的、独创的、流行一时的服饰。她们热衷于了解时装的最新流行趋势，与其他女性在衣着上进行攀比。机器制作的服装以其生产快速、价格低廉的特点满足着这些女性的需求，使她们衣橱内的衣物不断更新。"

全球化的经济发展使服装设计的国际化变成不争的事实，但这并不意味着每个国家、每个民族的服装传统元素会在国际化潮流中被淹没。相反，全球化是充满着差异性的统一，它尊重服装的民族性和历史性。当前，各个国家都在积极探寻体现本民族美学精神的现代服装设计道路。服装设计的发展必然是在各个国家和民族的文化传承与发展背景下进行，在地域和文化的差异性中走向繁荣。

第二节 服装表演艺术

在服装美学教学实践中，总免不了会组织观看服装表演或录像。专业知识是服装表演欣赏与鉴赏的基础。（提示：请结合观摩时装表演录像学习本部分内容）

一、时装模特儿的发展

世界上原本没有"模特儿"这个词，就像"世上原本没有路"一样。随着绘画艺术的产生，开始出现了专业的人体模特儿。随着时装业的迅速发展，着装模特儿即时装模特儿，呈迅猛之势登台亮相，在时尚生活中占尽风光。

1. 第一位时装模特儿

1845年前后，一位开创法国高级女装的英国人沃斯，在巴黎一家销售羊绒披巾、大衣及装饰品的商店里工作。一天，有一位布匹商人前来定货，沃斯千方百计地介绍自己的设计作品，却还是感觉到词不达意。这时店里正巧有一位体型完美、年轻漂亮的英国籍女营业员玛丽·韦尔娜（Marie Vernet）小姐，沃斯灵机一动，突发奇想地让韦尔娜小姐披上披巾，向商人展示立体的动感效果。以后他经常采用这种方法，使生意越加兴隆。玛丽·韦尔娜小姐不仅成了世界上第一个真人时装模特儿，后来也变成了沃斯夫人。"沃斯时代"的到来，标志着真人模特儿展示时装作品的开始。使用真人模特儿在商业上的成功，也使他于1858年结束了打工生活，与一个名叫鲍勃（Bobrgh）的瑞典人合伙在巴黎开办了第一家真正的高级女装店，并从此不断开拓真人时装模特儿表演的事业。

2. 时装模特儿的发展

1914年8月18日，芝加哥举办了美国首次服装表演。该活动由芝加哥服装生产商协会主办，盛况空前，在当时被称为“世界上最大型的服装表演”。参加这次展示会的5000人之多，有100名女模特儿现场展示了250套各式新款服饰。这次表演显示了后来居上的美国服装工业的发展实力，也为服装表演和模特儿行业的繁荣起到了推波助澜的作用。

经济的发展也使时装业和模特儿业变得更加光怪陆离，其风格、作用、分类都向着多元化的方向发展。整体制作技术不断完善，编导组织更加强调灯光、舞美、音乐的有机合成，模特儿的表演水平更加专业化，模特儿的身材类型也随着时尚的要求不断地推出新形象，这一切都预示着这一行业将步入一个更加繁荣的时期。

图11-4　华伦天奴2020春夏高级定制系列时装秀

二、时装表演与时装模特儿

时装表演是展示时装的一种组织活动，它主要是通过模特儿着装的形式，将时装的设计意图用动态立体的方式向观众表达出来，时装表演不同于一般的演艺活动。时装模特儿是模特儿的一种，她因时装的表现而产生，是时装表演的主体部分之一。虽然时装表演与时装模特儿有着密不可分的关系，但她们却又是两个不同的概念。

1. 时装表演的种类

时装表演（Fashion Show），国内媒体也称为“时装秀”。它是把服装作品发布于公众的一种表现形式，即由模特儿们按照服装设计师的创作意图穿戴其设计作品，并在特定的场所向特定的观众展示表演的一种活动。根据举办时装表演目的的不同，可将各式各样的服装表演划分为六大类型。

（1）高级时装作品发布会。这种发布会大多由著名设计师和权威发布机构联合举行，它的直接目的是促销产品。例如，在法国巴黎每年举办两次高级时装设计师作品发布会，届时，来自世界各地的成衣制造商、销售商、服饰记者、服饰评论家、高级顾客、大型面料制造商都会云集前往，目睹服装设计大师们对下一轮流行的新见解和新主张。面料制造商在这里捕捉信息，获得设计面料花色的灵感。成衣制造商选购适合生产的流行新款，为抢占新市场做准备。高级顾客花巨资为自己订购下一季节的各种衣装，开始制订新的衣柜计划。新闻媒体则通过电视、报纸和杂志等将最新流行信息迅速传播到世界各地。如图11-4所示为华伦天奴（Valentino）2020春夏高级定制系列时装秀。如图11-5所示为迪奥（Dior）

图11-5　迪奥2020春夏时装秀

图11-6 祖海·慕拉2016春夏系列高定时装秀

2020春夏时装秀。

（2）流行趋势发布会。国内外一些纺织服装流行情报的研究机构，如我国的中国服装研究设计中心、中国流行色协会等，为了促进和指导纺织服装产品的生产和销售，在广泛的社会调查基础上，定期向社会举办流行趋势发布会。通过这种发布活动，研究机构把收集的一些流行主题，以时装表演的形式加以形象化的表达。

（3）个人时装发布会。服装设计师为表现设计才华、提高自己的声誉或为展示某个时期的新作品举办的时装表演称为个人时装发布会。这种发布会的特点是围绕着设计师既定的主题，诠释设计师在特定时期对时装的理解和看法，其创意性作品或前卫性作品占有相当的比重。设计师着力借此昭示自己的个性和设计风格，强调作品的艺术效果和纯视觉欣赏性，舞美、灯光及音响设计也强调别出心裁，形式感较强，为普通观众难以理解，特为行业圈内的专业人士来鉴赏。如图11-6所示为祖海·慕拉（Zuhair Murad）2016春夏系列高定时装秀。

（4）销售型产品展示会。这类时装表演是生产厂家以销售本企业产品为目的而组织的时装表演活动。观众大多都是其固定客户或准客户。观众们在观看时装表演时，手持厂家设计的订单，一边欣赏台上的作品一边选购。这种展示会的规模可大可小，如中国国际服饰博览会、巴黎时装博览会、中国广州交易会，大型商场内外组织的展示活动等。这类表演活动，可以在T型台上进行，也可在订货商组织的茶座间进行，可以在企业内部专为客户而展示，也可以公开发布兼有社会宣传的作用。

（5）学术性时装表演。这是以发现和培养设计人才为目的的时装表演。通过展示设计师的才华，培养其设计能力，并为他们提供验证自己的场所。如一些服装设计院校举办的学生作品展示活动，以及社会上举办的各种类型的时装设计大奖赛。这类时装表演没有生产和销售的压力，主要为新人展示自己的艺术设计才华提供条件，是一种设计思路活跃、展示形式多样的时装表演。

（6）娱乐性时装表演。娱乐性时装表演也可分为两种情况，一种是自发的以自娱自乐为主要目的的时装表演，如单位和企业的庆祝活动，还有一些中老年服装表演等。另一种是带有一定的商业目的、供他人休闲娱乐时观赏的时装表演，如一些酒店等高级娱乐场所举办的时装表演。这类表演强调文化性和审美性，一般与企业产品、销售、流行预测等商业行为关系不大。

2. 时装模特儿

模特儿是时装表演的主体部分，一台时装表演的成功与否，与组织者所选用模特儿的气质和表演风格也有很大关系。人们对模特儿表演的认可，往往也带动他们对展示作品的认可，从而达到时装表演的目的。时装模特儿不仅仅只是在T型台上表演，根据对模特儿职业所下的定义，可将时装模特儿分为六大类。

（1）走台模特儿。模特儿这个职业最初是“走”出来的。以T型台表演为主业的模特儿称为走台模特儿，它是模特儿中最普遍、最为常见的一种，这类模特儿在行业内的需求量最大。走台模特儿可能出现在各种各样的场所，无论是高级女装发布会、大型庆典的演出会以及各种流行趋势发布会、商业展示会等，都会出现她们的靓影。如图11-7所示为走台模特儿。

（2）摄影模特儿。媒体市场的繁荣，给时装模特儿带来了更多宣传自己的机会。时装杂志、生活类杂志及摄影家协会都需要模特儿的合作。在照相机前工作的模特儿，除了需要拥有匀称时尚的体型和姣好的五官之外，还需要与摄影师配合工作的能力。如图11-8所示为摄影模特儿。

图11-7 走台模特儿

（3）广告模特儿。即指专门为各类企业制作广告的模特儿。这类模特儿的专业工作圈儿似乎超越了时装表演的界线，但却为更多的并非高挑的漂亮女孩儿提供了机会，同时也使模特儿的队伍更为壮大。广告模特儿大量出现在电视广告片、报纸杂志上的销售广告及企业产品说明书上。由于工作性质的不同，这类模特儿有时不必非要达到特定的高度，但却需要贴近时尚生活的形象和匀称的身材，面对摄像机，她们需要一定的语言和演艺技巧。

图11-8 摄影模特儿

（4）试衣模特儿。在时装公司或销售现场专为设计作品试穿样衣的模特儿称为试衣模特儿。这类模特儿的主要工作是围绕着企业的生产和销售过程，她们直接为设计师或顾客观察作品效果而工作。试衣模特儿与设计师默契配合，需要懂得一些服装设计的基本知识。在时装公司工作的试衣模特儿，其体型一般要符合企业产品对象的中号尺码，以便将产品推向市场。如图11-9所示为伊夫·圣·洛朗与试衣模特。

（5）企业形象模特儿。各类企业，尤其是大型服装企业为了实施名牌战略，增加企业与社会的亲和力，往往会选择较为知名的模特儿作为企业的代言人，于是就产生了企业形象模特儿。随着市场竞争的升级，企业选择形象模特儿或代言人，也是展示自身实力和信誉的一种手段。

（6）网络模特儿。网络模特儿是近年来流行的新兴职业，这类模特儿的出现与网上服装、服饰类店铺增多有着密切关系，有没有模特儿真人展示的网店点击率和销量差别很大。随着网络购物模式的迅速发展，网店之间的竞争也变得越来越激烈，所以网络模特儿成为一个网店能否提高销量以及发展的必要条件。网络模特儿不菲的收入、时尚的装扮让众多女孩趋之若鹜，梦想着成为一夜走红的网络明星或网络红人。

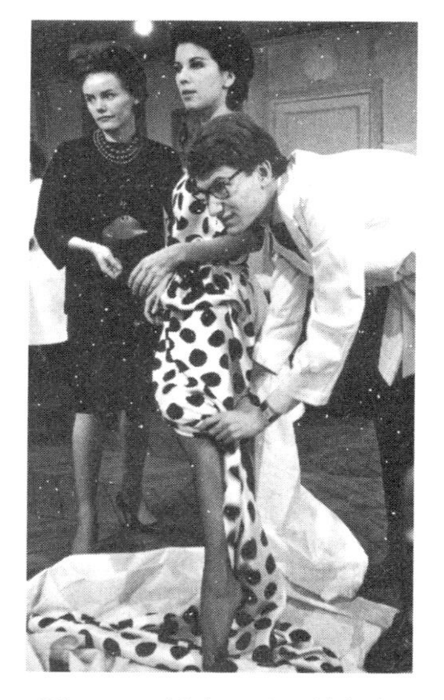

图11-9 伊夫·圣·洛朗与试衣模特

三、服装表演与组织

1. 服装表演参加的人员

举办一场服装表演需要涉及各方面的单位、部门及人员。从项目发起人、政府有关审批部门、赞助单位、媒体记者、时装评论员、公证人员、总策划、舞台总监、导演、演员模特儿到节目主持人、摄像师、灯光师、化妆师、音响师、穿衣工、记分员、保安人员、接待人员、服务人员等，完全是一个大集体的共创作品。

2. 各部门协调工作

对于观众来说，观看一台服装表演就是一次艺术的享受，但对于台前幕后所有的工作人员来说却是一场非常紧张的劳动。首先，在数月之前，出品人或策划者要了解艺术动态和模特儿艺术市场的行情，如果是大赛型的表演，还要策划商业广告和赞助单位，报有关部门审批等。之后出品人要与有关合作单位成立一个“组委会”。

有关审批及经济问题得到解决后，导演就要上任了。导演通过调配模特儿及不同风格的时装，控制着台前的表演效果及镜头效果，还要将插入的文艺节目及赛事的颁奖活动考虑在内。模特儿需要理解设计师和导演的意图，掌握表演的要领和需要展示的主题情调。其他工作人员，如化妆师、音响师、灯光师、摄影师、摄像师、记者，还有穿衣工、保卫、接待员、服务人员等，一个都不能少。任何一个环节出了问题，都会影响服装表演的艺术效果、经济效果和社会效果。

四、服装表演鉴赏

人们对服装表演的鉴赏，无非是从艺术形式和艺术风格两方面展开的。艺术形式包括服装、模特儿、台步、音乐、道具、组织等，艺术风格指服装表演的主题情调或艺术主题。以下是五大类常见的表演风格，供读者在鉴赏时参照。

1. 后现代都市风格

这是继追求功利的快节奏工业时代之后，对回归自然的一种文化倾向。感性形象反映在服装表演上，第一是“艳”，透视都市夜生活的绚丽迷离，色彩视觉与造型的刺激火爆，蔑视保守的旧文化观念；第二是“浅”，品位淡、魅力足，淡化美的内在价值，重视瞬间感觉，强烈的形式美感是首选因素。这种风格的服装表演给人以富丽堂皇的感觉，舞台热闹、动作夸张、队形复杂、台步富有弹性。视觉上追求炫目，色彩浓重，灯光绚丽，音乐节奏较快。

2. 白领职业风格

写字楼里人们的着装风格严谨整肃、色调偏冷、款式简洁，女性味道中透出干练之韵。女性的独立人格和社会责任感日益彰显，知识女性更是把幸福生活与职场事业融会其中。因此，职业女装自然成为人们对流行的追求。T型台上的职业女装干练、有棱角，平肩窄臀的倒三角，在阴柔之美中平添阳刚之气。台步稳健、造型有力，充分表现职业女性的自信和顽强。如图11-10所示为职业服表演。

图11-10 职业服表演

3. 自然风格

阳光、蓝天、岩石、沙滩、树木、花朵、大海……清新、随意，未经人工雕饰的亲切感。一切都是便装与休闲装的返璞归真。自然风格的服装不一定要染满原野的写实，但褪尽都市的嘈杂，使人如入人间仙境，忘却平日的紧张和无奈。现代工业文明在一定程度上破坏了自然的平衡，地球资源紧张、环境污染成为世界性问题，“绿色革命”一次又一次呼唤着生命的尊严。自然风格的服装正是在这种背景下，成为一种更加主流的设计风格。

这种风格的服装表演，轻松纯真，灯光舞美装饰柔和，音乐舒展流畅，台步随意放松，造型质朴自然。

4. 现代嬉皮士风格

这是20世纪60年代在西方兴起的一股文化潮流，在服装上反映的十分强烈，它有两个基本特点，一是幽默诙谐，向板着面孔的正统服装开着轻松的玩笑，这类设计师认为“经世何须太认真”，一切不过都是喜剧人生，赤条条而来，赤条条而去，这张皮不应该如想象的那么神圣；二是丑陋怪诞，嬉皮士风格的设计师们认为，虽然美是诱人的，但丑也有存在的理由，它打破了传统审美观念中的僵化与麻木，让人重新激动起来。

图11-11　现代嬉皮士风格表演

从历史发展中来看，嬉皮士文化曾被认为是一股逆流，但它形式上的丑与艺术家和服装设计师们的开拓创新却不谋而合，有节制地破坏经典，常常会诱发出新奇时尚的款式，为推陈出新铺就了一条创新之路。如图11-11所示为现代嬉皮士风格表演。

此类服装的表演，风格奔放，动作不拘一格，造型没有章法，音乐夸张而有现代感，有时故意夹杂着噪声和喧嚣，灯光色彩变化离奇，宣称对现代生活的背离。

5. 中国民族风格

服装表演是舶来品。随着世界文化的西风东渐，这种特殊的舞台表演形式在中国扎下了根，并大有蓬勃发展之势。为了弘扬本民族的悠悠历史，推陈出新、保留特色，中国民族风格的服装及表演也就有了一方阵地。

与西方模特儿相比较，中国模特儿的三围差别较小、体型流线平滑而稳定，西方模特儿的体态则起伏变化、凸凹有致，显出非稳定性的艺术风格。除了生理上的不同，文化上也有较大的区别，中国模特儿以“秀美”为主，气韵生动，是典型的内向文化。而西方人更重视视觉上的形式美，他们习惯于在感性与理性的争执中发展自己的艺术。

中国风格的服装表演更加注意静态效果，在舒缓的线条中寻找艺术主题，举手投足多平滑，不追求火爆效果，但求细心玩味。如图11-12所示为中国模特儿表演。

图11-12　中国模特儿表演

第三节　服装广告艺术

服装属于大众艺术，在公众媒体上登载广告是服装企业广告的主要方式。广告的艺术性直接影响着企业的自身形象，也事关设计作品能否被消费者所接纳。

一、广告属于商业艺术

在传统的概念里，艺术就是艺术，商业就是商业，这种概念显然是过于陈旧了。在服装行业里，无论是产品设计本身，还是销售行为，都是商业与艺术的完美结合。

1. 广告的作用

在市场营销学中，广告是一种宣传方式，它通过一定的媒介，把有关商品、服务的知识或情报有计划地传递给人们，其目的在于扩大销售、影响舆论。商品经济的发展是广告产生与发展的最根本原因。同时，广告的发展又促进了商品经济的发展。现代广告最重要的作用是它已经成为促进商品生产和商品流通的不可缺少的重要因素之一。这种作用随着社会化大生产的发展及商品经济的发展将越来越重要。

2. 广告的概念

以下是有关广告艺术及评价的几个重要概念。

（1）广告的八大公关主体：广告顾主、企划公司、传播媒体、受众对象、政府机关、专家行家、广告教育、消协监督。

（2）广告策划的六大要素：谁做广告、对谁广告、广告什么、怎样广告、广告环境、广告管理。

（3）广告的五大基本属性：主题性、差异性、宣传性、功利性、艺术性。

广告与商品经济是不可分的。商品经济的高度发展，广告也随之高度发达。人们生活在广告的海洋之中，每天面对着不计其数的广告。广告学已成为一门独立的热门学科，广告对商品经济的发展有不可忽视的重要作用。

二、广告的主题与表现

广告的主题是指一则广告所表现出来的中心思想，是广告设计与策划的灵魂。主题的核心问题是市场问题，主题的正确与否关系到广告设计的成败。

1. 满足消费心理

人类的一切活动，都是为了满足精神和物质的需要。需要有时是潜在的，是可以被企业开发出来，未必需要全部一次性满足，任何一种服装产品都要满足消费者的需要。

从满足消费心理出发，广告设计应注意三方面的问题。

（1）广告要充分考虑消费者的情感因素。无视消费者情感的广告必然失败。广告可以利用的情感因素一般有三种情况：一是公众所赞美的情感，如尊师爱幼、孝敬父母、奉献爱心、纯真爱情、热爱自然、关注环保、民族情结、热爱和平等；二是人们为之感到羞怯的情感，如对健康的忧虑、对灾祸的恐惧、害怕被人耻笑、内心感到忧郁等；三是人们不愿意承认的情感，如深藏的虚荣心、自私、嫉妒、傲慢、自卫、希望发财的心理等。

（2）广告必须明白地告诉消费者产品有什么好处。只有让消费者明白企业或产品与自己的切身关系，才能真正刺激购买欲望或动机。但一件产品中的“好处”一般不能太多，通常只强调一个或几个突出明显的“好处”，才能引起消费者的关注。

（3）广告主题必须与企业形象和商品形象具有统一性。在宣传企业或商品时，广告的大主题一般不宜随意改变。例如，广告设计的格调有高雅的、通俗的、庄重的、诙谐的、浪漫的、甜美的等艺术主题，随意改变就会使消费者产生不连贯、不稳定的感觉。

广告要达到预期的效果，必须了解消费者的需求、产品或劳务的功能和特征，以及目标市场的环境条件和市场竞争的激烈程度。市场调查是做好广告活动的第一步，是制订完善的广告策划，提供高质量、高水平广告服务的必要程序。

2. 确定广告主题

根据企业状态、商品特性、市场理念、竞争环境和广告目标提出广告主题。表达广告概念的广告主题一经确定，就会贯穿广告表现、设计和制作的全过程，成为参与广告过程人员的总体指导方针。无论题材的选择或形象的塑造，在语言的提炼、布局的结构及情节的安排上都应服从主题的需要，不仅广告设计者、文稿撰写者、剧本编写者都应围绕着广告主题做文章，其中广告美术师、摄影师、音乐家、程序员等工作人员都应该从自己的专业层面上突出与强调广告主题，努力把广告主题演化成消费者一听就明、一看就懂的艺术形象。

三、广告艺术的基本要素

广告表现的重点是实现主题、观念、思想、意图等内容的形式，也就是说，在广告设计中，通过什么样的形式来表达广告的艺术魅力，从而实现其商业目的。

1. 广告语言艺术

语言是人类传递信息最基本的工具，语言在广告中具有特殊的地位。语言可以分为书面文字的表达形式和口头语言的表达形式。作为书面语言，它还是艺术构图中的要素之一，不仅传递内容的直接信息，还传达审美的间接信息。口头语言的声调、语音、语速、顿挫、文言、普通话、外语、方言及男女童声，以及文字的楷书、篆书、行书、繁体、简体、准圆体、琥珀体及大小等，都会影响到广告的艺术感染力。

2. 线条表现广告主题

线条也具有丰富的情感因素，不同属性的线条使人产生不同的感觉与联想，在视觉广告中，线条表现必不可少。例如，直线传达尊严、永恒、生命、权力等，具有安定、强烈、明快、男性化等艺术主题。曲线能够帮助表达活泼、优雅、完美、和谐的艺术特点。

3. 善用色彩感染力

色彩参与构图，它的表现力更强，是强烈感性化的造型要素之一。色彩是第一视觉要素，在各种造型的形式中，人们最容易为色彩所动，被色彩所渲染的情绪左右。服装广告中的色彩应考虑与品牌风格的配合。不同的色彩表达不同的情绪，而且引起人们注意的程度有所不同，商用色彩用极色的情况非常普遍。使用色彩要考虑民族与国家的禁忌。

4. 巧妙安排构图关系

广告构图指广告画面的安排，属于广告设计的艺术性因素。构图应按照商品的属性和消费定位把画面要素按照艺术的规律统一成整体。构成广告画面的因素主要有标题、商标、商品名称、插图、说明文字、公司名称、经营理念、广告口号等。这些视觉要素通过不同方式的排列，能够传达出不同的视觉效果。

5. 影视广告的主题音乐

在电视、广播等听觉广告中，音乐是必不可少的，也是广告中最令人动心的形式要素。音乐能引起人们丰富的联想和较强的记忆。轻音乐、流行乐、交响乐和古典乐所创造的意境有所不同。利用人们所熟悉的音乐可增加亲切感，缩短与消费者的距离。广告中的音乐应与主题相配合，并形成强烈的主题音乐。背景音乐属于知识产权的范畴，使用时应注意。

6. 蒙太奇广告剪辑

电影广告的主要艺术手法是蒙太奇。传统的蒙太奇手法有平行蒙太奇、对比蒙太奇、叫板蒙太奇、象征蒙太奇等，它们分别能够表达出不同的艺术主题。摄影机以不同的角度、不同的距离、不同的拍摄运动方法来拍摄对象，又以不同的组接方法组成镜头画面和记录声响，通过声画两者千变万化的分割和组接以及不同色彩的运用等手段，传达审美感情，以激起观众美感。

7. 计算机技术的广泛应用

现代电视广告中使用的计算机技术，大大丰富了原有的蒙太奇手法。计算机技术的应用使广告设计更加丰富多彩，为更强烈、更鲜明、更突出的主题策划提供了更大的空间。

第四节　服装店铺艺术

在消费者面前，服装店铺艺术是服装文化的组成部分。对于商家来说，店铺艺术又是终端促销的重要手段，无论是艺术设计方法，还是艺术风格流派，都是服装行业人员非常关心的问题。店铺艺术是企业形象传播的重要内容之一。

一、服装店铺的艺术气氛

1. 店面布局

服装店的外观造型包括招牌、门头匾牌、假体模特儿、橱窗陈列、店门装饰与设置、花篮及招贴广告等，要同所经营的商品，以及商品销售对象的阶层、购买习惯、职业特点等相适应。把一个商店的主题突出地表现出来的商店外观能够吸引过往行人的注目，引起他们进店的兴趣。

图11-13　封闭式服装店

按照布置方式，店面通常有以下四种形式。

（1）封闭式。商店面向大街的一面用展示橱窗或玻璃遮蔽起来，过门较小，为一般高档时装店采用，以产生贵重、别致、精细、豪华、与众不同的感觉。这种商店所经营的商品种类有限，对防尘防晒要求较高，虽顾客相对较少，但多为较富裕者。设计多是便于顾客在安静、愉快、优雅的环境中选购商品。如图11-13所示为封闭式服装店。

（2）开放式。商店正对大街的一面全部开放，店门宽大，没有橱窗隔挡，从街上容易看到商店内部和商品，顾客可以随便出入，没有任何障碍。北方夏季多采用这一形式，其客流量大，适合大众化服装，一般批发商店也多采用。店面装饰不必刻意追求漂亮，但要整洁、朴实、便利，商店的设置一切从方便、实惠、经济出发。

（3）半开放式。过门开度适中，便利顾客出入即可，但玻璃明亮，橱窗陈列生动、形象、新颖、漂亮，对消费者有吸引力。顾客可以通过橱窗和店门直接看到店堂内部结构和陈列的主要商品，有诱导作用。这种店面设计尤其适合中高档服饰及用品的经营。

（4）畅通式。店门至少是两个以上，有的还分进出口，商店橱窗陈列不少于一面。这种店面设计适用于规模比较大、客流量多、经营品种多的商场、百货商店、超级市场等。

良好的店铺门面设计与装修，不仅能美化商店自身，也丰富了街区的环境，增添了景观。

2. 店内氛围

无论商店规模大小，经营类型多少，经营品种是否齐全，店内陈列的整体结构都要协调，符合艺术造型的规律。尤其是商店的前部、左右两侧、中央和尾部的空间部分，安排设置要合理。由于各个商店所处的地理位置不同，结构也不尽相同，如长方形或正方形，转弯、拐角、门柱较多等，在这几部分安排上要格外注意，否则，就会使顾客感到进入此店受到某种抵抗。

现代人的生活节奏加快，心理压力与紧张度加大，去时装店有时不仅仅只是为了购买。可能顾客的初衷只是“逛街”，或同时求得娱乐、休息或社交等方面的满足。聪明的店主总会采取一些有效的艺术手段，诱导他们在无意中产生购买欲望，如店内的绿化、自然化、适宜的香味、恰到好处的布局布置、优美动听的音乐、柔和舒适的灯光和自然采光等。在店内各主要部位放置能吸引顾客的畅销商品，使顾客产生进店一睹的心理，激起购买欲望和兴趣。

绿化进入时装店已成为一种时尚，时装店里装饰些盆景小树、花草等布置成充满大自然气息的环境，不仅能制造新鲜氧气、净化室内空气，可以调节店内的温度和湿度，还能分隔空间、曲径通幽，延长顾客的购物路线，增加顾客在店内的滞留时间。

如果场地宽裕，可以结合庭院考虑设置小型假山、小桥流水、花坛或绿藤攀墙。鸟儿叫枝，游鱼浮动，小桥迭落，草色如茵，一定会充满诗情画意，吸引更多经济或文化层次较高的顾客。

3. 店内照明

光在现代商业艺术中占有重要位置。商店照明的目的在于正确传达商品的信息，展现商品的魅力，吸引顾客的目光，引导顾客进入店内，以达到促销的效果。

服装店内部的灯光照明可以分为基本照明、特别照明和装饰照明。

（1）基本照明是指按自然采光设计的室内灯光照明，多采用直接附着于天花板上的荧光灯等直接或间接的照明，可使整个商店及部分获得基本的明亮。照明光线的强弱，应根据商店内部结构、经营的商品以及销售对象而定。

（2）特殊照明主要是指聚光照明，可使商品产生明亮的效果，以提高商品的吸引力。它是为了补充、加强照射某一商品或某一专柜、专橱的光源而特别设置的照明设备，大多采用小型的聚光灯和微型探照灯等设施。特殊照明的配置，往往作为特向光源直接照射商品，它不仅有助于消费者观看、欣赏、选择和比较商品，还起到显示商品高档华贵、做工精细的作用，给消费者以良好的心理感受。

图11-14　服装店装饰灯光

（3）装饰照明是商店的附加照明，有助于表现商店个性、创造商店的形象。装饰照明多采用彩灯、壁灯、吊灯、落地灯和霓虹灯等照明设备。它是通过对人造光源进行特殊处理，使商品的陈列达到不同的艺术效果，形成不同的气氛，以突出商店陈列的主要商品。特别是利用灯光和色彩之间的关系，较好地衬托和再现商品的名贵，吸引消费者的注意。如图11-14所示为服装店装饰灯光。

各种灯光的对比不应太强，整体照明的原则是既明亮又柔和，照明度的分配以诱导顾客进入店内为目标，一般不用刺眼的灯光，彩色灯和闪烁灯也不能滥用，否则给人以眼花缭乱、紧张烦躁的感觉，不仅影响消费者购买商品，对导购的心理也会产生不利影响。

4. 背景音乐

在现代商业活动中，音乐常被作为一种“秘密武器”。

有声才会有色。通过美妙的音乐，可以强化时装的美感。时装的款式、配色会表现出有规律的视觉美感，而音乐则在听觉中体现规律与节奏美感。通过音乐升华品位、启迪情操、影响情绪和美化环境，已为众多店家采用。

音乐的分类有很多，各种音乐都会产生特定的情绪。服装店播放的乐曲，一般选抒情、轻快、短小的轻音乐。音乐对售货起到烘托、强化作用而不喧宾夺主。店主选择曲子时也要考虑服装的种类和主要顾客对象。时装店可选用流行曲调，职业女装店可选用优雅曲调，童装店可选用一些欢快活泼的儿童歌曲。适宜的音乐给顾客以美的享受，并逐渐解除顾客购物时的戒备心理，刺激顾客购物。在商店播放轻松优美的乐曲，还能使顾客处于优雅的环境中从容不迫地选购物品，促使顾客之间放低声音讲话，优化商店的气氛。

5. 橱窗设计

橱窗是服装店外观的重要组成部分，把花样繁多、种类各异的商品加以巧妙地组合布置，形成富有魅力、美观漂亮的样品展，再配以各种形式的文字说明，会对过往行人产生很大的影响。橱窗陈列是商业广告的一种主要形式。在橱窗设计安排上，一般有单一、专业、联合、科技、混合五种类型。单一橱窗，多用于介绍高档商品或新产品。专业橱窗，常用于介绍季节性或时令性商品。联合橱窗，以陈列某种商品为主，附带陈列一些其他或在消费上有连带性的商品。科技橱窗，宣传介绍有关商品的科学知识。混合橱窗，一般是把以上的方法混合陈列。

橱窗是无声的售货员，是商店经营商品的缩影，谓之商店的“眼睛”，无论采用哪种陈列方法，都要摆出本店经营范围内有代表性的商品，或反映商店经营特色的商品、流行的商品、新产品、应时应季商品、试销商品等。要避免陈列不经营或无条件经营的商品，以及经常无货或脱销的商品。橱窗的陈列要突出商品形象，充分展示商品质地和使用后的效果。典型的方法是服装模特，使消费者能纵观全貌。橱窗陈列要经常调整，给人以焕然一新的感觉。

橱窗设计是集装潢、陈列、广告艺术为一体的综合性、实用性的艺术，也是集经营管理者和美术工作者的创造性于一身的产物，有条件的商店还会配以模型、彩色图画、霓虹灯、彩带和花束等。现代化的橱窗设计还会使用电子自动控制技术，使呆板的商品活动起来，变得格外新鲜有趣。布置好橱窗陈列，对消费者具有唤起注意、引发购买兴趣、暗示商品购买的心理作用。如图11-15所示为服装店的橱窗。

图11-15　服装店的橱窗

二、巧妙运用色彩艺术

1. 色彩是第一视觉要素

色彩通过人们的视神经刺激大脑，进而影响人的精神和情绪、健康与行为。巧妙地运用色彩可以改变环境气氛，使人产生清新、洁净、和谐的印象。在这样的环境购物，心情自然舒畅、精力充沛。商店购物场所装饰色彩的应用，要考虑经营商品及销售对象的特点，季节变化和地区气候，以及商品本身的色彩来巧妙搭配。整个商店的柱子、窗帘、台板和架子色彩应统一。导购的职业装要与出售服装有所区别，商店内部色彩搭配要遵循协调，突出商品，还要考虑商店内部灯光的设置、墙壁涂料色彩，以及建筑物结构式样等多种因素，才能达到理想的效果。

2. 橱窗里的光与色

橱窗陈列的目的性很强，它起到美化店面形象，展示店内经营产品的作用。它的用光、用色、模特儿、道具、置景等，都是为了更好地销售产品。所以，它不同于纯粹绘画、雕塑或艺术品，必须更好地突出店主想要“说的话”。如果橱窗不能使人驻足观看、产生兴趣和良好的印象，这种陈列就是失败的。橱窗是一个善意而友好的视觉“诱饵”。

照明与光色可以与服装一起强化流行主题。正确的色光照明使橱窗成为一个变化而统一的整体，主次分明、引人入胜。橱窗的中心部位是使人产生注意的视区部分，一般不可以左右一分为二，可通过高低错落及大小饰物的配置来增强整体感。背景主要是烘托和渲染，而不能喧宾夺主。

陈列的服装及饰物与背景要有一定的对比度。例如，若陈列白色的婚纱，用大花大红背景，就会使服装的形象隐退，至少也要使背景明度降低或做虚幻处理；若秋冬职业装浓艳而厚重，背景色可使用一些青绿色。女装陈列淡色柔色较多，男装陈列多用浓色背景，童装陈列可配些动物玩具或卡通图案为背景来渲染气氛。高级的服装、金银饰品、真皮包具，可用浓色背景，中低档服装陈列的背景可考虑使用跳跃的流行色。如图11-16所示为服装与背景。

图11-16　服装与背景

通常一个橱窗内不宜陈列种类太多的商品，要关注类别的协调。如健身器材与运动服放在一起就非常合适。高档名牌衬衫与高档领带一起陈列能起到相辅相成的效果。高级职业女装与典雅的真皮背包配套陈列也可产生良好的效果。

橱窗可以配置与季节和穿着环境有关的实

图11–17　运动装场景陈列

景，如运动装与运动场景、休闲装与海滨沙滩、冬装与高山雪景。如图11–17所示为运动装场景陈列。

3. 包装色彩与设计

现代商品社会已进入了一个包装时代。包装可以宣传店家的服务特色、经营范围，并塑造企业形象。好的包装还能使顾客产生优越感，似乎自己是名牌或高级服务的拥有者。

服装的包装（包括手提袋），首先强调醒目性，并明确无误地表明内容及格调，最大限度地注入感情色彩。有时要考虑服务对象的不同经济状况和各种社会阶层的审美个性。女性休闲装的手提袋别致清雅、舒缓和谐。男装手袋配色有力、浑厚精致。童装手袋配色要有趣味。高档服装的包装用料要讲究，色彩不宜太花太俗。低档服装包装用料节俭，以不增加太多的附加费为佳。如图11–18所示为包装设计。

图11–18　包装设计

三、网上开店的艺术

随着网络的快速发展，现在越来越多的人为了方便选择在网上购物。网上开设服装店可参考以下注意事项。

1. 服装网店的装修

网店的美化如同实体店的装修一样，让顾客从视觉上和心理上感觉到店主对店铺的用心，能够提升店铺的形象，有利于网店品牌的形成，提高浏览量，增加顾客在网店的停留时间。漂亮恰当的网店装修，给顾客带来美感，顾客浏览网页时不易疲劳，自然会细心察看网页。

建立一个服装网店，需要别具一格的网店名称、独具特色的网店标识和区别于其他店铺的色彩风格。作为一个网络品牌容易让顾客所感知，产生认同感，也可以区别于其他竞争对手。在网络的虚拟环境下，店铺设计中的人机界面设计是最重要的。顾客第一次进入服装店，很难一下子就对产品的优劣进行评定，但却能留下第一印象。若顾客对界面设计产生了好感，对界面的布局产生共鸣，在其后的购买行为中，他的内心就会趋向认同。好的商品在诱人的装饰品的衬托下，会使人更加不愿意拒绝，有利于促进成交。

2. 优化服装产品结构

把产品友好、全面、清晰地展示给顾客，给顾客留下良好的第一印象。避免网店因产品体系多，导致网店整体感觉比较烦乱。应将产品详细的分类，把所有的产品按照顾客目标群划分，也就是以顾客为导向，增设产品和知识搜索框，方便顾客使用，让顾客第一时间找到适合自己的产品。

3. **优质的服务态度**

利用用户的宣传推广网店和产品，可以设置用户推荐另一个用户获得一定的积分和优惠。口碑是最好的营销方式。所以，真诚地对待每个进店的客人，无论最终是否成交，至少留下好印象，有下次光顾的可能。

4. **服装网店营销**

服装店铺的商品应该有一些吸引顾客的亮点。大部分选择网购的客人都希望能买到经济实惠的产品，当客人进店后，发现清一色的都是商品的橱窗，而没有任何促销活动，就会产生失望，有可能弃之而去。虽然网店里的服装标价已经很低了，如果采用如“团购”“包邮”或者“满就送”这样的活动包装，就会更吸引人。也可以设立一种积分制，顾客在网店所有行为都可以作为积分的标准。如顾客对产品发表的评论、主动把自己的保养方法分享给其他用户、购买产品等。设立积分为顾客所带来的好处有：晋升会员等级、节日享受优惠或特价、打折、免费赠品等，目的在于吸引顾客常来店铺。

5. **推广宣传**

作为新店，宣传是最重要的，再漂亮的店铺、再好的服装，没有人知道，就没有销售。充分利用网络现有的资源宣传自己的服装产品和网店，通过电话、短信和口头把网店名称、产品名称介绍给家人和朋友，让他们帮助宣传，至少同城的客人，可以做第一批客户。

6. **售后服务的行为艺术**

要想自己的服装店经营长久，售后服务要尽心尽力。一件服装卖出去，不要认为一切就结束了，售后服务也很重要，直接影响到顾客对服装店的印象。售后服务做得好，可以留住顾客的心，给他们留下好印象，回头客就多了，顾客还会热情地介绍他们的朋友进店来购买，成为店铺的新客人。店铺好评如潮，生意就会越来越红火。

跨境电商平台的不断完善将为“互联网+服装服饰”领域的大众创业提供更大的市场空间。

思考题

1．服装设计与艺术创作最大的区别是什么？

2．试述服装表演与服装文化传播的关系。

3．关注跨境电商的现状与发展趋势。

参考文献

［1］席勒．美育书简［M］．徐恒醇，译．北京：中国文联出版社，1984．

［2］王朝闻．美学概论［M］．北京：人民出版社，1988．

［3］R．阿恩海姆．视觉思维［M］．滕守尧，译．北京：光明日报出版社，1986．

［4］R．G．科林伍德．艺术原理［M］．王至元，陈华中，译．北京：中国社会科学出版社，1985．

［5］H．A．丹纳．艺术哲学［M］．傅雷，译．北京：人民文学出版社，1983．

［6］B．G．布洛克．美学新解［M］．滕守尧，译．沈阳：辽宁人民出版社，1987．

［7］孔寿山．服装美学［M］．上海：上海科学技术出版社，1989．

［8］钟漫天，闻天生．当代服装科技文化［M］．北京：中国纺织出版社，1998．

［9］商店设计丛书编写组．商店室内设计［M］．北京：机械工业出版社，1994．

［10］胡连江．现代人体装饰画［M］．天津：天津杨柳青画社，1989．

［11］王培．世界漫画精品［M］．桂林：漓江出版社，1995．

［12］张乃仁，杨蔼琪．外国服装艺术史［M］．北京：人民美术出版社，1992．

［13］彭富春．哲学美学导论［M］．北京：人民出版社，2005．

［14］沈从文．中国古代服饰研究［M］．上海：上海书店出版社，2002．

［15］克利福德·格尔茨．文化的解释［M］．韩莉，译．南京：译林出版社，1999．

［16］伊格尔顿．文化的观念［M］．南京：南京大学出版社，2003．

［17］吴卫刚．服装设计指南［M］．北京：化学工业出版社，2010．

［18］李泽厚．美学三书［M］．武汉：长江文艺出版社，2019．

［19］徐恒醇．设计美学概论［M］．北京：北京大学出版社，2020．